대중과 과학기술

무엇을, 누구를 위한 과학기술인가

김명진 編著

2001

대중과 과학기술
무엇을, 누구를 위한 과학기술인가

지은이 | 김명진, 도로시 넬킨, 스펜서 웨어트, 매완 호 외
엮은이·옮긴이 | 김명진
펴낸이 | 김진수
펴낸곳 | 도서출판 **잉걸**

초판 1쇄 펴낸날 | 2001년 7월 24일

등록 | 2001년 3월 29일 제15-511호
주소 | 서울시 관악구 신림 8동 1667
　　　신대동빌딩 302호(우 151-903)
전화 | 02) 855-3709
전자우편 | ingle21@naver.com

ⓒ 도서출판 **잉걸**, 2001
ISBN 89-89757-00-2 03330
Printed in Korea.

■ 책값은 뒤표지에 표시돼 있습니다.

들어가는 말

밀레니엄을 경축하는 요란한 팡파르도 잦아들고, 이제 새로운 세기의 첫 해로 접어들었다. 세기전환기를 맞아 우리는 지난 몇 년간, 지나온 20세기를 여러 가지 측면에서 돌아보면서 다가올 21세기를 내다보는 작업을 해왔다. 그리고 그 속에서 과학기술은 항상 빼놓을 수 없는 요소로 자리잡고 있었다. 여러 매체들은 20세기를 대표하는 '마치 기적과도 같은' 과학기술의 산물들 — 원자탄, 항생제, 피임약, 컴퓨터와 인터넷, 인간게놈 연구 등 — 을 집중조명했고, 불과 100여 년 동안 과학기술이 어떻게 일반대중의 일상 속으로 파고들어가 이를 바꿔놓았는가에 초점을 맞추었다.

역설적인 것은, 과학기술에 비춰진 눈부신 조명 속에서 그 모든 변화를 직접 보고 듣고 느꼈던 일반대중의 시각은 오히려 좀처럼 찾아보기 힘들었다는 점이다. 종종 대중은 과학기술의 놀라운 진보로 나타난 성과의 일방적인 수혜자, 혹은 과학기술 발전의 어두운 측면을 보고 전율해 마지않는 수동적 방관자 정도로 그려졌을 뿐이었다. 20세기를 관통하는 대중과 과학기술의 '상호'관계에 대한 깊이 있는 통찰을 그 속에서 찾아보기란 그리 쉬운 일이 아니었다.

그러나 20세기는 과학기술 그 자체의 발전 못지않게 대중과 과학기술의 관계에서도 흥미로운 변화가 일어났던 시기였다. 20세기 초에는 멀리 18세기 계몽사조기까지 거슬러올라가는, 과학기술의 무한한 진보에 대한 낙관이 당대의 교양있는 대중을 지배했고, 과학이 인류 모두가 공유하는 자산이 되어야 한다는 사고방식은 이 시기에 이르러 최초의 대중 과학언론을 등장시키기도 했다. 그러나 기관총, 잠수함, 독가스 등 제1차 세계대전기에 과학기술을 응용해 등장한 대량살상무기는 진보에 대한 대중의 신념에 찬물을 끼얹었고 제2차

세계대전기에 더욱 규모가 커진 군사연구는 원자탄을 탄생시키며 과학기술의 힘에 대한 경외와 공포를 동시에 불러일으켰다. 과학기술에 대한 이와 같은 낙관과 우려의 공존은 전후 세계를 특징짓는 요소로 자리잡게 되는데 이는 일반대중이 즐겨 보는 영화나 만화 같은 대중매체 속의 이미지에 다양한 형태로 반영되었다. 1960년대 이후에는 핵, 환경, 작업장안전 등 과학기술과 관련된 쟁점들이 사회 문제화되면서 역사상 최초로 일반대중이 과학기술을 둘러싼 논쟁에 대규모로 개입하는 사건이 생겨나게 된다. 이는 과학기술을 바라보는 새로운 역사적·철학적·사회학적 시각의 등장과 시기적으로 겹치면서 일반대중이 과학기술을 어떻게 이해하는가에 관한 학문적 연구를 1980년대 들어 등장시켰다. 이런 학문적 연구는 과학기술 논쟁을 통해 생겨난 일반대중의 참여의식과 합쳐져 대중과 과학기술의 관계에 대한 하나의 대안으로서의 '과학기술 민주화' 주장으로 이어지게 되었다.

이 책은 방금 거칠게 스케치해 본 대중과 과학기술의 상호관계에 대해 여러 가지 각도로 접근해 보려는 의도에서, 필자가 직접 쓰거나 번역했던 여러 글들을 하나의 체계 하에 묶어 본 것이다. 이 책은 크게 5부로 구성되어 있다.

먼저 제1부에서는 필자가 쓴 두 개의 글을 통해 이 책 전체를 꿰뚫는 이론적 배경을 제시한다. 첫번째 글 「과학기술에 얽힌 통념들, 혹은 과학기술의 신화화를 넘어서」는 1960년대 이후 나타난, 과학기술을 바라보는 새로운 관점에 대해 짧게 소개하고 있으며, 이어 「대중의 과학이해 - 이론적 흐름과 실천적 함의」에서는 대중과 과학기술의 관계, 그 중에서도 특히 대중이 과학기술을 어떻게 이해하는가에 관한 연구의 흐름을 리뷰하면서 이 둘간의 관계를 어떻게 파악해야 하는지를 제시한다. 책 전체의 흐름과 관련해 제1부에서 특히 강조되고 있는 것은, 일반대중이 과학기술에 대해 무지하며 따라서 충분한 과학지식을 공급받아야 하는 대상이라는 식의 이른바 '결핍 모형(deficit model)'에 대한 비판이다.

이어 제2부는 대중과 과학기술이 가장 극적으로 만나는 사례, 즉 과학기술을 둘러싼 대중적 논쟁에 초점을 맞추고 있다. 필자의 글 「과학기술 논쟁 연구의 전개와 함의」에서는 1960년대 이후 서구 사회에서 과학기술 논쟁이 전개되어 나간 과정과 이에 대한 사회과학적 연구의 흐름을 개관하면서, 논쟁 연구의 여러 방법론과 정책적 함의를 짚어보고 이것이 한국사회에 던져 주는 시사점에 대해 생각해 보았다. 이 글에서 필자의 중심 주장은, 과학기술과 관련된 문제를 둘러싸고 사회적 논쟁이 일어나는 경우를 결코 예외적인 일탈 상황으로 보아서는 안되며, 오히려 이를 '정상적'인 것으로 보아 사회가 이에 대처하는 능력을 길러야 한다는 것으로 요약할 수 있겠다. 이어 과학기술 논쟁 연구자로 널리 알려진 도로시 넬킨(Dorothy Nelkin)이 쓴 글인 「과학 논쟁 – 미국 대중논쟁의 내부동학」에서는, 논쟁에서 어떤 세력들이 서로 부딪치고 어떤 쟁점들이 부각되며 어떤 전술이 구사되어 어떻게 종결을 맞게 되는지를 미국에서 일어났던 여러 논쟁들을 사례로 들어가며 서술하고 있다.

제3부에서는 현대사회에서 대중과 과학기술 사이를 매개하는 중요한 수단인 대중매체의 역할에 대해 다룬다. 필자가 쓴 「대중영화 속의 과학기술 이미지」는 일반인들이 즐겨 보는 영화 속에 나타나는 과학기술의 모습을 몇 가지 범주로 나눠 살펴보고 있다. 필자는 그 이미지들이 단지 픽션일 뿐이라거나 순전히 상상력의 산물에 불과하다고 보지 않고, 대중과 과학기술의 관계에 대해 중요한 함의를 지니는 어떤 것으로 파악한다. 이런 입장은 뒤이은 번역글인 스펜서 웨어트(Spencer Weart)의 「미친 과학자로서의 물리학자」에서도 지속되는데, 웨어트는 멀리 16세기부터 20세기 중반까지 과학자 이미

지의 변천사를 되돌아보면서 그것이 어떻게 당대의 사건들과 상호작용을 하며 대중의 사고에 영향을 미쳤는지를 구체적으로 서술하고 있다. 그리고 넬킨의 글을 번역한 「과학과 언론보도 - 과학 팔아먹기」는 신문·잡지 등에 실린 과학기사에 대한 분석을 통해 과학 언론보도의 특성을 개관하는 한편으로, 그런 특성이 생겨난 역사적 배경을 되새겨 보는 글이다.

제4부에서는 이제까지의 논의와는 약간 궤를 달리하여, 대중이 과학기술을 구체적으로 경험하는 일상에 초점을 맞춰 그 속에서 과학기술이 어떤 영향을 미쳤는지에 관한 쟁점들을 주로 다룬다. 먼저 필자가 쓴 세 편의 짧은 글들은 과학기술의 발전이 여성, 보건의료, 노동과정에 미친 영향을 비판적으로 평가하면서 지나친 낙관적 견해에 일침을 놓는, 비교적 '평이한' 내용을 담고 있다. 그 뒤를 이어 매완 호 등이 쓴 글을 번역한 「생명공학 거품」은 생명공학(특히 유전공학)에 대한 열광에 대해 근본적인 과학적 비판을 제기하는 글로서, 생명공학 연구에 내재한 사회적·환경적 위험에 대해 경계의 시선을 늦추지 말 것을 주장하고 있다. 이 글은 1998년에 씌어졌기 때문에 요즘 하루가 다르게 새로운 연구성과가 나오고 있는 생명공학계의 현실에 비추어 보면 데이터 등이 다소 시의성을 놓친 측면은 있으나, 인간게놈 해독결과 발표 등 이후의 연구성과들이 오히려 이 글이 제기하고 있는 문제의 중요성을 부각시켜 주고 있다는 점에서 여전히 유효성을 갖는 글이라고 판단된다.

마지막으로 제5부에서는, 지금까지 살펴본 대중과 과학기술의 관계에 대해 체계적 대안을 모색하는 필자의 글 두 개를 싣고 있다. 우선 「생명공학과 대중 - 역사·이론·대안」에서는 대중이 생명에 대한 조작을 어떻게 바라보았는가를 역사적으로 살펴보고 그 의미를 반추해 보면서 생명공학을 둘러싸고 현재 진행중인 논쟁 역시 '결핍 모형'에 입각해 파악해서는 안되는 것임을 주장한다. 여기서 필자는 대중과 과학기술의 현재적 관계에 대한 대안으로 '과학기술 민주화'를 제시하고 있는데, 이 입장은 두번째 글인 「'과학기술 민주화'의 개념정립을 위한 시론」에서 좀더 자세히 다루어진다. 이 글은 과학기술 민주화의 이론적·실천적 근거와 그 적용사례들에 대해 이미 어느 정도 연구성과들이 축적되었다는 점을 전제로 하여, 이 개념을 둘러싼 몇 가지 '오해'들에 대해 해명함으로써 기존의 논의를 한 단계 끌어올리고자 했다. 이런 필자의 의도가 제대로 관철되었는지를 평가하는 것은 이제 독자들의 몫일 터이다.

이 책에 실린 여러 글들을 쓰고 또 번역하는 과정은, 과학기술학(STS) 분야에서 다분히 아마추어인 필자에게 있어 결코 쉽지 않은 작업이었고 자연히 그 과정에서 많은 사람들의 도움을 받았다. 우선 1997년부터 1999년까지 필자의 활동에서 가장 중요한 부분이었던 과학기술의 민주적 통제를 위한 모임(일명 '강한모임')의 모든 사람들에게 고마움을 표하고 싶다. 진보네트워크 참세상의 강한모임 게시판(go strong)은 필자가 글을 쓰거나 번역하기 전에 개인적인 고민을 토로하고 그것에 대한 논평들을 들을 수 있었던, 치열하면서도 편안한 공간이었고, 또 여기 실린 모든 글들이 초고 상태로 첫선을 보였던 곳이기도 했다. 1998년 하반기부터 필자가 미력하나마 운영위원 중 한 사람으로 힘을 보탰던 참여연대 시민과학센터는 과학기술 민주화의 이론과 실천에 대한 필자의 사고를 가다듬을 수 있는 공간이었으며, 특히 필자가 시민과학센터의 월간 소식지 《시민과학》의 편집을 맡았던 1998년 11월부터 2000년 6월까지는 과학기술 민주화와 생명공학감시운동의 여러 쟁점들에 대해 필자가 깊이있는 고민을 할 수 있는 결정적 계기가 되었던 기간이었다(이 책에 실린 모든 번역글은 지난 2년여 동안 《시민과학》의 여러 지면에 실렸던 것 중 일부를 추린 것임을 여기서 밝혀둔다). 또 필자가 참여하고 있는 시민과학센터 제도연구위원회에서는 지난 1년간 숙의민주주의(deliberative democracy)의 문제의식과 과학기술 민주화의 여러 제도적 장치들에 관한 세미나를 진행했는데, 여기서의 토론은 제5부에 실린 두 편의 글을 쓰는 데 있어 중요한 밑거름이 되었다. 이 점에 대해 김환석 교수님, 이영희 교수님을 비롯한 시민과학센터의 모든 분들께 감사를 드린다.

개인적으로 고마움을 표하고 싶은 사람들도 많다. 지금 시민과학센터 간사를 맡고 있는 한재각 씨는 1995년부터 지금껏 필자와 과학기술운동이라는 한울타리 속에서 비슷한 문제의식을 키워가며 고민의 많은 부분을 함께해 왔으며, 특히 제1부에 실린 두 편의 글은 그와 벌였던 토론에 많이 힘입은 것이다. 1996년 가을부터 1년여 동안 김병윤, 한재각 등과 함께 진행했던 기술영향평가 세미나도 필자의 초기 문제의식 형성에 중요한 역할을 했다. 송성수 선배님은 과학기술 논쟁에 관한 리뷰글에 대해 한국과학사학회 40주년 기념학술대회 자리에서 중요한 논평을 해주셨고, 현재 과학사회학 전공으로 에딘버러에 유학중이신 김상현 박사님은 필자가 쓴 여러 글들에 대해 (종종 필자의 글보다도 더 긴) 장문의 논평을 통해 글의 문제점과 한계를 지적해 주셨다. 김환석 교수님과 시민과학센터의 이혜경 전임간사를 비롯한 여러 분들은 번역글의 용어 선정에 있어 도움을 주셨다. 그리고 여러 모로 부족한 필자를 믿고 단행본 출간을 제안하셨던 도서출판 잉걸의 김진수 대표의 열의와 노력이 없었다면 이 책은 결코 햇빛을 보지 못했을 것이다. 마지막으로, 지난 몇 년간 필자가 글을 쓰고 번역하느라 며칠씩 밤샘을 할 때마다 '폐인'이 되어가는 필자를 지켜봐 주고, 또 '물심양면으로' 기운을 북돋아 준 김은숙에게 특별한 감사의 마음을 전하고 싶다.

그간 STS 쪽으로 이런저런 글들을 써 오면서 필자를 줄곧 괴롭혔던 생각은, 필자의 작업이 학문적인 기준에서는 썩 충실하지 못한 반면 관련분야 활동가들에게는 '한가해' 보일지 모른다는 자책이었다. 그러나 이제는 이런 생각을 뛰어넘어, 세상에 모습을 보이게 된 이 책이 대중과 과학기술의 관계와 그 대안에 관심을 가진(혹은 앞으로 관심을 가질) 그 누군가에게 도움이 되었으면 하는 작은 바램을 품어본다. 필자의 이런 바램이 필자만의 망상이 아니라 그 누군가와 공유할 수 있는 생각이 된다면, 그동안 필자가 나름대로 쏟아온 노력은 충분히 보상받고도 남을 것이다.

2001년 6월
김명진

차례

들어가는 말 · 3
지은이 소개 · 11

제1부 과학과 대중, 그 현재적 관계
1. 과학기술에 얽힌 통념들, 혹은 과학기술의 신화화를 넘어서 · 15
2. 대중의 과학이해 - 이론적 흐름과 실천적 함의 · 29

제2부 과학기술 논쟁
1. 과학기술 논쟁 연구의 전개와 함의 · 55
2. 과학 논쟁 - 미국 대중논쟁의 내부동학 | 도로시 넬킨 · 72

제3부 과학기술과 대중매체
1. 대중영화 속의 과학기술 이미지 · 103
2. 미친 과학자로서의 물리학자 | 스펜서 웨어트 · 120
3. 과학과 언론보도 - 과학 팔아먹기 | 도로시 넬킨 · 147

제4부 과학기술의 빛과 그림자
1. 기술의 발전은 여성을 해방시켰는가 · 171
2. 현대의학은 인간의 복지를 진정으로 향상시켰는가 · 182
3. 과학기술의 발전은 '노동의 인간화'를 수반하는가 · 192
4. 생명공학 거품 | 매완 호, 하트무트 메이어, 조 커밍스 · 203

제5부 인간을 위한 과학기술, 대안을 찾아서
1. 생명공학과 대중 - 역사·이론·대안 · 241
2. '과학기술 민주화'의 개념정립을 위한 시론 · 257

지은이 소개

김명진은 서울대 전자공학과를 졸업하고 서울대 과학사 및 과학철학 협동과정에서 19세기 미국 기술사로 석사학위를 받은 후, 동 과정 박사과정을 수료했다. 영화, 만화, 과학기술학(STS), 과학기술 민주화 등에 대해 잡다하게 관심을 가지면서 다양한 글을 쓰고 번역해 왔으며, 1998년부터는 참여연대 시민과학센터의 운영위원으로 활동하고 있다. 1998년 11월부터 2000년 6월까지 시민과학센터 소식지 ≪시민과학≫의 편집 책임을 맡기도 했다.

도로시 넬킨 (Dorothy Nelkin)은 코넬대 사회학과를 거쳐 뉴욕대 사회학과 및 법대 겸임교수로 재직하고 있다. 1970년대에는 다양한 과학기술 논쟁에 대한 사례연구를 수행했고 이후 과학에서의 지적재산권, 과학 언론에 관한 저서를 쓰기도 했다. 1990년대 들어서는 생명공학의 여러 쟁점들에 대해 폭넓게 저술 활동을 하고 있다. 주요 저서로는 *Dangerous Diagnostics*(rev. ed., 1994, with Laurence Tancredi), *Selling Science*(rev. ed., 1995), *The DNA Mystique*(1995, with Susan Lindee), *The Body Bazaar*(2001, with Lori Andrews) 등이 있다.

스펜서 웨어트 (Spencer Weart)는 현재 미국물리학협회의 물리학사센터 소장을 맡고 있다. 1980년대에는 핵과학의 발전과정을 연구하면서 핵물리학의 대중적 이미지에 관한 책을 썼으며, 1990년대 들어 평화유지의 역사에 관심을 가지고 연구를 했다. 최근에는 지구온난화의 과학 및 대중이해에 관한 연구를 진행 중이다. 주요 저서로는 *Nuclear Fear*(1988), *Never at War*(1998) 등이 있다.

매완 호 (Mae-Wan Ho)는 캘리포니아대학에서 박사 후 과정, 런던대에서 연구 활동을 수행했으며 현재는 영국의 밀튼 케인즈에 위치한 개방대학의 Senior Research Fellow다. 유전공학에 대한 반대 입장을 가진 저명한 과학자 중 한 사람으로 손꼽히며, 1999년 피터 손더스와 함께 과학의 사회적 책임과 지속가능한 과학을 추구하는 비영리조직인 The Institute of Science in Society를 창립해 소장을 맡고 있다. 주요 저서로는 *Genetic Engineering, Dream or Nightmare?*(2nd ed., 1999)가 있다.

하트무트 메이어 (Hartmut Meyer)는 독일에 있는 '생물다양성에 관한 환경 및 개발 연구집단 포럼'의 일원이다.

조 커밍스 (Joe Cummins)는 캐나다 웨스트 온타리오 대학의 유전학 명예교수다.

제1부
과학과 대중, 그 현재적 관계

1. 과학기술에 얽힌 통념들, 혹은
과학기술의 신화화를 넘어서

2. 대중의 과학 이해
- 이론적 흐름과 실천적 함의

1
과학기술에 얽힌 통념들, 혹은 과학기술의 신화화를 넘어서

현대사회에서 과학기술이 대단히 중요한 지위를 점하고 있다는 점에 대해서는 여기서 새삼스레 강조할 필요가 없을 듯하다. 특히 20세기 들어 이루어진 과학기술의 엄청난 성공은 과거에 상상조차 하지 못했던 많은 일들을 가능하게 해 주었다. 그러나 과학기술의 발전은 이와 더불어 과거에는 전혀 존재하지 않았던 수많은 정치적·경제적·사회적·윤리적·법적 문제들도 함께 가져왔다. 정보통신기술의 양면적 성격, 생명공학이 내포하는 치명적 위험과 반윤리성, 보건의료의 지역적·계층적 편중, 환경오염의 심각함, 핵발전이 안고 있는 위험 등으로부터 빚어지는 문제들은 그 중에서 두드러져 보이는 몇몇 사례에 불과한 것이다.

이러한 상황은 오늘날의 '기술사회'를 살아가는 우리에게 '과학기술의 사회적 통제(social control of technology)'[1]의 문제를 제기하고 있다. 즉 과학기술은 발전하면 할수록 무조건 좋은 것이 아니라,

---

1) 이 표현은 Collingridge(1980)에서 빌어왔다.

그 발전이 적절하게 통제되어야 하는 어떤 것이라는 문제의식이 요구되고 있는 것이다. 그런데 이러한 문제의식이 단순히 '과학기술의 사회적 문제들은 반드시 교정되어야 한다'는 식의 당위적인 차원에 머물지 않기 위해서는, 그 이전에 오늘날의 과학기술의 성격이 어떠한 것이며 과학기술이 사회와 맺는 상호작용이 어떠한 것인가에 대해 엄밀한 이해를 기할 필요가 있다. 이는 과학기술을 하나의 자명한 실체로 간주하는 것을 넘어서서, 과학기술에 흔히 덮어씌워지는 '신화'를 제거함으로써 비로소 가능해질 것이다.

이 글에서는 과학기술에 대한 역사적·사회학적 연구성과에 바탕해 과학기술에 얽힌 '통념'들을 수정하고 그 속에 내포된 오류와 단순화를 지적하는 것을 목표로 한다.2) 이를 위해서 필자는, 과학기술에 대한 통념들을 몇 가지 명제로 정식화하고 구체적인 예를 들어 그 각각을 반박하는 형태로 글을 전개해 나갈 생각이다.

통념 1 - "과학은 '과학적'이다"

먼저 필자는 "과학은 과학적인 것"이라는, 지극히 당연해 보이는 명제에 이의를 제기하는 것으로 시작하려 한다. 얼른 보면 이 명제는 전혀 문제가 없는 것처럼 보인다. '과학적'이라는 형용사는 현실 속에 존재하는 '과학'의 성질을 나타내기 위해 쓰이는 말이니, "과학이 과학적"이라는 말은 일종의 동어반복이 아닌가?

결론부터 말하자면, 그렇지 않다. 필자는 현실 속에 존재하는 과학'들과 '과학적'은 서로 구분되어야 할 것으로 생각한다. 왜 그럴까? 먼저 지적되어야 할 것은 '과학'이 단일하고 자명한 실체가 아

---

2) 문제의식은 조금 다르지만 필자와 유사한 방식으로 과학에 얽힌 여러 '신화'들을 문제삼고 있는 글로 Collingridge & Reeve(1986), chaps. 2-3.이 있다.

니라는 점이다. 우리가 통상 과학이라고 부르는 것 속에는 지극히 이질적인 실체들이 뒤섞여 있다. 예컨대 그 속에는 고체물리학이나 유기화학처럼 생산으로의 응용과 대단히 가까이 있는 영역들도 있고, 우생학이나 사회생물학처럼 이데올로기적인 함의(含意)를 강하게 지니고 있는 영역들도 있다. 방법론적인 측면에서 보면 수학이나 이론물리학의 일부에서 볼 수 있듯이 거의 확실한 연역적 증명 ― 혹은 비교적 이론(異論)의 여지가 적은 실험적 입증 ― 이 가능한 영역이 있는가 하면, 고생물학과 같이 엄밀한 증명이나 실험이라는 것이 아예 불가능하여 고도의 추측에 의거해야 하는 영역도 있다. 분자생물학이나 입자물리학의 경우에서처럼 엄청난 고가의 장비(슈퍼컴퓨터나 입자가속기 등)와 수많은 인력을 필요로 하는 영역이 있는 반면, (다소 과장하자면) 종이와 연필만 있으면 되는 영역도 있다. 그리고 종종 특정한 학문영역이 과학인지 아닌지를 둘러싸고 논쟁이 벌어진다는 사실 역시 과학이 하나의 자명한 실체라는 통념에 문제를 제기한다. '과학적'이라는 형용사가 과연 이 모든 영역들이 내포하는 특성들을 아우를 수 있을까? 의문스럽다. 그리고 설사 그것이 가능하다고 할지라도, 그 말은 사실상 거의 아무런 함의를 갖지 못하는 빈껍데기에 불과할 것이다.

결국 '과학적'이라는 말 속에 내포된 이미지들 ― 객관성, 가치중립성, 엄정함, 복잡한 수식과 정교한 실험 등 ― 은 현실 속에 존재하는 개개 과학'들'이 갖는 특성으로부터 추상해 낸 것이 아니다. 그 이미지의 근원은 역사적인 사건으로부터 찾아야 한다. 그것은 17세기 말 뉴튼과학의 성공을 '객관적이고 엄정하며 사회적 편견으로부터 오염되지 않은' 과학의 이미지와 동일시하고, 미신과 무지·독단에 빠진 당시의 사회를 과학적 성공의 모델에 따라 개조할 수 있으리라고 믿었던(혹은 '오해'하였던) 18세기의 계몽철학자들이 오늘날에 남긴 하나의 규범적 허구에 불과한 것이다.3) 따라서 '과학'과 '과학적' 사이의 부적합성은 분명해진다. 우리는 '과학적'이라는 용어에 덧씌워진 의미들을 경계함과 동시에, 그것이 내포할 수 있는 이데올로기적 함의를 문제삼지 않으면 안된다.

통념 2 - "과학지식은 자연세계를 (마치 거울처럼) 반영한다"

과학적 활동은 자연세계 속에 숨겨져 있는 법칙을 '발견'해 내는 것일 뿐이며, 따라서 과학지식은 자연세계를 명징하게 '반영'하는 것이라는 사고 역시 대단히 뿌리깊은 것이다. 이러한 사고 틀 속에서 과학자의 역할은 자연세계가 '보여주는' 것을 편견없이, 끈기있게 관찰하고 그 속에서 법칙성을 발견해 내는 것으로 한정된다. 또 과학적 방법론은 과학적 사실의 발견→가설의 수립→실험의 수행→가설의 확증(혹은 반증)과 이론의 수립으로 이어지는 일련의 절차로 이해된다.

그러나 1960년대 이후 과학철학의 성과에 의하면 이렇게 단순한 모형은 더이상 받아들이기 어렵다. 우선 과학이론은 자연을 단순히 반영하는 것이 아니라, 하나의 '개념적인 모형'이자 '구조적 전체'로 이해되어야 한다는 주장이 대두하고 있다(알랜 F. 찰머스, 1985). 이러한 주장에 따르면 특정한 과학이론은 자연세계를 바라보는 유일하고 특권화된 방법을 제시해 주는 것이 아니며, 자신만의 방식 — 그 이론에 고유한 개념이나 법칙들 — 에 따라 오히려 자연세계를 재구성한다. 즉 자연을 바라보는 특정한 방식은 자연세계로부터 제공받는 것이 아니라 과학자가 자연 속으로 끌고 들어가는 것이다. 또한 과학활동은 앞서 제시한 바와 같은 일련의 절차를 따라 진행

---

3) 뉴튼과학과 계몽사조에 대한 개설로는 김영식·임경순(1999), 149-161쪽을 보면 된다.

되는 것 역시 아니다. 특정한 과학이론은 항상 그것을 포함하고 있는 구조의 일부로 이해되어야 하기 때문에, 과학이론의 검증 및 반증 과정은 더욱더 복잡하게 전개될 수밖에 없다.

그리고 이로부터 한 걸음 더 나아가 1970년대 이후 새로운 과학사회학의 주창자들은 과학지식이 자연세계로부터 얻어지는 것이 아니라 '사회적으로 구성되는' 것이라는 주장을 내놓기에 이르렀다. 이들은 과학지식이 자연세계에 의해 완전히 '결정'되는 것이 아니기 때문에 특정한 관찰이 의미하는 바를 둘러싸고 과학자사회 내에서 논쟁이 벌어지며, 이러한 논쟁이 '사회적으로' 해결되는 과정을 통해 비로소 과학지식이 도출된다고 주장했다(김경만, 1994; 윤정로, 1995; 홍성욱, 1999a). 비록 이들의 주장을 모든 과학에 대해 일반적으로 적용시키기는 어렵다고 하더라도, 과학지식사회학의 성과가 자연세계와 과학지식간의 단순한 반영론에 강한 문제제기를 하는 것만큼은 분명한 사실일 것이다.

이로부터 우리는 과학을 진행중인 하나의 과정(process)으로 이해해야 한다는 함의를 끌어낼 수 있다. 즉 '지금' '이곳'에서의 과학은 어떤 완결된 실체가 아니다. 그것은 '지금' '이곳'에서 자연세계를 바라보는 어떤 시각과 특정한 방법론을 나타내고 있는 것일 뿐이다. 이러한 주장은 과학이 어떤 완결된 실체를 향해 나아간다는(혹은 나아가야 한다는) 목적론적인 시각을 내포하지 않으며, 과학이 전적으로 임의적인 지식체계라는 식의 극단적인 상대주의를 함축하지도 않는다.

통념 3 – "과학자사회는 '합리적'인 원칙에 의거해서 운영된다"

과학자사회라는 전문가집단은 흔히 다른 전문가집단들 — 예컨대 법조계·의료계·사회과학계 등 — 과는 구분되는 것으로 취급된다. 공정성을 잃고 종종 이익집단화하는 다른 전문가집단과 비교해 보았을 때, 과학자사회는 좀더 객관적이고 가치중립적이며 보다 덜 권위적이고 덜 위계적인, 결국 '합리적'인 어떤 것으로 파악되는 것이다.4) 그리고 그 원인은 다른 전문가집단이 '변덕스러운' 인간사회를 그 분석 대상으로 삼는 데 반해, 과학자들은 '거짓말을 하지 않는' 자연세계를 분석 대상으로 삼기 때문으로 돌려지는 것이 보통이다. 따라서 일반적으로 과학자집단은 사회에서 가장 신뢰할 만한 전문가집단으로 인정받는다.

이런 통념을 전면적으로 뒤집는 것은 쉽지 않다. 그러나 이와 같은 생각이 과학과 과학자사회에 대한 단순화된(혹은 왜곡된) 시각에 근거하고 있음을 보이기는 그다지 어려운 것이 아니다(앞서의 통념 1과 2에 대한 공격을 되새겨 보자). 우선 과학자사회 내에서도 권위와 위계가 분명히 존재하고 있음을 먼저 지적해야겠다. 권위와 위계는 과학활동의 창조성을 가로막는 '비과학적'인 요인들로 흔히들 생각하곤 하지만, 과학사를 돌이켜보면 적어도 19세기 이후 권위와 사회적 규율의 존재는 전문과학 분야의 등장과 과학 활동의 지속에 필수불가결한 것이었다.5) 상식적인 수준의 예를 하나 들어 보자. 노벨 물리학상을 받은 물리학자가 저명한 학술지에 발표한 실험 결과를 어떤 대학원생이 재연(再演)해보고 다른 데이터가 나오는 것을 반복해서 확인했다고 하자. 그러면 이 대학원생은 원래의 실험 결과를 반증했다고 생각할까? 그렇지 않다. 오히려 자신의 실험 결과에

---

4) 이런 입장은 로버트 머튼(Robert K. Merton)의 과학사회학 저술에서 두드러진다. 머튼 과학사회학과 이에 대한 비판을 짧게 소개한 것으로는 앤드류 웹스터(1998)의 1장이 유용하다.
5) 이는 토머스 쿤(Thomas S. Kuhn)의 저서 『과학혁명의 구조』에서 읽어낼 수 있는 중요한 함의 가운데 하나이다. 이 점에 대한 좀더 상세한 서술로는 Golinski(1998), chaps. 1-2.를 참조하기 바란다.

뭔가 문제가 있다고 생각하고 실험'오차'의 이유를 찾는 것에 골몰하는 것이 '정상적'인 상황일 것이다. 이와 같은 가상적 사례는 과학자사회 역시 다른 전문가집단이나 여타의 사회집단과 마찬가지로 '전통'과 '권위'의 지배로부터 자유로운 것이 아님을 — 그리고 그 '자유롭지 못함'이 반드시 과학의 성공을 가로막는 요인이 되지 않음을 — 잘 보여 준다.

한편, '둘 이상의 과학자집단이 경쟁하면서 특정한 문제를 둘러싸고 과학적 논쟁을 벌일 때 이들이 어떤 행동을 취하는가'라는 의문에 답하는 여러 사례연구들 역시 앞서의 통념에 대한 유용한 반박을 제공한다. 앞서 언급했던 과학사와 과학사회학의 최근 성과들은 과학자집단이 논쟁에서 '페어 플레이'를 하지 않는 경우가 많다는 것을 밝혀냈다. 바꿔 말하자면, 과학자집단은 '과학' 논쟁에서 승리하기 위해 수단과 방법을 가리지 않는다는 것이다. 이들은 단순히 누가 더 과학적인 '증거'들을 더 많이 내놓는가를 가지고 논쟁의 승패를 가리는 것이 아니라, 갖은 수사(修辭)를 동원하여 자기편으로 더 많은 사람들을 끌어들이고 이를 통해 사회적인 세력을 키움으로써 논쟁을 승리로 이끈다. 이러한 사례들을 통해서 도출되는 결론은, 결국 과학자집단 역시 권위나 위계에 의존하며 사회적 이해관계에도 얽혀 있다는 점에서 다른 사회집단과 근본적으로 다른 것은 아니라는 것이다.

통념 4 - "오늘날 과학과 기술은 서로 구분되지 않는 실체이다"

과학과 기술의 관계에 대한 일반적인 통념은 이 둘이 대단히 밀접한 관계를 맺고 있으며, 특히 20세기 들어 과학이 기술에 직접적으로 응용된 이후로는 이 둘이 서로 구분되지 않는 하나의 실체, 즉

'과학기술'이 되었다는 것이다. 그러면 여기서 물어보자. 과연 과학과 기술은 역사적으로, 또 분석적으로 구분 '가능'한 실체일까? 그리고 이렇게도 한번 물어보자. 과연 과학과 기술을 구분할 '필요'가 있을까? 이 두 가지 질문에 답변함으로써 앞서의 통념에 대한 적절한 반박이 가능하리라 여겨진다.

먼저 앞의 물음부터 답해 보자. 과연 과학과 기술을 구분할 수 있는가? 그렇다. 역사적으로 살펴보면, 과학과 기술은 근대에 들어서기까지 서로 상호 교류가 거의 없는 독자적인 활동이었으며, 서로 다른 목적을 위해서 서로 다른 사회계층에 의해 활동이 수행되었다. 17~18세기에 들어서면서 과학과 기술의 관계가 서로에게 도움을 줄 수 있는 것임이 조금씩 인지되기 시작하였으나, 당시까지 이는 여전히 가능성의 차원에 머물러 있는 정도였다. 결국 과학과 기술의 관계가 지금과 같이 밀접해진 시기는 앞당겨 잡아도 전자기학이 전기공학에 '응용'되고 유기화학이 화학공업에 '응용'된 19세기 말경이었으며, 본격적인 이들간의 상호관계는 20세기에 들어와서야 가능해졌다고 볼 수 있다(김영식·임경순, 1999, 223-236쪽).

그러나 과학과 기술의 상호관계가 몇몇 접점들 — 예컨대 고체물리학과 반도체기술, 분자생물학과 유전공학, 핵물리학과 핵공학, 사이버네틱스 이론과 정보·통신기술 등 — 을 중심으로 해서 전면화되었다고 흔히들 생각되는 20세기에 들어와서도, 과학과 기술은 여전히 교육제도에서 분리되어 있으며, 상이한 목적을 가지고 추구되고 있다는 점을 기억해야 할 것이다. 과학과 기술 사이에 맺어진 관계의 정도는 구체적인 분야에 따라 불균등하며, 따라서 이들간의 관계는 여전히 '상이한 두 실체간의 상호작용'으로 생각하지 않으면 안된다(홍성욱, 1999b).

이어서 두번째 물음으로 넘어가자. 과학과 기술을 굳이 구분해야 할 이유가 있을까? 역사적·분석적으로 구분 가능하다고 하더라도,

현장의 과학기술자들은 자신이 하는 작업이 과학에 속하는지 기술에 속하는지에 대해 별다른 강박관념을 가지지 않고 작업을 수행해 나가는 것이 보통이다. 그러나 그럼에도 불구하고 과학과 기술을 구분해야 하는 이유는, 이 둘을 구분하지 않고 뭉뚱그려 보게되면 이미 과학 일반에 부여되어 있는 '과학적'이라는 이미지를 기술에까지 부여하게 된다는 문제점 때문이다. 이는 기술이 과학과는 구분되는, '훨씬 더' 가치의존적인 실체라는 점을 은폐한다.6) 이는 이어지는 통념 5의 문제의식과 연결된다.

통념 5 - "기술은 사회와 무관하게 독자적인 발전경로를 갖는다"

우리는 종종 기술이 그 내부에 그것의 발전경로를 이미 가지고 있으며, 따라서 어떤 특정한 기술(혹은 인공물)이 출현하는 것은 '필연적'인 결과라고 생각한다. 이러한 통념을 약간 다르게 표현하자면, 기술의 발전경로는 이전의 인공물(artifact)보다 '기술적으로 보다 우수한' 인공물들이 차례차례 등장하는, 인공물들의 연쇄로 파악할 수 있다는 것이다. 그리고 우리는 기술의 발전경로가 '단일한' 것으로 보고, 따라서 어떤 특정한 기능을 갖는 인공물을 만들어 내는 데 있어서 '유일하게 가장 좋은' 설계방식이나 생산방식이 있을 수 있다고 가정한다. 이와 같은 생각들을 종합한다면, 기술의 발전은 결코 사회적인 어떤 힘이 가로막을 수 없는 것일 뿐만 아니라 단일한 경

---

6) 여기서 필자의 논점은 과학과 기술이 합쳐서 '과학기술'이 되었다는 식의 단순화를 통해 흔히 과학에 부여되곤 하는 속성을 기술에까지 확장하는 것의 위험을 지적하려 하는 것이지, 과학을 별도의 가치중립적인 실체로 따로 떼어내 '면죄부'를 주겠다는 것이 결코 아니다. 이 점에 대해서는 이 책의 제5부에 실린 「과학기술 민주화의 개념정립을 위한 시론」을 참조하기 바란다.

로를 따르는 것이므로, 사람들이 할 수 있는 일은 이미 정해져 있는 기술의 발전경로를 열심히 추적해 가는 것밖에 남지 않게 된다.

그러나 과연 그런가? 흔히 '기술에 대한 사회구성주의적 접근(social constructivist approach to technology)'이라고 불리는 이론체계는 이러한 통념에 대한 효과적인 반박의 준거를 제공한다.7) 1980년대 중반 이후 본격적으로 등장한 기술사와 기술사회학 영역의 다양한 사례연구들은 어떤 특정한 기술이나 인공물을 만들어 내는 것에 있어서 그 프로젝트에 참가하는 여러 '행위자(actor)'들 — 엔지니어, 자본가, 투자은행, 정부, 소비자 등 — 의 이해관계나 가치체계가 기술이 특정한 형태로 틀지워지는 과정에서 중요한 역할을 한다는 것을 밝혀냈다. 사회적 형성과정의 결과로 도출된 기술은 이미 그 속에 사회적인 가치를 반영하고 있다는 것이다. 뿐만 아니라 복수의 기술이 서로 경쟁하여 그 중 하나가 사회에서 주도권을 장악하는 과정을 분석해 본 결과, 이 과정에서 주요한 역할을 하는 것은 종종 기술적 우수성이나 사회적 유용성이 아닌, 관련된 사회집단들의 정치적·경제적 힘인 것으로 드러났다. 기술의 발전경로는 더이상 '자명하게' 주어지는 것이 아니며, 사회학적인 설명을 필요로 하는 것이 된다.

또한 이들은 사회적 맥락을 제거한, 기술발전에 있어서의 단일한 경로를 인정하지 않고, 기술적 우수성이나 우위에 대한 판단은 언제나 그것이 사용되는 특정 사회의 가치체계를 고려해야만 비로소 가능해진다고 주장하였다. 이러한 주장에 따르면 특정한 인공물의 설계에서 '유일하게 가장 좋은' 방식이란 존재하지 않으며, 단지 상이한 가치체계를 내포한 다양한 인공물의 설계와 이들 상호간의 경쟁 그리고 경쟁에서 살아남은 인공물의 존속이 있을 뿐이다.8) 이로부

---

7) 기술에 대한 사회구성주의적 접근의 3가지 방법론과 각각의 사례연구는 송성수 편역(1999)을 참조할 수 있다.

터 얻을 수 있는 함의는 현재에 이르는 기술발전의 궤적이 결코 필연적이고 단일한 것이 아니었으며, "다르게 될 수도 있었다"는 인식이다.

통념 6 - "기술의 발전은 사회의 발전방향을 결정한다"

기술의 발전이 사회에 영향을 준다는 것은 부인할 수 없는 사실일 것이다. 하지만 기술과 사회의 관계에 대한 통념은 기술이 사회에 단순히 영향을 미친다는 정도를 뛰어넘어 기술이 사회의 형태와 변화방향을 '결정'한다는 주장에까지 나아가는 경우가 많다.9) 이러한 사고는 미래학자들의 예측에서 쉽게 찾아볼 수 있으며, 과거의 역사서술에서도 종종 드러난다. 예컨대 등자(鐙子, stirrup)가 봉건제를 낳았다는 주장10)이나 새로운 동력기술이 자본주의를 낳았다는 주장11) 그리고 새로운 정보기술이 과거의 산업사회와는 근본적으로

---

8) 기술사학자 토머스 휴즈는 이를 '기술 스타일(technological style)'이라는 용어를 써서 표현했다(토마스 휴즈, 1999).
9) 필자가 정리한 통념 5와 6을 합치면 매켄지(Doland MacKenzie)와 와이츠맨(Judy Wajcman)이 말하는 '기술결정론(technological determinism)'의 두 가지 구성요소가 된다. 이에 대해서는 도날드 매켄지·쥬디 와이츠맨(1995)을 참조하기 바란다.
10) 등자는 말의 안장 양쪽으로 매달려 있어서 말을 탈 때 두 발을 끼워 디딜 수 있게 만든 도구를 말한다. '등자가 봉건제를 낳았다'는 주장은 기술사학자 린 화이트 2세(Lynn White Jr.)의 고전적인 저작에서 유래한 것으로 흔히 생각되는데, 그는 8세기 초 등자가 서유럽에 도입되면서 말에 탄 기사가 전투에서 수행하는 역할이 커졌고 이러한 군사적 필요가 서유럽의 봉건제를 성립시키는 데 결정적인 역할을 했다고 주장한 바 있다(White, 1962).
11) 이 주장은 칼 마르크스(Karl Marx)의 유명한 경구인 "손방아는 봉건영주의 사회를 낳고 증기방아는 자본가의 사회를 낳는다"는 표현과 흔히 연관

다른 정보사회를 낳는다는 주장 등이 적절한 사례가 될 것이다. 이러한 주장들은 상당히 그럴듯하며, 특히 우리 주위에서 일상적으로 일어나고 있는 변화들 — 새로운 기술의 도입에 의해 사회적 관계와 사회성원들의 행동양식이 바뀌어 나가는 것 — 을 통해서 사람들에게 강한 설득력을 가지고 다가간다.

그러나 기술이 사회적인 영향을 갖는다는 주장과 기술이 사회를 결정한다는 주장은 분명히 구분하지 않으면 안된다. '기술이 사회를 결정한다'는 주장의 근저에는 기술을 자기진화하는 하나의 자율적(autonomous)인 실체로 간주하는 사고가 놓여 있다.12) 그러나 앞에서 살펴보았듯, 기술은 결코 독자적으로 발전하는 실체가 아니며 '사회적인 영향력 속에서 구성되는' 존재이다. 따라서 어떤 특정한 기술이 사회적으로 강한 영향을 준다고 하더라도 그 기술 역시 사회로부터 영향받는 존재라는 점을 기억해야 할 것이다.

물론 특정한 기술의 발전궤적을 들여다보면, 그것이 사회로부터 영향을 받기보다는 사회에 거의 결정론적인 영향을 주는 것처럼 여겨지는 경우들이 있다. 예컨대 IBM PC가 286에서 386, 486을 거쳐 펜티엄으로 '진화'해 나가는 것은 사회로부터 별로 영향을 받지 않는 것처럼 보이는 반면, PC의 업그레이드는 컴퓨터 사용자들에게 엄청난 영향을 주지 않는가? 또한 이미 우리 사회 속에 깊숙이 자리잡은 핵발전 기술은 이미 사회성원들의 통제를 벗어난, 하나의 '자율적'인 실체로 보이지 않는가? 이러한 지적은 부분적으로 옳다. 사회 속에 자리잡은 거대 기술시스템들은 사회로부터 영향을 좀처럼 받지 않는 반면 사회에는 막대한 영향을 끼치는, 소위 '기술모멘

지어 이해되고 있다. 이와 관련해 '마르크스는 기술결정론자인가'라는 질문을 놓고 깊은 논의를 전개하고 있는 글로는 도날드 매켄지(1995)가 있다.
12) 기술이 '자율적'이라는 사고방식에 관한 다양한 고찰로는 랭던 위너(2000)를 보면 된다.

텀(technological momentum)'을 획득한다(Hughes, 1994). 그러나 심지어 이러한 경우에도, 기술이 사회로부터 벗어나 완전히 자율적인 실체가 되는 것은 아니라는 점을 재삼 강조하지 않을 수 없다. 거대 기술시스템을 지탱하는 요소 역시 궁극적으로는 사회적인 이해관계들의 총체로 이해할 수 있는 것이다. 따라서 이러한 이해관계들의 연합이 붕괴할 때 거대 기술시스템 역시 붕괴할 수 있다. 서유럽 일부 국가들에서 핵발전이 퇴조한 것은 이런 맥락에서 이해해야 할 것이다.

* * *

지금까지 과학기술에 대한 6가지의 '통념'들을 살펴보고 이들 각각을 비판해 보았다. 이러한 탐구의 결과 우리는 과학이 '과학적'이라는 이미지와 동일시될 수 없는 다양한 영역들의 집합이라는 것, 과학지식은 자연세계를 거울처럼 반영하는 것이 아니라는 것, 과학자들은 결코 특권적인 전문가집단으로 간주되어서는 안된다는 것, 과학과 기술은 서로 구분되는 실체라는 것, 기술은 독자적으로 발전하지도 않으며 사회를 결정하는 것도 아니라는 것 등을 하나의 잠정적 결론으로 끌어낼 수 있었다. 글의 서두에서도 잠시 언급했듯, 이러한 인식의 변화는 '과학기술의 사회적 통제'가 실천적으로 가능함을 보여주는 이론적 전초작업으로 의미를 가질 수 있을 것으로 생각된다. 이제 필요한 것은 이러한 인식적인 작업들로부터 실천적인 함의들을 이끌어 내는 일일 것이다.

참고문헌

김경만 (1994), 「과학지식사회학이란 무엇인가」, ≪과학사상≫ 10호, 132-154.
김영식·임경순 (1999), 『과학사신론』, 다산출판사.
도날드 매켄지 (1995), 「마르크스와 기계」, 송성수 편역, 『우리에게 기술이란 무엇인가』, 녹두, 68-108쪽.
도날드 매켄지·쥬디 와이츠맨 (1995), 「무엇이 기술을 형성하는가」, 송성수 편역, 『우리에게 기술이란 무엇인가』, 녹두, 111-149쪽.
랭던 위너 (2000), 『자율적 테크놀로지와 정치철학』, 강정인 옮김, 아카넷.
송성수 편역 (1999), 『과학기술은 사회적으로 어떻게 구성되는가』, 새물결.
알랜 F. 찰머스 (1985), 『현대의 과학철학』, 서광사.
앤드류 웹스터 (1998), 『과학기술과 사회』, 김환석·송성수 옮김, 한울.
윤정로 (1995), 「"새로운" 과학사회학 : 과학지식사회학의 가능성과 한계」, ≪과학과 철학≫ 5집, 82-110.
토마스 휴즈 (1999), 「거대 기술 시스템의 진화 : 전동 및 전력시스템을 중심으로」, 송성수 편역, 『과학기술은 사회적으로 어떻게 구성되는가』, 새물결, 123-172쪽.
홍성욱 (1999a), 「과학사회학의 최근 동향」, 『생산력과 문화로서의 과학기술』, 문학과지성사, 21-67쪽.
홍성욱 (1999b), 「과학과 기술의 상호작용 - 지식으로서의 기술과 실천으로서의 과학」, 『생산력과 문화로서의 과학기술』, 문학과지성사, 193-220쪽.
Collingridge, David (1980), *The Social Control of Technology*, London: Francis Pinter.
Collingridge, David and Reeve, Colin (1986), *Science Speaks to Power: The Role of Experts in Policy Making*, London: Francis Pinter.
Golinski, Jan (1998), *Making Natural Knowledge: Constructivism and the History of Science*, Cambridge: Cambridge University Press.
Hughes, Thomas P. (1994), "Technological Momentum," Merritt Roe Smith and Leo Marx (eds.), *Does Technology Drive History?: The Dilemma of Technological Determinism*, Cambridge, MA: The MIT Press, pp. 101-113.
White, Lynn Jr. (1962), *Medieval Technology and Social Change*, Oxford: Oxford University Press.

2

대중의 과학이해
— 이론적 흐름과 실천적 함의 —

도입 : 과학기술과 일상생활

오늘날 과학기술의 발전이 사회와 맺는 관계에서 중요하게 부각된 요소를 들라고 하면, 이전 시기에 비해 과학기술적 산물이 일반인(layman)들의 일상생활에 엄청난 영향을 주게 되었다는 점이 반드시 포함되어야 할 것이다. 특히 20세기 들어 새로이 비약적인 성공을 거둔 거대 기술시스템(technological system)[1]들은 사람들의 일상생활 속으로 깊숙이 파고들어, 그것이 존재하지 않는 현대사회를 상상하기 힘든 상황을 빚어냈다. 과학기술의 사회적 체현물들은 상호간에 복잡한 연관을 맺으면서 사람들의 일상생활을 특정한 방

---

[1] '기술시스템'은 미국의 기술사가인 토마스 휴즈(Thomas Hughes)가 사용한 용어로서, 이 말에는 기술을 기계와 같은 인공물(artifact)과 등치해서는 안되며 정치・경제・사회적 요소까지를 그 속에 포함하는 일종의 '시스템'으로 보아야 한다는 그의 주장이 담겨 있다. 그의 기술시스템론에 대한 개괄로는 토마스 휴즈(1999)가 있다.

향으로 구조화하고 있다.

예를 들어 서구에서 19세기 말에서 20세기 초에 걸친 기간 동안 급격히 성장한 전기 시스템의 경우를 생각해 보자(Hughes, 1983). 전기 시스템은 발전 설비를 갖추고 선로망을 통해 전기를 공급하는 전력회사, 공급된 전기를 다양한 형태로 소비할 수 있도록 각종의 전기 기기들을 생산해 내는 가전업체들, 발전소에 필요한 화석연료를 공급하는 유조선과 선박 회사, 화석연료를 채굴하는 시추선과 이를 정제하는 정유공장들 등 소규모 시스템들을 그 속에 포괄하는 거대 시스템이다. 시스템들간의 상호연관을 통해서 사회 속에 깊게 뿌리내린 이 거대 시스템은, 사람들의 생활 리듬을 바꾸고 가정에서의 삶의 양식을 바꾸며 직장에서의 노동방식 변화를 가능하게 함으로써 일반인들의 일상생활을 과거와는 다른 방식으로 틀지우는 역할을 수행했다. 요즈음 각광받고 있는 정보통신기술이나 생명공학 역시 일상생활을 근본적으로 변화시키고 있다는 점에서 전기시스템과 마찬가지의 역할을 하고 있다.

최근 증가하고 있는 대형기술사고들은 이러한 '과학기술의 일상화'가 일반인에게 미치는 영향이 가장 극적인 형태로 표출되는 경우라고 볼 수 있겠다. 우리가 살아가고 있는 오늘날의 "기술사회"에서는, 기술시스템에 포괄된 특정 구성요소에 내재한 '사소한' 문제가 기술시스템 전체의 순간적인 붕괴로 이어지는 대형기술사고를 종종 목도할 수 있다. 울리히 벡(Ulrich Beck) 같은 이들이 이미 이러한 상황에 주목하여 현대사회를 '위험사회'라고 명명하기도 하였거니와(울리히 벡, 1997), 우리나라의 경우에도 이는 과거 몇 년 동안의 일련의 대형사고들 ─ 1997년 괌에서의 KAL기 추락 사고를 비롯하여, 삼풍백화점 붕괴, 성수대교의 붕괴, 구포역 열차 탈선, 대구 지하철 공사 현장 폭발 등 ─ 을 통해 잘 드러난 바 있다.[2]

---

[2] 대형기술사고의 일상성과 그 속에 내재한 문제점들에 대한 '진부하지 않

결국 '과학기술의 일상화'는 과학기술의 연구·개발을 직접 수행하거나 이에 관여하는 이들의 영역 밖으로 과학기술을 확장시키는 결과를 가져왔다. 이는 위에서 본 바와 같이 과학기술이 사회성원들 모두에게 막대한 영향을 주고 있다는 점에서도 그렇지만, 바로 그 과학기술을 개발하는 과정에서 엄청난 '사회적' 비용지출이 이루어진다는 점에서도 그렇다. 이러한 상황 속에서 과학기술자들이나 사회의 엘리트층이 아닌 '일반인'들이 새삼 관심의 초점으로 부각되는 것은 어찌보면 지극히 당연한 귀결이라고 볼 수 있겠다. 비록 지금의 상황에서 과학기술을 실제로 생산하는 일은 여전히 과학기술자들과 각종 정책수립기관의 전유물이긴 하지만, 이러한 과학기술의 생산물들이 사회 속에 도입되었을 때 직접적으로 맞부딪치면서 직접 그것을 겪어야 하는 이들은 사회 속의 일반인들이기 때문이다. 이러한 상황에 발맞추어 1970년대 이후 점차적으로 일반인과 과학기술이 어떤 관계를 맺고 있는지에 대해 관심을 집중시키는 저술이 늘어나고 있는 것은 지극히 자연스러운 일일 터이다. 이 중에서 특히 주목할 것은, 1980년대 말부터 서구, 특히 영국을 중심으로 '대중의 과학이해(public understanding of science, 아래에서는 PUS로 약칭)'라는 학문분야가 제도화되는 과정을 밟아 왔다는 점이다.

이 글에서는 이런 상황을 전제로 하여, PUS 분야가 성립되는 과정과 그것의 주요 연구 프로그램에 초점을 맞추면서 그것이 정책적으로 어떤 함의를 지니는지를 간략하게 검토해 보려 한다. 이를 위해 먼저 1절에서는 PUS 분야의 성립에 자극을 준 두 가지 이론적·실천적 배경에 대해 언급하고, 이어 2절에서는 1980년대 이전에 일반대중과 과학기술의 관계를 탐색했던 선행 연구들을 정리하고 그에 대해 가해졌던 비판은 어떤 것들이 있었는지를 알아본다. 3절에서는 1980년대 중반 이후 등장한 새로운 PUS 프로그램의 핵심

은' 고찰로는, 신병헌(1995)과 장경섭(1997)을 볼 수 있다.

주장과 이를 뒷받침하는 몇몇 사례연구를 살펴보고, 마지막으로 4절에서는 PUS 연구가 '과학기술 민주화'의 문제의식에 어떤 시사점을 남겨 주는지를 언급하는 것으로 글을 마치려 한다.

1. 배경 : '논쟁 연구'와 과학지식사회학

20세기 들어 사회 속에서 과학기술의 중요성이 커짐에 따라 과학사, 기술사, 과학철학, 과학사회학, 기술사회학 등 과학의 여러 측면들을 다루는 과학기술학(science and technology studies) 분야들 역시 그 형태를 갖추면서 빠르게 성장해 왔다.[3] 그러나 전통적으로 이런 분야들은 과학지식이 도출되는 과정이나 그것을 만들어낸다고 생각되는 과학자 사회의 성격에만 초점을 맞추고 있었으며, 비교적 최근까지도 그 '외부'로는 탐구의 시선을 거의 돌리지 않았다. 즉 과학기술의 역사적·철학적·사회학적 측면에서 일반대중의 역할은 아예 포함되지 않았거나 수동적이고 주변적인 존재로만 고려되었다. 이러한 상황에서, 일반인과 과학기술의 관계를 본격적으로 다루는 새로운 PUS 프로그램을 성립시킨 동인(動因)은 주류 과학기술학 내부가 아닌, 그 외부에서 출현하였다.

그 배경을 이루는 계기들 중 첫번째로는, 먼저 환경오염과 핵발전 등으로 대표되는 '과학기술의 사회적 문제'들이 1960년대 초·중반 이후 점차 대중적 관심영역에 자리잡게 되었다는 점을 들어야 할 것이다. 그 결과, 1960년대 말 이후 1970년대를 거치면서 미국을 비롯한 구미 여러 나라들에서 다양한 과학기술적 쟁점들을 둘러싸고

---

[3] 1980년대 이전의 성과들을 충실하게 요약한 것으로는 Speigel-Rösing & Price(1977)와 Durbin(1980)이 있고, 1980년대 이후의 성과들은 Jasanoff et al.(1995)에 정리되어 있다.

숱한 논쟁들이 벌어졌다. 그 중 몇 가지만 들어 보면, ●핵발전소 건설에 의한 주위환경의 파괴 여부를 문제삼은 논쟁 ●핵폐기물 처리장의 안전성을 둘러싼 논쟁 ●새로운 공항 건설의 파급효과에 대해 지역주민들과 정부, 전문가들이 대립한 논쟁 ●CFC로 인한 오존층 파괴 여부를 둘러싸고 벌어진 논쟁 ●발암물질을 취급하는 작업장에서 어느 정도의 규제가 필요한가에 대해 이루어진 논쟁 ●유전자 재조합(recombinant DNA)의 잠재적인 환경적 위험과 비윤리적 측면을 둘러싸고 나타난 논쟁 ●수돗물 불소화의 안전성 여부를 놓고 벌어진 논쟁 등이 있었다.4) 이 논쟁들 중 일부는 전문가들간의 의견대립의 형태를 띠는 기술적(technical) 차원의 논쟁에 그치기도 하였으나 많은 경우 이해당사자인 일반인들이 직접 참여하는 대중적 차원의 논쟁으로 확산되었다. 다양한 논쟁의 전개는 한편으로 사회과학자들에게 논쟁에 직접 참여하면서 이를 연구할 수 있는 기회를 제공해 주었고, 다른 한편으로 정책 담당자들에게 일반인들이 과학기술에 대해 갖고 있는 생각들을 조사·탐구할 필요가 있다는 인식을 심어주는 계기가 되었다.

그리고 둘째로는, 위에서 언급한 사회적 배경과는 다소 독립적으로, 1970년대 이후에 과학지식사회학의 성과물들이 지속적으로 축적된 사실도 PUS 분야의 성립에 중요한 배경 구실을 했다. 토머스 쿤(Thomas Kuhn)의 저작에 영향을 받은 배리 반즈(Barry Barnes), 데이비드 블로어(David Bloor), 해리 콜린즈(Harry Collins) 등의 학자들은 1970년대부터 영국의 에딘버러 대학과 바스 대학을 중심으로 과학지식 그 자체와 그것의 생성 과정을 사회학적 탐구의 대상으로 삼는 '새로운' 과학사회학을 제창하였다. 이들은 과학지식의 생성 과정이 과학자집단의 사회적 이해관계에 의해 영향받으며 과학

---

4) 과학기술 논쟁에 관해서는 이 책의 제2부에 실린 「과학기술 논쟁 연구의 전개와 함의」를 참조하기 바란다.

적 논쟁의 종결은 과학자집단 사이의 협상에 의한 것이라고 주장함으로써, 과학자들의 활동과 그 결과물로서의 과학지식이 '사회'로부터 분리된 어떤 것이라는 뿌리깊은 통념을 공격하였다.5) 이들의 주장은 앞서의 논쟁 연구의 경우와 함께 객관적이고 중립적인 실체로서 흔히 인지되어 오던 '과학'과 '과학자'에 대한 새로운 이해를 가능하게 하였다. 그 결과 비록 일반인과 과학기술의 관계에 대해 직접 연구하지는 않았지만, 대중적 논쟁의 영역에서 전문가 대 일반대중이라는 위계구도를 맥락의존적이고 상대적인 것으로 바꾸어 놓는 간접적인 효과를 가져올 수 있었다.

2. 선행연구들과 그에 대한 비판

1) '과학대중화' 모형

이제 본론, 즉 일반인과 과학기술의 관계에 대한 얘기로 들어가자. 역사적으로 살펴보면, 비록 PUS 분야가 제도화된 것은 1980년대 후반쯤이라고 보아야 하겠지만, 그 이전에 일반인과 과학기술 사이의 관계에 대한 관심이 전혀 없었던 것은 아니었다. 사회 속의 일반인들이 과학기술에 대해 갖고 있는 이해의 정도에 주목해야 한다는 문제제기는 이미 1930년대부터 영미권의 좌파 과학자들과 운동집단 ― 예컨대 홀데인(J. B. S. Haldane)같은 좌파 과학자나 영국의 과학노동자연합(Association of Scientific Workers) ― 으로부터

---

5) 과학지식사회학에 대한 짧은 개관으로는 앤드류 웹스터(1998)의 2장을 보는 것이 무난하다. 좀더 관심을 가진 사람들은 이 장의 끝에 있는 참고문헌 목록에 수록된 문헌들을 보면 될 것이다. 그 외에 우리말로 된 문헌들로는 김경만(1994), 윤정로(1995), 홍성욱(1999) 등이 있다.

나온 바 있었다(Irwin & Wynne, 1996, pp. 3-4). 그리고 이들이 가지고 있었던 문제의식이 사실상 1980년대 중반까지 PUS에 관한 주류적 견해로 이어지고 있었다고 해도 과히 틀린 말은 아닐 것이다. 여기서는 그 주류적 입장을 '과학대중화(popularization)' 모형이라 부르겠다.

과학대중화 모형은 과학자들이나 과학기술정책 담당자들에게 널리 수용되어 있던 생각으로, PUS 분야의 성립에 결정적인 계기가 되었던 영국 왕립학회(Royal Society)의 1985년 연구보고서[6]에 잘 정리된 형태로 다시금 반복되었다. 그 핵심적인 내용을 정리해 보면 다음과 같다. 문제의식의 출발은, 일반인들에게 과학에 대한 기본적인 소양(literacy)이 대체로 부족하다는 것이다. 과학의 내용을 이해하는 것이 오늘날 문화적 이해의 핵심적인 부분을 차지하게 되었을 뿐 아니라 과학 이론이나 지식을 적절히 이해하여 잘 사용하면 숱한 혜택을 가져올 수 있음에도 불구하고, 많은 사람들이 과학의 내용에 대해 잘 알지 못하고 있거나 이를 잘못 이해하고 있다. 이는 대다수의 사람들이 과학자가 되기 위한 전문적 훈련을 거치지 않았기 때문이기도 하고, 다른 한편으로는 과학 지식과 과학적 방법의 습득에 대한 일반인들의 관심이 부족하기 때문이기도 하다. 아울러 일반인들이 부정확한 지식을 갖게 된 것에는 TV, 라디오, 신문 등과 같은 상업적 대중매체의 왜곡된 영향도 크게 작용했다.

이상의 문제의식으로부터, 기본적이고도 중요한 과학 이론이나 지식들을 일반인들도 충분히 이해할 수 있도록 간단하게 만들고 쉽게 풀어서 일반인들에게 '정확하게' 전달하는 것, 곧 과학대중화의 필요가 도출된다. 과학대중화 모형의 옹호자들은 과학지식과 과학적 방

---

[6] Royal Society(1985). 아래에 개괄될 과학대중화 모형에 대한 설명은 주로 이 보고서의 내용과 그에 대한 비판자들의 정리에 근거한 것이다. 이 보고서의 짧은 축약본으로는 Anonymous(1986)가 있다.

법의 폭넓은 보급, 즉 '대중화'를 통해서 사회 속에 존재하는 불합리한 요소가 사라질 것이고 또한 과학에 대한 불필요한 오해가 없어질 거라고 믿었다. 예컨대 핵발전소나 생명공학을 둘러싸고 벌어진 사회적 논쟁들은 그 문제들이 정말 심각한 것이어서라기보다는 일반인들이 과학적인 사실에 무지해서 빚어진 것이므로, 과학의 대중화를 이룩하면 그런 문제들은 자연히 사라질 것이라는 게 그들의 생각이었다.

이러한 과학대중화 모형의 전제 하에서는, 일반인들을 상대로 하는 폭넓은 설문조사 작업이 연구방법으로 대단히 큰 중요성을 지니게 된다. 그 이유는 일반인들에게 '필요한' 지식을 공급하기 위해서 그들이 과학적 내용을 얼마나 정확히 이해하고 있는지에 대한 조사가 선행될 필요가 있기 때문이다. 상당수 국가들에서는 계층별·연령별·직업별·성별에 따라 과학지식과 과학적 방법을 얼마나 이해하고 있는가에 대한 대중적 조사사업이 이런 문제의식에 따라 실제로 이루어지기도 했다. 영국의 경우에는 1988년, 경제사회연구재단(Economic and Social Research Council, ESRC)의 지원을 받아 런던 과학박물관(Science Museum)과 옥스포드 대학 평생교육학과에서 주관한 대규모 조사사업이 행해졌다.[7]

이 조사사업은 성인 2,000여 명을 무작위로 추출하여 면접조사 방식으로 이루어졌는데, 그 내용은 크게 과학에 대한 관심의 정도와 과학적 내용의 이해 정도를 묻는 두 부분으로 구성되어 있었다. 이

---

[7] 이 조사사업의 결과를 분석한 짧은 글로 Durant, Evans & Thomas(1989)가 있으며, 조사사업의 문제의식과 방법론, 좀더 자세한 결과분석은 Durant, Evans & Thomas(1992)에 나와 있다(이 논문을 포함해서 학술지 *Public Understanding of Science*에 수록되었던 초기 논문 대부분이 한국과학문화재단에서 계간으로 발행하던 《과학과 문화》에 번역되어 실려 있으니 참고하기 바란다. *Public Understanding of Science*는 서강대 도서관이나 과학기술정책연구원 자료실 등에서 지난호를 구해볼 수 있다).

조사의 결과는 간단하게나마 언급해 둘 가치가 있을 듯하다. 먼저 과학자들이나 정책담당자들이 갖고 있는 통념과는 달리 일반인들은 과학기술에 대해 대단히 높은 관심을 갖고 있음이 드러났다. "신문에 다음의 주제로 기사가 실릴 경우에 얼마나 관심을 가지고 보겠는가"라는 설문에 대해서, 사람들은 정치(16.2%), 스포츠(27.9%), 새 영화(17.2%)에 비해 새로운 의학적 발견(49.0%), 새로운 과학적 발견(38.2%), 새로운 발명과 기술(39.4%)에 대해 훨씬 더 큰 관심도를 보였다. 그러나 이러한 높은 관심은 이들 자신이 "관심이 있음에도 불구하고, 과학기술에 대해서 잘 알고 있지는 못하다"라고 스스로 진단한 것과 크게 대조를 이루었다. 예컨대 정치 영역에 대해 높은 관심을 가진 사람들(16.2%)과 정치 영역을 잘 알고 있다고 생각하는 사람들(16.8%)은 대체로 그 비율이 일치하는 것에 반해, 새로운 의학적 발견에 대해서는 관심도(49.0%)와 자신이 판단한 이해도(9.9%)가 크게 차이가 있음을 볼 수 있었다.

이어 실제로 일반적인 과학지식을 얼마만큼 정확하게 알고 있는가를 측정한 설문에서는 문항에 따라 차이가 있긴 했지만 대체로 상당히 낮은 정답률을 보였다. 예컨대 설문에 응한 사람들 중에서 지구가 태양 주위를 1년을 주기로 돌고 있다는 사실을 정확히 알고 있는 사람들은 34%에 불과한 것으로 드러났으며, 항생제가 바이러스는 죽일 수 없다는 사실을 알고 있는 사람은 28%, 전자가 원자보다 작은 존재라는 것을 이해하고 있는 사람은 30% 정도인 것으로 조사되었다.

이 두 가지 결과를 종합해 보면, 비록 과학기술에 대한 사람들의 관심이 예상보다 높긴 하지만, 그럼에도 과학대중화 모형을 받아들이는 사람의 우려 — 과학기술에 대한 일반인들의 '무지'와 '오해' — 는 정당하다는 점이 입증되는 것처럼 보인다. 실제로 조사사업을 담당했던 이들은 현대물리학의 가장 대표적인 성과(양자역학)뿐만 아니라 과학혁명기의 대표적인 사건(지구중심설과 태양중심설의 대립)에조차도 사람들이 관심이 없거나 잘 알지 못하는 상황을 문제삼으면서 이러한 상황의 극복을 위한 과학대중화의 필요성을 다시금 역설하였다(Durant, Evans & Thomas, 1989, pp. 13-14).

2) '과학대중화'에 대한 비판

1980년대 중반까지 과학대중화의 관념이 지배적이기는 하였으나 그에 대한 비판도 존재했으며, 비판의 목소리는 시간이 지남에 따라 더욱 분명해졌다. 가장 본격적인 비판은 1980년대 후반에 나타난 새로운 PUS 프로그램에서 나타나며 이는 다음 절에서 다룰 것이므로, 여기서는 '대중화'라는 관념 자체의 비판에 치중한 예만을 짧게 언급하겠다.

'대중화'의 관념은 지식의 생산자(즉, 과학자나 언론인, 과학저술가)와 지식의 취득자(즉, 일반대중)를 이분법적으로 나눈 단순화된 구분에 근거하며, 따라서 다양한 층위의 행위자들과 청중들이 존재하는 현실 속의 상황을 왜곡시키는 것이라는 비판은 진작부터 존재했었다. 이와 더불어 과학대중화 작업을 본격적인 과학연구보다 '질이 떨어지는' 작업으로 보는 과학자들의 편견 역시 비판의 대상이 되었다(Whitley, 1985). 그러나 과학대중화에 대한 보다 결정적인 비판은, 대중화 자체가 궁극적으로 과학자들의 정치적 이해관계에 봉사하는 활동일 뿐이라는 스티븐 힐가르트너(Stephen Hilgartner)의 논문에서 제시되었다(Hilgartner. 1990). 이 논문은 암이 발생하는 다양한 원인들과 그 각각의 상대적 중요성에 대해 연구한 의학논문이 '대중적'인 영역으로 전파되는 과정에서 벌어진 논란을 사례로 분석한 것에 기반하고 있다.

힐가르트너 역시 '대중화'의 관념이 안고 있는 개념적 문제들을 지적한다. 즉 주류적인 관점에서 볼 때 대중화란 잘해봐야 교육적인 목적만을 갖는 '적절한 단순화(appropriate simplification)'일 뿐이고 나쁘게 말하면 과학 내용의 '왜곡(distortion)' 내지는 외부로부터의 '오염(pollution)'에 불과한 것인데, 이런 관점은 무엇이 적절한 단순화이고 무엇이 적절치 못한 왜곡인지를 판가름하는 데 있어 심각한 어려움에 봉착한다는 것이다. 그러나 대중화에 대한 그의 비판의 핵심은 대중화가 (일반인들의 과학적 소양을 높여 정책 과정에 대한 참여를 촉진하기 위한 것이 아니라) 단지 과학자들의 발언권을 높이는 데 정치적으로 이용될 뿐이라는 점에 있다. 과학자들은 대중화에 의해 오염되지 않은 '진짜 과학지식(genuine scientific knowledge)'을 자기 자신들만이 다룰 수 있는 영역으로 따로 떼어 둠으로써 일반 대중에 대한 인식론적 권위를 강화하고, 또한 무엇이 적절한 단순화이고 무엇이 왜곡인지를 결정하는 권한을 지님으로써 과학지식을 전달하는 과정에서 헤게모니를 장악한다. 바꿔말해, 과학자들은 특정한 쟁점에 대해 일반인들의 지지를 구해야 할 필요가 있을 때에는 과학지식의 단순화된 전달에 직접 관여하면서 이를 '적절한 단순화'로 옹호하는 반면, 유사한 쟁점에 대해 경쟁하는 주장을 비판하고자 할 때에는 이를 '왜곡' 혹은 '오염'으로 비판하는 이중적 태도를 보인다. 따라서 과학기술 전문가-일반인 사이의 위계적인 관계가 그대로 유지되는 한, 일반인들이 과학대중화를 통해 지식을 많이 습득하는 것은 상황의 변화에 아무런 영향도 줄 수 없음을 알 수 있다. "'과학'이란 마치 과학 영역에 종사하는 전문가들만이 갖고 있는(또 가질 수 있는) 지식을 의미하는 것처럼 보인다. 따라서 그 정의상, 일반인들이 알고 있는(또 알 수 있는) 지식은 과학 축에 낄 수도 없다"는 램버트(Helen Lambert)와 로즈(Hilary Rose)의 진술이 아마도 여기에 가장 적절한 언급이 되겠다(Lambert & Rose, 1996, p. 78).

3. 새로운 PUS 프로그램 : 맥락 모형

1) 문제의식

1980년대 후반부터 PUS 문제에 과거와는 다른 방향의 접근이 나타났다. 과학지식사회학의 연구성과를 흡수하고 과학기술과 관련된 대중적 차원의 논쟁에 참여한 경험이 있는 연구자들이 주도한 '새로운' 접근은 전문가와 일반인 사이의 일방적이고 불평등한 관계에 주목하는 것으로부터 출발하였다. 이들은 과학자들이나 엘리트의 관점으로 일반인들의 과학 이해 '수준'을 평가하였던 과학대중화 모형을 비판하면서, '테이블을 돌려' 일반인들이 이해하고 있는 바 '그 자체'에 대해 관심을 집중하여야 한다고 주장했다. 그 본격적인 시발점이 되었던 것은 1980년대 후반 ESRC 산하의 과학정책지원그룹(Science Policy Support Group, SPSG)에서 주관한 "대중의 과학이해" 연구 프로그램이었다.

이 프로그램은 브라이언 윈(Brian Wynne)이 '결핍 모형(deficit model)'이라고 이름붙였던 주류 PUS 담론의 비판에 초점을 맞추었다.[8] 이에 따르면 '결핍 모형'은 세 가지 전제에 기반한 것으로 생각해 볼 수 있는데, 첫번째는 과학이 단일하고 보편적이면서도 자명한 것라는 전제이고, 두번째는 일반인들에게 바로 그 과학이 '결핍' 되어 있다는 전제이다. 그리고 세번째는 일반인들에게 더 많은 과학지식이 공급되면 사람들이 더욱 '합리적으로' 행동할 것이라는 전제이다. 새로운 PUS 접근에서는 이 세 가지 전제를 모두 비판하면서, 일반인들이 특정하고 구체적인 맥락 속에서 과학기술을 어떻게 이

---

8) SPSG의 PUS 프로그램의 초기 연구성과는 Wynne(1991), Ziman(1991), Silverstone(1991)에 요약되어 있다. 아래에 개괄적으로 제시된 결핍 모형에 대한 비판은 이 세 개의 글을 토대로 정리한 것이다.

해하는가에 연구를 집중하였다.

먼저 첫번째 전제에 대한 비판은, 한마디로 '과학'이라는 개념은 단일한 것이 아니라는 것이다. '과학'은 이질적인 여러 실체들의 집합이다. '과학'이라는 개념이 무엇을 의미하는지에 대해서는 심지어 전문가들 사이에서도 명확한 합의가 이루어져 있지 않으며, 그 개념이 사용되는 맥락에 따라 서로 다른 의미를 지닐 수 있다.[9] 따라서 '과학을 이해'하고 있다는 것이 곧 무엇을 의미하는지에 대해서도 여러 가지 견해가 공존할 수 있다는 점을 인지해야만 한다. 이는 특정한 과학지식을 정확히 이해하고 있음을 의미할 수도 있지만, 그보다는 과학 내적인 제도(예컨대, 과학연구를 위한 자금이 배분되는 방식)나 과학이 사회 속에 자리잡은 형태(예컨대, 과학적 설계에 근거한 거대구조물이 '실제로' 건설되는 과정)를 이해하고 있는 것을 의미할 수도 있으며, 사실 과학기술이 일상생활과 맺는 관계에서는 후자가 전자보다 더 큰 중요성을 지닌다고 볼 수 있다.

이어 두번째 전제에 대해서는 마치 과학이 단일한 실체가 아니듯이, 사회 속의 일반인들 역시 단일한 생각을 공유하고 있는(혹은 동일한 지식을 공급받아야 하는) 동질적인 실체가 아니라는 비판이 제기되었다. 일반인들 역시 다양한 이해관계를 지니고 있는 이질적인 집단으로 구성되어 있는 것이다. 아울러 일반인들이 과학적 언어로 표현된 '공식적 지식(formal knowledge)'을 제대로 이해하고 있지 못하면 곧 어리석은 행동을 하게 될 것이라는 식의 사고방식은 잘못된 것이다. 예컨대 과학자들은 전자가 원자보다 작은지 큰지와 같은 '초보적인' 사실조차도 제대로 이해하지 못하고 있는 일반인들이 핵발전소가 안전한지, 그렇지 않은지와 같은 사회적 문제에 대해

---

9) '과학' 개념의 단일성을 비롯한 과학기술에 대한 여러 신화들을 비판적으로 고찰한 것으로는 이 책의 제1부에 실린 「과학기술에 얽힌 통념들, 혹은 과학기술의 신화화를 넘어서」를 참조할 수 있다.

올바른 판단을 내릴 수 없을 것으로 단정짓는 경향이 강하다.10) 그러나 핵발전소가 안전한지, 그렇지 않은지와 같은 문제를 두고 정책결정을 함에 있어 그러한 공식적 지식의 이해 여부가 수행하는 역할은 지극히 미미하다. 아직까지 공식적 지식만으로는 설명할 수 없는 수많은 경우들이 있을 수 있으며, 따라서 대단히 중요한 사회적 결정의 순간에 과학은 오히려 논의의 중심으로부터 '사라지는' 경향을 보인다. 또한 일반인들의 이해방식은 종종 (과학)언어적인 형태로는 좀처럼 표현되지 않는 암묵적 지식(tacit knowledge)의 형태로 나타나는 경우가 많음을 인지할 필요가 있다.

마지막으로, 일반인들이 더 많은 과학적 내용을 알게 됨으로써 과학기술의 사회적 문제들을 둘러싼 논쟁이 자연스럽게 해결될 것이라는 세번째 전제 역시 공격을 받았다. 여기서 중요한 점은, 과학지식과 과학적 방법에 대해 잘 알게 되는 것이 곧 과학과 과학자들에 대한 신뢰의 증가로 이어지는 것이 아니라는 점이다. 과학자들이나 정책담당자들이 가정하는 바와는 달리, 과학은 사회에서 그 인식적인 권위 — 과학지식은 과학적이고 엄밀한 방법에 의해 도출되었으므로 '객관적'이라는 — 에 힘입어 자동적으로 신뢰를 획득하는 것이 아니다. 일반인들은 자신들의 구체적인 경험과 그로부터 도출된 지식에 의존해 서로 다른 근거에서 과학에 신뢰 혹은 불신을 보낸다. 따라서 일반인들이 과학과 이를 다루는 전문가로서의 과학자들

---

10) 이런 경향은 1998년과 1999년에 유네스코 한국위원회가 주관해 '유전자조작식품'과 '생명복제'를 주제로 각각 열린 합의회의에서도 그대로 드러났다. 합의회의에 출석한 전문가패널 중 상당수는 생명공학과 관련된 '과학적' 사실들을 '제대로' 이해하고 있지 못할 것으로 생각되는 시민패널의 판단을 신뢰하지 않고 이들에게 '한수 가르치려는 듯한' 태도를 취하는 경우가 많았다. 전문가가 일반시민(혹은 일반시민의 입장을 대변하는 공익단체)과의 관계를 바라보는 이런 입장은 현재까지의 생명공학 관련 논쟁들에서 계속 유지되고 있는데, 이에 관해서는 이 책의 제5부에 실린 「생명공학과 대중 - 역사·이론·대안」을 참조하기 바란다.

을 얼마만큼 신뢰하는가의 문제는 과거의 유사한 경험들에 매우 크게 의존한다. 예컨대 과학자들이 계속해서 '안전하다'는 진단을 내놓았던 핵발전소가 한번 사고를 일으켰다고 할 때, 이러한 상황 이후에 과학자들의 주장에 대한 신뢰가 크게 떨어지는 것은 지극히 당연한 것이며 비합리적인 것이 아니다.

새로운 PUS 접근을 특징짓는 이런 문제의식에 따라 실제로 이루어진 연구들은 과거와는 다른 방법론에 근거해 이루어졌다. '과학'과 '대중'의 개념이 모두 단일한 것이 아니라는 앞서의 문제의식에 따르면 무차별적 대중을 대상으로 해서 퀴즈풀기 식으로 일반적인 과학지식의 이해도를 조사하는 것은 별다른 의미가 없는 작업이 된다. '맥락 모형(contextual model)'[11]이라고 이름붙여진 새로운 PUS 접근은 대규모 설문조사·분석에 근거한 연구를 피하고, 참여관찰, 장기적인 패널 인터뷰, 구조화된 심층 인터뷰 등을 통해 구체적인 상황 속에서 특정한 일반인 집단이 과학에 대해 어떤 식의 이해와 태도를 보이고 어떤 행동을 취하는지를 탐구하는 지역적(local) 사례연구의 방법론을 선호하였다.[12] 아래에서는 그 중 브라이언 윈이 수행한 두 가지 사례를 간략히 살펴보기로 한다.

2) 사례연구 1 : 컴브리아 지방의 목양농(牧羊農)

윈이 수행한 사례연구 중에서 가장 폭넓게 인용되는 것이 1986년의 체르노빌 핵발전소 사고 이후 영국 컴브리아(Cumbrian) 지방의

---

11) 이 용어는 Gross(1994)에서 빌어온 것이다.
12) 1980년대 말부터 ESRC의 지원을 받아 네 개의 대학에서 수행된 다섯 개의 연구프로젝트를 비롯해 다양한 사례연구들이 Irwin & Wynne(1996)에 수록되어 있다. 사례연구들을 담은 다른 책으로는 Layton et al.(1993)과 Lewenstein(1992) 등이 있다.

목양농들에게 일어난 일련의 사건들을 분석한 것이다. 이 사례는 윈이 언급한 세 가지 비판을 모두 담고 있는 의미있는 사례이므로 조금 자세히 다루어 보겠다.13)

1986년의 체르노빌 사고 직후 방출된 방사성 물질들은 바람에 실려 영국에까지 도달했고, 영국 서부 해안의 고원 지역인 컴브리아 지방에서는 방사성 세슘이 비에 섞여서 내리는 일이 일어났다. 이 지역의 농부들은 양을 방목하여 기른 후 저(低)지대의 시장에 팔아서 생계를 유지하는 목양농들이었는데, 방사성 비로 고원 지역의 풀이 오염되자 정부와 과학자들은 방사성 물질이 토양에서 사라질 때까지 일정 기간 동안 양을 저지대로 이동하거나 도살하는 것을 금지시켰다. 과학자들은 토양 속에서 세슘이 어떻게 움직일 것인가에 대한 모형화에 근거해서 금지 기간을 3주로 설정했다. 그러나 정작 3주가 지난 이후에도 토양 속의 방사능 수준은 안전 수위 아래로 떨어지지 않았고 금지 기간은 무기한 연장되었다. 상황이 이렇게 전개되자 일년 중 정해진 기간에만 양을 방목하여 기를 수 있는 목양농들은 생계에 치명적인 타격을 입었고, 애초에 과학자들이 설정한 기준에 의문을 제기하기 시작했다. 과학자들의 예측이 어긋난 이유는 과학자들이 저지대에서의 토양 모형을 성질이 다른 고지대의 토양에 그대로 적용시켰기 때문이었는데, 이 사실이 알려진 것은 그나마 2년이 지난 후였다. 이 일이 있은 후부터 목양농들은 지나치게 확신에 차 있는 과학자들의 말을 신뢰하지 않게 되었으며, 고원 지역의 사정에 대해 자신들이 가지고 있는 지식이 무시당하고 있다고 느끼게 되었다.

그러나 더 복잡한 문제는 그 후에 일어났다. 고원 지역에서의 방

---

13) 이 사례는 윈의 저술 대부분에 포함되어 있다. 대표적인 것만 들자면, Wynne(1989, March) — 이 글은 Lewenstein(1992)에 재수록 되어 있다 — 과 Wynne(1992)이 있다.

사능 수준이 계속해서 줄어들지 않는 상황이 계속되자 목양농들은 보다 근본적인 의문을 제기하기 시작했다. 컴브리아 고원 지방은 영국 최대의 핵발전소 밀집지역인 셀라필드-윈드스케일(Sellafield-Windscale) 공업단지에 인접해 있는 곳인데, 목양농들은 체르노빌 사고 이전부터 이미 셀라필드에서 방사능이 지속적으로 누출되어 왔을 것이라는 의혹을 품었다. 이러한 의혹은 영국 전체를 놓고 볼 때, 유독 컴브리아 지역의 토양 방사능 수준만이 높은 수치를 기록하고 있는 상황으로 미루어 상당히 근거있는 것이었다. 목양농들은 1957년에 있었던 셀라필드 핵발전소 사고가 당시 엄청난 피해를 불러왔음에도 그 사고의 정도가 철저하게 은폐되어 왔다는 생각을 갖고 있었고, 이후에도 크고 작은 각종의 사고들이 제대로 규명되고 있지 않다고 생각해 왔다. 그리고 체르노빌 사고로 인한 방사능 피해를 계기로 그 생각은 더욱 굳어지게 되었다. 목양농들은 이러한 의심을 근거로 발전소측에 과거의 기록을 요구하였지만 발전소측에서는 기록이 없다는 말만 되풀이할 뿐이었다.

그러나 이런 의혹에도 불구하고 목양농들은 셀라필드 핵발전소와 애증(愛憎)의 관계를 유지해야만 했다. 왜냐하면 목양농들의 친척이나 이웃들 중 많은 수가 셀라필드-윈드스케일 공업단지에 고용되어 생계를 유지하고 있었기 때문이다. 목양농들은 여러 가지의 이해관계와 정체성(identity)을 동시에 지니고 있었기에, 자신들의 의혹을 쉽게 발설하거나 행동에 옮길 수 없었다.

이상에서 요약한 구체적인 하나의 사례로부터 우리는 새로운 PUS 접근이 제기한 비판을 확인할 수 있다. 우선 공식적 과학지식의 유용성은 맥락에 따라 크게 제약을 받는다는 사실이 드러났다. 과학자들이 갖고 있었던 토양에 대한 지식은 고원 지역에서는 맞지 않을 뿐더러 쓸모가 없는 것이었고, 오히려 그 지역에서는 과학적 훈련을 받지 못한 목양농들이 가지고 있는 나름의 전문적인 지식들이 훨씬 더 유용한 것임이 입증되었다. 과학자들은 자신들의 생각을 과학적인 언어로 표현하지 못하는 목양농들의 지식을 무시하였지만, 정작 오류를 범한 것은 오히려 과학자들이었다. 목양농들이 공식적 지식을 잘 이해한 것은 아니었으나 과학자들도 오류를 범할 수 있으며 밝혀진 오류가 종종 은폐된다는 사실 ― 즉 과학의 사회적 차원에 관한 지식 ― 을 경험으로 미루어 알고 있었다. 큰소리를 치던 과학자들이 일단 실수를 범하자 정부와 과학자들에 대한 목양농들의 신뢰는 급격히 허물어져 이들은 과거의 유사한 경우들에까지 의혹을 소급하여 문제를 제기하였다. 그러나 '일반인'으로서의 목양농들은 단일한 집단이 아니었으며 서로 상충되는 이해 관계와 여러 겹의 정체성을 지니고 있는 이질적인 집단의 모임이었다. 따라서 이로부터 일반인과 과학기술의 관계에 대한 전통적 견해, 즉 '결핍 모형'이 지니는 결점들은 분명하게 드러나고 있다.

3) 사례연구 2 : 동물 성장 호르몬 논쟁

이제 생명공학에 관한 짧은 사례연구를 하나 보도록 하자.14) 1984년에 EC 각료 이사회의 집행기관인 유럽위원회(European Commission)는 생명공학 기술을 이용해 만들어진 동물 성장 호르몬의 안전성을 평가하는 작업을 수의학 전문가들로 구성된 소위원회에 위임하였다. 이 호르몬은 가축류의 소화기관에서 자연 상태에서도 발견할 수 있는 것이었기 때문에, 소위원회는 실험대상 동물에 대해 다양한 처치를 가해 본 후에 시간대별로 잔류 호르몬의 수준을 측정하여 그 수준이 일정한 정도 이하이면 합리적인 안전 기준에 적합하다는 판단을 내렸다. 소위원회는 이 호르몬이 특정하게 지정된 조건 ― 생화

---

14) 이하의 사례는 Wynne(1995) 중 23-25쪽에서 인용하였다. 이 사례를 포함해 유사한 몇 가지 사례가 수록된 글로는 Wynne(1989)이 있다.

합물을 수의사 감독 하에 투여해야 하며, 먹을 수 없는 부위에 주입해야 하고, 호르몬 투여 이후 도살하기 이전에 충분한 시간간격을 두어야 한다는 등의 — 하에서 사용될 경우 아마도 안전할 것이며, 상업적으로 시판해도 좋을 것이라는 결론을 담은 보고서를 유럽위원회에 제출하였다. 그러나 최종의결권을 가진 EC의 각료 이사회가 미처 열리기 전에 호르몬의 전면 생산에 반대하는 광범위한 대중적 캠페인이 전유럽에 걸쳐 나타났다. 1985년 말에 소집된 각료 이사회는 이러한 움직임에 접하여 소위원회의 결론에 대한 최종의결을 보류하고 전문가들의 의견을 재검토할 것을 유럽위원회에 지시하였다.

이에 대해 유럽위원회의 실무진들과 소위원회에 참가했던 과학자들은 "생명공학의 구체적인 내용을 잘 알지도 못하는 대중들의 히스테리컬한 반응에 전문가가 내놓은 '합리적인' 의견이 무시되었다"고 불만을 털어놓았다. 전통적인 과학대중화 모형의 문제의식에 입각한 이러한 사고틀은, 그러나 지나치게 협소할 뿐만 아니라 문제의 핵심을 놓치고 있다. 이들은 앞서 소위원회에 의해 제안된 '조건'들이 실험실 속에서가 아니라 그 호르몬을 사용하는 유럽 전역의 모든 농장에서 준수될 수 있을 것이라고 '선험적으로', 오히려 '근거없이' 가정하고 있었다. 반면 통상적인 사회적 '관행'에 보다 익숙한 일반인들과 시민운동단체들은 그러한 조건의 준수를 과학자들이 '보장'해 줄 수 없다는 점을 잘 알고 있었고, 따라서 적어도 법안의 전면적인 재검토가 필요할 것이라는 입장을 견지하고 있었다. 따라서 이러한 문제는 합리성 대 비합리성과 같은 위계적인 구도로 파악될 수 있는 성격의 것이 아니며, 이 문제의 해결에 있어 과학지식은 중심적인 역할을 하고 있지 않다. 소위원회에 속한 전문가집단이 내린 결론은 과학적 결정이라는 외피를 쓴 사회적 가치판단이 되는 것이다. 결국 많은 경우에 새로운 PUS 접근은 과학기술이 사회 속에 도입되는 과정에 대해 중요한 통찰을 제시해 준다고 할 수 있으며,

이는 다시 전문가-일반인 관계의 대칭적인 성격을 부각시켜 주고 있다.

4. 정책적 함의 : '과학기술 민주화'의 실천적 근거

오늘날의 기술사회에서 과학기술이 야기하는 사회적 문제의 중요한 한 차원이자 이 문제를 일으키는 중요한 원인 중 하나는 과학기술 영역에서 전문가와 일반인들이 불균등한 권력을 배분받으며 그 간극이 점차 심화되고 있다는 점이다. 이는 지금까지 과학기술 영역의 특수성(즉, '전문적인' 지식의 필요) 때문인 것으로 정당화되어 왔다. 그러나 전문적인 과학지식이 과학기술의 문제 해결에 항상 중요한 역할을 하는 것도 아니며, 전문가들만이 항상 '옳은' 판단을 내릴 수 있는 것 역시 아님을 위에서 어느 정도는 확인할 수 있었으리라 생각한다. 과학기술의 사회적 문제 해결에 있어서는 과학기술 전문가들이 내놓은 주장의 객관성, 투명성, 문제 해결에 있어서의 중심성과 같은 의제들이 자명한 것으로 간주되어서는 안된다. 그리고 이러한 상황에서 과학기술에 대해 전문가가 아닌 일반인들이 어떠한 생각을 가지고 있는가는 대단히 중요한 역할을 할 수 있을 것이다.

영국에서 1988년의 대규모 조사사업을 준비했던 이들은 PUS가 왜 중요한지에 대해서 언급한 바가 있었다. 이들은 과학이 모든 이들의 삶에 영향을 주고 있기 때문에 사람들이 이에 대해 알 필요가 있으며, 정책결정이 민주적인 과정이 되기 위해서는 대중적인 논쟁이 선행될 필요가 있고, 과학기술의 개발이 사회적인 비용지출에 의해 후원되고 있으므로 이에 대한 일반인들의 최소한의 인지가 필요하다는 점을 들었다(Durant, Evans & Thomas, 1989, p. 11). 여기까지는 과히 틀리지 않은 말이다. 그러나 이러한 주장이 단순한 시혜적 수준으로 격하되지 않기 위해서는 일반인들의 지식이 정책결정에 실제로 유용한 것이라는 '이론적 근거'가 필요한데, 새로운 PUS 접근은 여기서 그 존재의의를 찾을 수 있을 것이다. 과학기술 관련 정책결정에 참여하기 위해서 반드시 과학기술의 전문적 세부사항들을 꼭 알아야 하는 것도 아니며, 반대로 잘 안다고 해서 반드시 최선의 정책을 만들 수 있는 것도 아니라는 지적이 내포하는 함의는 얼른 보아 별것 아닌 것처럼 생각될 수도 있겠지만, 그것이 '과학기술 민주화'라는 실천활동의 이론적 근거로 전화되었을 때는 대단히 위력적인 것이 될 수 있을 것이기 때문이다.

참고문헌

김경만 (1994), 「과학지식사회학이란 무엇인가」, ≪과학사상≫ 10호(겨울호), 132-154.
신병헌 (1995), 「대형사고와 실천논리」, ≪문화과학≫ 7호(봄호), 143-167.
앤드류 웹스터 (1998), 『과학기술과 사회』, 김환석·송성수 옮김, 한울.
울리히 벡 (1997), 『위험사회』, 홍성태 옮김, 새물결.
윤정로 (1995), 「"새로운" 과학사회학 : 과학지식사회학의 가능성과 한계」, ≪과학과 철학≫ 5집, 통나무, 82-110.
장경섭 (1997), 「복합위험사회의 안전문제」, ≪녹색평론≫ 39호(3/4월호), 65-85.
토마스 휴즈 (1999), 「거대 기술 시스템의 진화 : 전동 및 전력시스템을 중심으로」, 송성수 편역, 『과학기술은 사회적으로 어떻게 구성되는가』, 새물결, 123-172쪽.
홍성욱 (1999), 「과학사회학의 최근 동향」, 『생산력과 문화로서의 과학기술』, 문학과지성사, 21-67쪽.
Anonymous (1986), "Public Understanding of Science: The Royal Society Reports," *Science, Technology, & Human Values* 11(3), 53-60.
Durant, John R., Evans, Geoffrey A. and Thomas, Geoffrey P. (1989), "The Public Understanding of Science," *Nature* 340(6 July), 11-14.
_____ (1992), "Public Understanding of Science in Britain: The Role of Medicine in the Popular Representation of Science," *Public Understanding of Science* 1, 161-182.
Durbin, Paul T. (ed.), (1980), *A Guide to the Culture of Science, Technology and Medicine*, New York: Free Press.
Gross, Alan G. (1994), "The Roles of Rhetoric in the Public Uderstanding of Science," *Public Understanding of Science* 3, 3-23.
Hilgartner, Stephen (1990), "The Dominant View of Popularization: Conceptual Problems, Political Uses," *Social Studies of Science* 20, 519-539.
Hughes, Thomas P. (1983), *Networks of Power: Electrification in Western Society, 1880-1930*, Baltimore: Johns Hopkins University Press.
Irwin, Alan and Wynne, Brian (eds.), (1996), *Misunderstanding Science?: The Public Reconstruction of Science and Technology*, Cambridge: Cambridge Univesity Press.
Jasanoff, Sheila *et al.* (eds.), (1995), *Handbook of Science and Technology Studies*, London: SAGE.
Lambert, Helen and Rose, Hilary (1996), "Disembodied Knowledge?: Making

Sense of Medical Science," Irwin and Wynne (eds.), *Misunderstanding Science?: The Public Reconstruction of Science and Technology*, Cambridge: Cambridge Univesity Press, pp. 65-83.

Layton, D., Jenkins, E., Macgill, Sally and Davey, Angela (1993), *Inarticulate Science?*, (UK: Driffield), W. Yorks.: Studies in Education Ltd.

Lewenstein, Bruce V. (ed.), (1992), *When Science Meets the Public*, Washington, DC.

Royal Society (1985), *The Public Understanding of Science*, London.

Silverstone, Roger (1991), "Communicating Science to the Public," *Science, Technology, & Human Values* 16(1), 106-110.

Spiegel-Rösing, I. and Price, Derek (eds.), (1977), *Science, Technology and Society: A Cross-disciplinary Perspective*, Beverly Hills, CA: Sage.

Whitley, Richard (1985), "Knowledge Producers and Knowledge Acquirers: Popularisation as a Relation between Scientific Fields and Their Publics," Terry Shinn and Richard Whitley (eds.), *Expository Science: Forms and Functions of Popularisation*, Dortlecht(The Netherlands): Reidel, pp. 3-28.

Wynne, Brian (1989), "Frameworks of Rationality in Risk Management: Towards the Testing of Naive Sociology," Jennifer Brown (ed.), *Environmental Threats: Perception, Analysis and Management*, London: Belhaven Press, pp. 33-47.

_____ (1989, March) "Sheep Farming after Chernobyl: A Case Study in Communicating Scientific Information," *Environment Magazine* 31(2), 10-15; 33-39.

_____ (1991), "Knowledges in Context," *Science, Technology, & Human Values*, 16(1), 111-121.

_____ (1992), "Misunderstood Misunderstanding: Social Identities and Public Uptake of Science," *Public Understanding of Science* 1, 281-304.

_____ (1995), "Technology Assessment and Reflexive Social Learning: Observations from the Risk Field," Arie Rip, Thomas J. Misa and Johan Schot (eds.), *Managing Technology in Society: The Approach of Constructive Technology Assessment*, London: Pinter, pp. 19-36.

Ziman, John (1991), "Public Understanding of Science," *Science, Technology, & Human Values*, 16(1), 99-105.

제2부
과학기술 논쟁

1. 과학기술 논쟁 연구의 전개와 함의

2. 과학 논쟁 – 미국 대중논쟁의 내부동학 | 도로시 넬킨

제2부
경제적 측면에서

1
과학기술 논쟁 연구의 전개와 함의

도입

지난 20세기는 과학기술의 발전 속도와 그것의 사회적 영향력이 인류 역사상 최고조에 달했던 시기로 기록될 것이다. 지난 100여년 동안, 새로 등장한 많은 과학 이론들은 자연을 바라보는 우리의 시각을 심대하게 바꾸어 놓았고, 과학과 점차로 밀접한 관계를 맺게 된 기술의 여러 산물은 우리의 일상생활 속에 깊숙이 침투해 삶의 방식 자체를 근본적으로 변화시켰다. 이러한 변화들은 한편으로 인간의 인식 능력을 확장시키고 이전 시기에는 미처 상상조차 할 수 없었던 물질적 풍요를 가져왔다. 그러나 이와 동시에 다른 한편으로, 20세기는 과학기술의 산물과 연구 및 생산 과정을 둘러싼 사회적 논쟁이 급격하게 증가한 시기이기도 했다. 특히 1960년대 이후 서구 산업사회에서는 역사상 전례를 찾아볼 수 없는 수위의 대중적 논쟁이 과학기술의 거의 모든 영역에 걸쳐 일어났으며, 이는 과학기술(자)과 일반대중, 과학기술과 정치의 상관관계에 커다란 영향을 주었다.

이 글은 20세기 후반을 특징짓는 이러한 과학기술 논쟁과, 그에 대한 분석을 목표로 하는 '과학기술학(science and technology studies, STS)'의 한 분야인 '논쟁 연구'에 대해 개괄적인 지식을 제공하고자 한다.1) 이를 위해 먼저 1절에서는 과학기술 논쟁의 전개양상과 논쟁 연구의 흐름을 개관하고, 2절에서는 논쟁 연구의 다양한 접근방법을 비교 분석해 볼 것이다. 이어 3절에서는 과학기술 논쟁이 지니는 함의를 과학기술과 대중의 관계 및 과학기술에 대한 사회적 통제라는 맥락에서 생각해 볼 것이며, 마지막으로 4절에서는 한국사회에서 과학기술 논쟁의 성격과 논쟁 연구의 현황에 대해 살펴보면서 앞으로의 과제를 도출해 보려 한다.

1. 서구 과학기술 논쟁의 전개양상과 논쟁 연구의 등장

과학기술의 발전이 가져온 결과를 둘러싼 사회적 논쟁은 20세기 후반 들어 주목을 받기 시작하긴 했지만 사실 그다지 '새로운' 현상은 아니다. 몇 가지 역사적 사례를 들자면, (오늘날과 같이 대중화된 형태는 아니었지만) 18세기 이전에도 인체 해부와 같은 연구 방법이나 백신 접종과 같은 의료기술상의 혁신을 둘러싸고 사회적 논

---

1) 통상적으로 과학기술 논쟁은 '순수한(pure)' 과학적 논쟁(즉, 과학 이론 그 자체를 둘러싼 논쟁)과 과학기술과 관련된 '정치·사회적' 논쟁(즉, 정책적 함의를 지니는 논쟁)으로 크게 분류된다. 예를 들어, 대륙 이동설을 받아들일 것인지 여부를 놓고 지질학자 및 고생물학자들이 벌인 논쟁이 전자에 해당한다면, 수돗물 불소화가 충치 예방에 효과가 있고 안전한지 여부를 둘러싼 논쟁은 후자에 해당한다고 볼 수 있다. 많은 학자들은 흔히 '순수한' 과학적 논쟁으로 간주되는 것들 중 상당수가 정치·사회적 함의를 지닐 수 있다는 점에서 이 둘간의 명확한 구분이 매우 어렵다는 점에 대체적인 의견의 일치를 보고 있지만, 그럼에도 불구하고 이러한 구분의 유용성에 대해서는 긍정하는 편이다(McMullin, 1987; Brante, 1993; Bridgstock, 1998). 이 글에서는 앞서의 구분에서 후자에 해당하는 논쟁만을 다루려 한다.

쟁이 벌어진 바 있으며, 19세기 초 산업혁명기의 영국에서는 기계의 도입이 가져오는 실업 문제를 놓고 논쟁이 끊이지 않았다(이는 나중에 '러다이트주의'로 널리 알려진 기계파괴 운동으로 발전하기도 했다). 또한 현재까지 계속 이어지고 있는 논쟁 중에서도 공립학교에서의 진화론 교육과 같이 20세기 초반까지 거슬러 올라가거나 수돗물 불소화 논쟁처럼 1950년대에 그 기원을 둔 논쟁도 찾아볼 수 있다.

그러나 우리가 오늘날 목도하고 있는 바와 같이, 과학기술의 거의 전 영역에 걸친 광범한 사회적 논쟁이 본격적으로 시작된 것은 아무래도 1960년대 중·후반을 그 기점으로 삼아야 할 것이다. 주지하다시피 서구의 1960년대는 격동의 시기였으며, 특히 미국에서는 베트남전을 계기로 해서 기성 체제에 대한 불신과 비판적 사회 인식의 물결이 사회 속에 널리 확산되고 환경·페미니즘·반전평화운동 등의 새로운 사회운동이 세력을 넓혀 갔다. 그리고 베트남전에서 드러난 과학기술의 군사적 이용은 원자폭탄의 개발이 몰고 왔던 과학기술의 가치중립성 논쟁을 재연시키면서 대학 내에서 군사 연구에 대한 반발을 불러일으켰고, 이는 사회적 책임을 중시하는 비판적(종종 급진적) 과학자집단을 형성시키는 데 기여했다. 또한 전후 호황기를 지배하던 과학기술에 대한 낙관적 자세가 과학자들의 과도한 약속이 실현되지 않으면서 대중적 환멸로 이어졌다는 사실 역시 중요했다(Elzinga & Jamison, 1995).

이러한 여러 요소들이 결합된 배경 하에서 1960년대 중반 이후 환경과 핵 문제를 필두로 하여 과학기술의 부정적 영향과 관련된 문제들이 제기되기 시작하였고 이는 다양한 차원에서 일어난 폭발적인 대중 논쟁으로 귀결되었다. 핵발전소나 비행장 등의 환경 위해 시설들의 입지 선정을 둘러싼 지역적 논쟁(나중에는 핵발전 자체를 반대하는 반핵운동), 작업장에서의 자동화 및 신기술 도입에 의한 노동소외, 유해 화학물질에 의해 위협받는 작업장안전을 둘러싼 논쟁, 정보처리기술과 유전학 지식의 향상에 기인한 사회적 감시·통제의 위험과 프라이버시 문제를 둘러싼 논쟁, 태아 연구나 DNA 재조합 연구와 같이 새로 등장한 연구 관행을 둘러싼 논쟁 등이 그 대표적인 예들이다(Nelkin, 1977).2)

이러한 논쟁의 등장은 과학기술정책과 STS 영역에서의 대응을 낳았다. 각국 정부들은 앞을 다투어 관련 규제기구를 설립하였는데, 특히 대중적 논쟁이 가장 활발했던 나라인 미국에서는 1970년에 환경보호청(EPA)과 직업안전보건청(OSHA)이 동시에 생겨났고 1972년에는 기술의 부정적인 영향을 사전에 파악하여 이를 통제하기 위한 정보를 제공할 기술영향평가국(OTA)이 의회 산하에 문을 열었다. 또한 이 시기를 전후해 학계에서는 과학기술 논쟁을 다루는 인문사회과학적 연구가 주목을 받기 시작했다. 여기서 일관된 문제의식을 가지고 초기 논쟁 연구에서 중요한 역할을 한 두 인물이 도로시 넬킨(Dorothy Nelkin)과 앨런 마주르(Allan Mazur)인데, 넬킨은 1970년대 초반부터 거의 매해 한 편씩의 과학기술 논쟁 사례연구를 단행본으로 낼 정도의 왕성한 연구 능력을 과시하면서 논쟁 연구를 이끌었고, 마주르는 구체적인 사례 연구보다는 논쟁의 내부동학(動學)과 전개과정, 참여자들에 대한 일반적인 분석을 주로 하는 논문들을 1970년대 동안 지속적으로 발표했다. 그리고 1978년부터 1982년까지는 헤이스팅즈 센터(Hastings Center)의 주관 하에 30여명의 학자들이 '윤리적·정치적 성격이 강한 과학기술 논쟁'(의 종결)에 관해 토론하는 일련의 학술회의를 개최해 연구결과를 발표하기도

---

2) 구체적인 논쟁들에 대한 사례연구는 Nelkin(1979/1984/1992), Engelhardt & Caplan(1987)의 part II, Brante, Fuller & Lynch(1993)의 part II 등을 참조할 수 있다. 또한 *Social Studies of Science*, *Social Problems* 그리고 *Science, Technology, & Human Values*와 같은 저널에 과학기술 논쟁에 대한 사례연구들이 종종 실리곤 한다.

했다.3)

1980년대 들어 미국과 영국에서 동시에 보수적인 성향의 정부가 들어서면서 1970년대의 논쟁들이 얻어낸 제도적인 성과들은 크게 위축되었으나 논쟁은 수그러들지 않고 지속되었다. 그러나 넬킨이 지적한 바와 같이, 1980년대 이후의 과학기술 논쟁들은 정치적 권위 (혹은 테크노크라시)에 대한 도전으로서의 성격이 강했던 1970년대 이전의 논쟁에 비해 점차 (양보할 수 없는) '절대적' 가치의 문제에 초점을 맞추는 도덕적 방향으로 선회하고 있다.4) 이에 따라 이전 시기부터 이어지던 논쟁의 경우 그 대립구도가 도덕적 수사(rhetoric)를 둘러싼 것으로 다시 기술되는 양상을 보이고 있으며, 유전자조작 식품·생명복제·인간배아 연구 등 1990년대에 새로 등장한 논쟁들은 이러한 경향을 특히 잘 보여주고 있다.5)

---

3) 넬킨과 마주르가 1970년대에 수행한 연구는 각각 Nelkin(1979)과 Mazur(1981)에 집약되어 나타나 있다. 그리고 헤이스팅스 센터에서 주관한 연구의 결과물은 Engelhardt & Caplan(1987)으로 다소 늦게 출판되었다.
4) Nelkin(1995). 이 책의 제2부에 「과학 논쟁 - 미국 대중논쟁의 내부동학」으로 번역해 실었다.
5) 이 말은 이전 시기에 주로 벌어졌던 환경 위해시설의 입지, 작업장보건 및 안전, 사회적 감시·통제 등을 둘러싼 논쟁들이 1980년대 들어 사라졌음을 의미하는 것이 아니다. 그러나 1980년대에는 서구 대부분의 국가들에서 핵발전이 퇴조하는 경향을 보이기 시작했고, 환경오염, 작업장보건 및 안전을 전담하는 기구들이 생겨나 해당 쟁점을 둘러싼 논의가 제도권 내로 포섭됨으로써 이런 쟁점들에 관한 대중적 논쟁은 감소하는 경향을 보였다. 또한 과학기술정책 의사결정 과정에 대해 일반시민이 참여하는 실험적 제도들이 여럿 등장했다는 점 역시 이해당사자들의 직접 대립을 수반하는 대중적 논쟁의 감소에 중요한 역할을 했다.

2. 논쟁 연구의 접근방법

과학기술 논쟁을 분석함에 있어 연구자가 선택할 수 있는 접근방법은 다양하다. 브라이언 마틴과 이블린 리처즈의 논문(Martin & Richards, 1995), 그리고 데이비드 머서의 논문(Mercer, 1996)은 각각 논쟁 연구의 방법론을 몇 가지로 분류하여 제시하고 있다.[6] 이들의 분류를 다시 간추려 정리하면 대략 네 가지 정도의 방법론을 도출해 낼 수 있을 것으로 생각된다. 여기서 정리한 네 가지 방법론은 논리적으로 가능한 모든 입장들을 나열한 것이 아니며, 기존의 연구들이 취했던 방법론들을 필자 나름대로 다시 정리한 것에 가깝다는 사실을 미리 밝혀둔다.

먼저 가장 알기 쉬운 것으로 실증주의적 접근을 들 수 있다. 실증주의적 접근에서는 과학기술 논쟁을 '사실'의 차원, 즉 '과학적' 차원의 논쟁으로 환원하고, 논쟁에서 어느 편이 과학적 증거의 지원을 더 많이 얻는가로 '옳음'과 '그름'을 판단한다. 그리고 일단 '사실'의 차원에서 진위가 가려지고 난 이후에도 논쟁이 계속되는 경우에는 '오류의 사회학(sociology of error)'을 적용해 '잘못된' 것으로 판명된 쪽에 대해(서만) 사회학적 분석을 수행한다. 많은 과학자 그리고 정책수립자들이 과학기술 논쟁에서 대체로 이 입장을 취하거나 이에 준하는 수사를 구사한다.

실증주의적 접근은 여러 가지 이유 때문에 논쟁 연구자들로부터 많은 비판을 받아 왔다. 우선 실증주의적 접근은 '가치'의 문제를 제대로 반영하지 못한다는 점에서 '사실'의 차원으로 환원할 수 없는

---

[6] 마틴과 리처즈는 실증주의적 접근, 집단정치(group politics) 접근, 구성주의(SSK)적 접근, 사회구조적 접근의 네 가지를 제시하고 있고, 머서는 정치적 논쟁으로서의 과학 논쟁, 기술관료적 정치, 역사/내러티브적 접근, 사실 대 가치 접근, 종결 연구, SSK 접근의 여섯 가지를 들고 있다.

(혹은 심지어 아무런 '과학적' 쟁점도 포함하고 있지 않은) 많은 과학기술 논쟁들을 제대로 다루지 못하는 한계를 갖는다. 또한 설사 이 접근을 따른다 하더라도 어느 편이 '옳은가'를 결정할 때 사후적 판단만이 가능할 뿐, 과학자들 사이에서 '사실' 차원의 논쟁이 진행 중인 상황에서는 ('주류' 과학계의 견해를 지지하는 것 외에는) 아무런 판단도 내놓을 수 없다는 문제점을 내포하고 있다. 이런 이유들 때문에 논쟁 연구자들은 이 접근법을 거의 취하지 않는다.

그렇다면 이제 세 가지 접근방법이 남는다. 먼저 과학기술 논쟁을 다른 영역에서의 논쟁과 크게 다르지 않은 일종의 정치적 논쟁으로 보는 관점이 있을 수 있다. 이는 다시 연구자가 어떤 정치적 입장을 취하느냐에 따라, ●자원 동원 이론(resource mobilization theory) ●마르크스주의적 접근 ●페미니즘적 접근 등으로 나뉠 수 있다. 이 중 자원 동원 이론은 다원주의적 입장에 기초한 것으로, 과학기술과 관련된 문제점의 존재 '그 자체'보다는 이를 둘러싼 구체적인 운동의 형성과정에 주목하는 것이다. 이 이론에 따르면, 우리 사회에는 과학기술과 관련된 사회적 문제들이 산적해 있음에도 그 중 극히 일부만이 대중적 논쟁으로 발전하는데, 이는 논쟁이 해당 쟁점의 사회적 중요성을 반영해 일어나는 것이 아니라 해당 쟁점의 이해당사자들이 얼마나 효과적으로 자원 — 언론 이용, 자금 모금, 대중시위 조직 등 — 을 동원해 논쟁을 촉발시키고 이를 쟁점화하느냐에 달려 있기 때문이다(Petersen & Markle, 1989). 반면 마르크스주의적 접근과 페미니즘적 접근은 다양한 이해집단들의 상호작용에 초점을 맞추는 자원 동원 이론과는 달리, 사회 전체의 불평등한 계급적·성적 구조에 주목한다. 이와 같이 과학기술 논쟁을 정치적 논쟁의 일종으로 파악하게 되면, 이제 사실 차원의 논쟁은 논쟁 양측이 지닌 가치나 사회구조(즉, 정치적 논쟁)에 종속되는 것으로 이해되므로 과학적 증거는 논쟁 양측이 가진 정치적 주장을 내세우는 데 이용할 수 있는 '수단' 이상의 지위를 갖지 않게 된다. 이 입장은 '과학의 정치화'라는 측면을 부각시킬 수 있는 반면, '사실' 차원의 논쟁을 경시하게 되는 한계를 갖는다.

그리고 두번째로는 과학기술 논쟁을 사실에 관한 논쟁(즉, 과학적 논쟁)과 가치에 관한 논쟁(즉, 정치적 논쟁)의 결합으로 파악하는 관점이 있다. 여기서 이 두 가지 차원의 논쟁은 서로 분리시킬 수 있는 것으로 파악된다.7) 이 관점은 논쟁의 종결을 '용이하게' 하기 위한 정책적 관심으로부터 유래한 것으로, 두 가지 차원의 논쟁을 분리시켜 사실에 관한 논쟁은 과학적 수단을 통해 '해소'되는 것으로, 그리고 가치에 관한 논쟁은 정치적 수단(즉, 협상)을 통해 '종결' 되는 것으로 각각 파악함으로써 과학기술 논쟁을 좀더 잘 이해할 수 있다는 입장이다. 이는 사실과 가치의 단순한 구분을 뛰어넘었다는 점에서는 실증주의적 입장보다는 진일보한 측면이 있지만, 역시 이 둘을 서로 구분하는 문제에서 난관에 봉착할 가능성이 크며 특히 사실과 가치의 상호침투를 간과할 수 있다는 점에서 한계를 지닌다.

마지막 세번째 관점은 과학지식사회학(sociology of scientific knowledge, SSK)의 구성주의적 관점이다. 이는 사실과 가치의 분

---

7) 마주르가 이 관점의 지지자이며(Mazur, 1981, chap. 3), Engelhardt & Caplan(1987)에 수록된 필자들 중 Engelhardt, McMullin, Giere 등이 마찬가지로 이런 입장을 견지하고 있다. 특히 마주르는 사실과 가치의 문제를 분리함으로써 과학기술 논쟁에 얽힌 혼란을 줄일 수 있으며, 이 중 사실 차원의 문제는 상이한 견해를 가진 과학자들이 참여하는 '과학 법원(science court)'을 통해 해결할 수 있다고 주장했다. 얼른 보기에 이 입장은 실증주의적 접근과 크게 다르지 않은 것으로 생각될 여지도 있지만, ① 과학기술 논쟁에서 '가치'의 역할을 주요한 것으로 상정하고 있으며, ② '사실'과 '가치'를 구분하는 기준이 시기와 장소에 따라 달라질 수 있음을 인정하는 등 다소 세련된 입장을 취한다는 점에서 실증주의적 접근과는 구분된다.

리를 가정하지 않는다는 점에서는 첫번째 입장과 통하는 측면이 있지만, 거시정치적 차원의 문제보다는 지식-주장(knowledge-claim)의 미결정성에 주목하여 여기에 개입해 들어오는 (과학자들의) (미시적) '이해관계'를 분석하는 데 주력한다고 볼 수 있다. SSK는 본래 과학기술의 사회적 문제보다는 인식론적 문제에 초점을 맞추어 제안된 방법론으로, 블루어(David Bloor), 셰핀(Steven Shapin), 매켄지(Doland MacKenzie), 핀치(Trevor Pinch), 콜린즈(Harry Collins)와 같은 초기의 대표적 논자들이 수행한 사례연구도 과학자사회 내부에서 벌어지는 논쟁을 다룬 것이 대부분이지만, 사회적 논쟁에 적용한 사례도 간혹 찾아볼 수 있다(Martin, 1991; Richards, 1991). 구성주의적 관점은 인식론적 진위의 문제를 미리 가정하지 않고 논쟁 양측의 주장에 '대칭적으로' 접근함으로써 실증주의적 관점이나 사실/가치의 구분을 전제하는 관점에서 놓칠 수 있는 사실-가치의 미묘한 상호작용(혹은 이 둘의 '융합')까지도 파악해 낼 수 있는 장점을 갖는다. 반면, 구성주의적 관점은 논쟁의 '부재'를 설명하는 데는 상대적으로 한계를 지니며, 스코트(Pam Scott) 등이 설득력있게 주장한 바와 같이 그것이 '사회적' 논쟁에 적용될 때는 연구자의 중립적인 위치를 허락하지 않기 때문에 진정으로 대칭적인 설명이 어렵다는 난점을 안고 있다.[8]

이상에서 살펴본 바와 같이, 과학기술 논쟁의 분석에서 도입될 수 있는 세 가지의 관점은 어느 하나가 다른 것들에 비해 전적으로 옳거나 우월하다기보다는 구체적인 논쟁 상황에 따라 각각 적합성을 가질 수 있으며, 나름대로의 장단점들을 가지고 있음을 알 수 있다.

---

[8] Scott, Richards & Martin(1990). 이에 대한 콜린즈의 답변과 마틴 등의 재반박은 Collins(1991)와 Martin, Richards & Scott(1991)를 참조. 이들간의 논쟁은 이후에 *Social Studies of Science* 26권 2호(1996)의 지면으로 옮겨져서 계속되는데, 이에 대한 간략한 기술은 Martin(1998)을 참조하면 된다.

여기서 필요한 것은 특정한 과학기술 논쟁을 다룸에 있어 그 논쟁의 성격에 따라 이들 접근법들을 적절한 맥락에서 도입해 사용하는 일일 것이다.

3. 과학기술 논쟁의 정책적 함의

과학기술 논쟁은 흔히 과학기술자들이나 정책수립자들에 의해 "(정상적인 정책수립 과정으로부터의) 탈선"이라거나, "무시하거나 제거하거나 피해야 할 바람직하지 않은 혼란"으로 간주되는 것이 보통이다(Mazur, 1981, p. 126). 과학기술 논쟁이 일반적으로 수반하는 적지 않은 사회적 비용을 고려해 본다면 이러한 관점이 전혀 이해가 가지 않는 것은 아니다. 그러나 과학기술 논쟁은 과학기술정책 수립과정에서 단순한 '천덕꾸러기' 이상의 역할을 한다는 점이 그간 여러 논자들에 의해 설득력있게 주장되어 왔다.

우선 과학기술 논쟁은 사회 속의 일반대중이 과학기술을 어떻게 이해하느냐의 문제, 즉 '대중의 과학이해(public understanding of science, PUS)'에 있어 통상적인 관점과는 사뭇 다른 이해를 제공해 준다. 전통적으로 대중의 과학이해에 대한 연구는 대중의 과학지식 이해정도와 과학에 대한 대중의 태도를 대규모 설문조사와 같은 형식을 통해 파악하는 방식을 취해 왔다. 그리고 그간 여러 선진국들에서 수행되었던 연구는 대중의 과학지식 이해정도는 대체로 '낮은' 반면 과학에 대한 태도는 '긍정적'이라는 결과를 반복적으로 보여 주었다(2000년에 한국과학문화재단이 주관해 국내에서 실시된 '과학기술에 대한 국민이해 조사'에서의 결과도 이와 유사했다). 그러나 설문조사를 통한 대중의 과학이해 연구는 설문의 추상성 — 예컨대 "과학기술의 산물 일반은 선인가, 악인가"라는 식의 — 때문에 일반인들이 구체적인 상황 속에서 과학기술을 어떻게 받아들이는가의 문제를 다루는 데는 한계가 있다. 바로 이 지점에서, 폭넓은 대중을 그 속에 포괄하는 사회적 사건인 과학기술 논쟁은 일상생활 속에서 구체적인 사안에 부딪쳤을 때 대중이 갖는 이해나 그들이 보여주는 태도를 엿볼 수 있는 좋은 공간으로서 기능할 수 있으며, 이를 통해 대중이 과학기술에 대해 보이는 '양면적' 태도를 이해하는 실마리를 잡을 수 있다(김동광, 1999).

그러나 과학기술 논쟁이 지니는 더 큰 의미는 그것이 과학기술의 사회적 통제에서 어떤 역할을 할 수 있느냐의 문제에서 찾을 수 있다. 이 점과 관련해 여러 논자들은 과학기술 논쟁과 기술영향평가(technology assessment, TA)와의 관계에 주목해 왔다. 주지하다시피, 기술영향평가는 기술의 도입과 활용이 가져오는 영향을 다각도로 분석하여 그 중 긍정적인 측면은 극대화시키고 부정적인 측면은 극소화시키기 위한 제도적 장치로서 마련된 것으로, 미국의 경우에는 전문가들이 중심이 되어 "정책결정에 도움이 되는 중립적이고 사실적인 정보를 제공하는" 것을 목표로 하였다(이영희, 2000a). 그러나 이러한 '공식적' TA는 전문가들 사이의 합의의 어려움 때문에 애초에 의도되었던 역할을 해내지 못했을 뿐 아니라, 어떤 영역이 장차 사회적 문제로 부각될 것인가를 예측해서 파악하는 데도 효과적이지 못함이 곧 드러나게 되었다. 이에 대한 비판으로 1980년대 이후 일반시민이 기술영향평가 과정에 참여해 일정한 영향력을 행사하는 참여적 TA의 문제의식이 널리 확산되었고 그 문제의식에 걸맞는 여러 제도적 장치들이 등장했다.

이와 유사한 맥락에서 몇몇 논자들은 과학기술 논쟁이 공식적 TA의 한계를 보완하는 '비공식적' TA의 역할을 할 수 있다고 주장했다. 예컨대 마주르는 논쟁의 양측 당사자들이 갖은 증거와 수단들을 동원해 서로를 공격하는 과정에서 주어진 기술에 내포된 위험과 혜택이 좀더 분명하게 드러나게 되며 이를 통해 반드시 논의되어야 하는 중요한 쟁점이 걸러져 남는 여과(filtering)가 일어난다고 보았다(Mazur, 1981, pp. 127-129). 또한 립(Arie Rip)은 과학기술 논쟁이 새로운 기술이나 계획중인 과학기술 프로젝트에 대해 서로 상충되는 평가들을 제공하기 때문에 이를 일종의 "조기경보(early warning)" 구실을 하는 비공식적 TA로 파악할 수 있다고 주장했다(Rip, 1986). 캠브로시오(Alberto Cambrosio)와 리모제스(Camille Limoges)는 여기에서 한 걸음 더 나아가, 논쟁을 TA의 "예외적인 경우(borderline case)"로 볼 것이 아니라, 오히려 사회적 논쟁이 존재하지 않고 공식적 TA의 방법론이 무난하게 적용되는 상황을 예외적인 경우로 보아야 한다고 주장했다. 즉 그들에 따르면 "논쟁은 기술에 대한 어떠한 사회적 평가 과정에서도 중심적인 요소"이며, 오히려 "공식적 TA는 논쟁을 통해 잠정적으로 정의된 공간 속에서 비로소 그 유효성과 한계를 부여받는다" — 바꿔 말해, "논쟁은 공식적 TA의 제한 인자(limiting factor)"다 — 는 것이다(Cambrosio & Limoges, 1991, 인용은 392쪽). 이에 더해 윈(Brian Wynne)은 논쟁을 단순히 기술의 가능한 영향에 대해 정보와 비판을 추가하는 정도의 기능을 하는 정도로 파악해서는 안되며, 논쟁 양편의 주장이 암묵적으로 근거하고 있는 사회적 모형을 드러내는 성찰적 학습(reflexive learning)의 과정으로 파악해야 한다는 주장을 폈다(Wynne, 1995).

이상에서 본 바와 같이, 과학기술 논쟁은 과학기술의 사회적 통제 문제에 있어 기존의 TA를 넘어서는 함의를 제공하는 유효한 틀로 인정받고 있다. 오늘날과 같이 민주주의에 대한 시민들의 의식이 고양되고 또 정보에 대한 접근권이 상대적으로 개방된 상황에서 과학기술을 둘러싼 대중적 논쟁은 불가피하며 또 바람직하기까지 하다는 점을 고려해 본다면, 과학기술 논쟁의 정책적 함의를 제시한 위와 같은 연구들의 중요성이 부각될 수 있을 것이다.

4. 한국사회에서의 과학기술 논쟁과 논쟁 연구

이제 한국사회에서의 과학기술 논쟁의 성격과 논쟁 연구의 현황에 대해 간략히 살펴보는 것으로 맺음을 대신할까 한다. 현재 이 분야는 사실상 거의 연구가 진행되지 않은 미답의 영역이라, 여기서는 불가피하게 막연한 추측과 '감'에 의존할 수밖에 없음을 미리 밝힌다.

그간 '논쟁의 불모지'로 여겨져 왔던 우리나라에서도 1980년대 후반을 지나면서 핵폐기물처리장, 쓰레기소각장 등 각종 위해시설의 입지, 노동현장에서의 유해화학물질, 정보통신기술의 사회적 함의 등을 둘러싼 논쟁이 시작되었고, 최근에는 잘 알려진 바와 같이 전자주민카드, 유전자조작식품과 생명복제, 수돗물 불소화, 동강댐, 새만금 간척지에 관한 논쟁이 사회적 주목을 끌기도 했다. 그러나 논쟁의 증가에 비해, 이런 논쟁들을 본격적으로 분석한 연구는 그리 많지 않다. 최근 2~3년 동안 굴업도 핵폐기장 논쟁, 전자주민카드 논쟁, 당산철교 재시공 논쟁, 여천공단 환경영향평가 논쟁 등을 분석한 글들이 나왔지만, 아직 그 수도 적고 테크니컬한 차원의 논쟁과 정치적 차원의 논쟁간의 역동적인 상호작용을 잘 분석한 논문은 찾아보기 힘들다는 점이 아쉬움으로 남는다(김동광, 1999; 김범성, 1998; 이영희, 2000b; 한경희, 1997).[9]

한국사회에서의 논쟁 연구가 아직 본격화되지 못하고 있는 이유는 크게 두 가지를 생각해 볼 수 있다. 하나는 과학기술 관련 쟁점을 둘러싼 논쟁 자체가 비교적 최근까지도 상당히 드물었다는 점이

---

9) 환경운동이나 핵발전소를 둘러싼 지역운동의 전개과정을 분석한 논문이나 단행본은 더러 찾아볼 수 있으며 넓은 의미에서는 이 역시 과학기술 논쟁 연구에 포함시킬 수 있을 것으로 생각되지만, 이는 문제의식의 출발점이 다소 다르고 논쟁 그 자체에 집중하고 있다고 보기 힘들다는 점에서 여기서는 제외하였다.

고, 다른 하나는 STS 분야의 문제의식을 지닌 연구자집단이 '충분히' 형성되어 있지 않다는 점이다. 이 중 첫번째에 대해서는 다시 그 이유에 대해 약간의 추가적인 설명이 필요할 듯하다. 이에 대해서는 먼저 1980년대까지 한국사회가 권위주의 정권의 통치 하에 놓여 대중적 차원의 논쟁 — 반드시 과학기술 분야의 논쟁으로만 한정되지 않는 — 이 벌어질 수 있는 사회적 공간이 협소했다는 점을 들 수 있다. 또한 서구에서 과학기술 논쟁의 중요한 한 축을 형성했던 대항전문가(counterexpertise) 집단의 형성이 지극히 미약했다는 점 역시 중요한데, 이는 1960년대 사회운동의 활성화와 더불어 과학기술에 대한 비판적 인식이 지식인사회에 널리 퍼졌던 서구의 경험과는 달리, 우리의 경우에는 1980년대 후반 운동의 비약적 성장이 소비에트 마르크스주의의 도입과 나란히 이루어졌고 이에 따라 '해방의 힘'으로서의 과학기술에 대한 낙관적 인식이 팽배하게 되었음을 고려해야 이해할 수 있을 것이다. 이 때문에 (형식적) 민주화의 물결과 함께 사회운동이 활성화된 1980년대 후반 이후에도 우리 사회에는 테크니컬한 쟁점에 관한 첨예한 대립을 포함하는 논쟁 대신 부당한 정치·경제적 권력에 대한 도전이나 분배정의의 차원에서 논쟁이 이루어지는 경우가 대다수를 이루었다. 이는 앞서 넬킨이 지적한 바 서구에서의 1980년대 이후의 경향과는 다소 대조되는 것이라 볼 수 있겠으나, 최근 들어 수돗물 불소화, 유전자조작식품, 생명복제, 동물권리 등을 둘러싸고 근본적 가치에 관한 논쟁이 활성화되고 있는 상황으로 미루어 앞으로 더욱 지켜봐야 할 문제라고 생각된다.

참고문헌

김동광 (1999), 「과학대중화의 새로운 가능성 모색」, 고려대학교 과학학 협동과정 석사학위논문.
김범성 (1998), 「대중적 과학기술논쟁의 한 양상 - 여천공단의 사례」, ≪다른과학≫ 4호, 38-49.
이영희 (2000a), 「과학기술정책과 기술영향평가」, 『과학기술의 사회학』, 한울, 163-194쪽.
_____ (2000b), 「정보화와 사회적 논쟁: 전자주민카드논쟁」, 『과학기술의 사회학』, 한울, 324-351쪽.
한경희 (1997), 「'당산철교' 논쟁의 사회적 성격분석」, ≪다른과학≫ 3호, 22-32.
Brante, Thomas (1993), "Reasons for Studying Scientific and Science-based Controversies," T. Brante, S. Fuller and W. Lynch (eds.), *Controversial Science*, Albany, NY: State University of New York Press, pp. 177-191.
Brante, T., Fuller, S. and Lynch, W. (eds.), (1993), *Controversial Science: From Content to Contention*, Albany, NY: State University of New York Press.
Bridgstock, Martin (1998), "Controversies Regarding Science and Technology," Martin Bridgstock et al. (eds.), *Science, Technology and Society: An Introduction*, Cambridge: Cambridge University Press, pp. 83-107.
Cambrosio, Alberto and Limoges, Camille (1991), "Controvesies as Governing Processes in Technology Assessment," *Technology Analysis & Strategic Management* 3(4), 377-396.
Collins, H. M. (1991), "Captives and Victims: Comment on Scott, Richards and Martin," *Science, Technology, and Human Values* 16(2), 249-251.
Elzinga, Aant and Jamison, Andrew (1995), "Changing Policy Agendas in Science and Technology," Sheila Jasanoff, Gerald E. Markle, James C. Petersen and Trevor Pinch (eds.), *Handbook of Science and Technology Studies*, Thousand Oaks, CA: Sage, pp. 572-597.
Engelhardt, H. Tristram Jr. and Caplan, Arthur L. (eds.), (1987), *Scientific Controversies: Case Studies in the Resolution and Closure of Disputes in Science and Technology*, Cambridge: Cambridge University Press.
Martin, Brian (1991), *Scientific Knowledge in Controversy: The Social Dynamics of the Fluoridation Debate*, Albany, NY: State University of New York

Press.

_____ (1998), "Captivity and Commitment," *Technoscience* 11(1), 8-9. [http://www.uow.edu.au/arts/sts/bmartin/pubs/98ts.html]

Martin, B., Richards, E. and Scott, P. (1991), "Who's a Captive? Who's a Victim? Response to Collins's Method Talk," *Science, Technology, and Human Values* 16(2), 252-255.

Martin, Brian and Richards, Evelleen (1995), "Scientific Knowledge, Controversy, and Public Decision Making," Sheila Jasanoff, Gerald E. Markle, James C. Petersen and Trevor Pinch (eds.), *Handbook of Science and Technology Studies*, Thousand Oaks, CA: Sage, pp. 506-526.

Mazur, Allan (1981), *The Dynamics of Technical Controversy*, Washington, DC: Communications Press.

McMullin, Ernan (1987), "Scientific Controversy and Its Termination," Engelhardt and Caplan (eds.), *Scientific Controversies*, Cambridge: Cambridge University Press, pp. 49-91.

Mercer, David (1996, November), *Understanding Scientific/Technical Controversy*, Science and Technology Policy Research Group Occasional Paper No. 1., Science, Technology and Society Program, University of Wollongong. [http://www.uow.edu.au/arts/sts/research/STPPapers/Occpaper-1.html]

Nelkin, Dorothy (1977), "Technology and Public Policy," I. Spiegel-Rösing and Derek Price (eds.), *Science, Technology and Society: A Cross-disciplinary Perspective*, Beverly Hills, CA: Sage, pp. 393-442.

_____ (ed.). (1979/1984/1992), *Controversy: Politics of Technical Decisions* (1st, 2nd & 3rd ed.), Newbury Park, CA: Sage.

_____ (1995), "Scientific Controversies: The Dynamics of Public Disputes in the United States," Sheila Jasanoff, Gerald E. Markle, James C. Petersen and Trevor Pinch (eds.), *Handbook of Science and Technology Studies*, London: Sage, pp. 444-456.

Petersen, James C. and Markle, Gerald E. (1989), "Controversies in Science and Technology," Daryl E. Chubin and Ellen W. Chu (eds.), *Science off the Pedestal: Social Perspectives in Science and Technology*, Belmont, CA: Wadsworth Publishing Company, pp. 5-18.

Richards, Evelleen (1991), *Vitamin C and Cancer: Medicine or Politics?*, London: Macmillan.

Rip, Arie (1986), "Controversies as Informal Technology Assessment," *Knowledge*

8(December), 349-371.

Scott, P., Richards, E. and Martin, B. (1990), "Captives of Controversy: The Myth of the Neutral Social Researcher in Contemporary Scientific Controversies," *Science, Technology, and Human Values* 15(4), 474-494.

Wynne, Brian (1995), "Technology Assessment and Reflexive Social Learning: Observations from the Risk Field," A. Rip, Thomas J. Misa and J. Schot (eds.), *Managing Technology in Society: The Approach of Constructive Technology Assessment*, London: Pinter, pp. 19-36.

2
과학 논쟁*
— 미국 대중논쟁의 내부동학(動學, Dynamics) —

도로시 넬킨

1976년 뉴욕시에 있는 미국 자연사박물관(American Museum of Natural History) 앞에서 동물권리운동가(animal rights activist)들은 동물들에게 불필요한 잔혹함과 고통을 줄 수 있다고 생각되는 실험들을 중단하라는 피켓 시위를 벌였다. 그로부터 10년이 지난 후, 이제 동물실험에 항의하는 사람들은 실험실을 부수고 갇힌 동물들을 풀어주기까지 하면서 도덕적 원칙을 내세워 모든 동물연구의 중단을 요구하였다. 동물연구에 관한 이런 논쟁은, 지난 20여년 동안 과학적 발전과 기술적 응용들을 두고 급격히 증가해온 수많은 논쟁

---

* 출전: Dorothy Nelkin, "Scientific Controversies: The Dynamics of Public Disputes in the United States," Sheila Jasanoff, Gerald E. Markle, James C. Petersen and Trevor Pinch (eds.), *Handbook of Science and Technology Studies* (London: Sage, 1995), pp. 444-456.
Reprinted with permission from FULL CITATION. ⓒ 1995 by Sage Publications, Inc.

중 단지 하나의 예에 지나지 않는다.

그리고 이의제기자(protester)들은 동물권리운동에서 나타난 것처럼, 점차 자신들의 전술적 수위를 높여 더 많은 요구를 했다. 낙태 반대론자들은 1981년부터 1994년까지 [진행되던] 인간 태아를 이용하는 연구에 연방정부가 자금을 지원하지 못하도록 하는 데 성공했다. 동성애자 인권운동가들은 AIDS 바이러스 테스트의 활용을 놓고 그 절차와 지침들에 도전했다. 도덕적 우려를 가진 이의제기자들은 생명공학의 응용을 저지하기 위해 경제적 이해에 관심을 둔 농민들과 힘을 합치기도 했다. 종교집단들은 공립학교에서 진화생물학을 가르치는 것에 반대해 왔다. 그리고 환경운동가들은 지구 자원을 위협하는 정책을 펼치는 거대기업들에 맞서 싸움을 벌이고 있으며, 거대기업들 역시 각종 규제를 강화하려는 과학위원회들과 논쟁을 벌이고 있다.[1]

이러한 논쟁들을 포함해 과학기술에 관한 다양한 논쟁은 그 의미와 도덕성을 둘러싼 투쟁이자 자원 배분에 관한 투쟁이며 누가 권력을 가지고 통제를 해야 하는가를 놓고 싸우는 투쟁이기도 하다. 지난 수십 년 동안 미국사회에서 과학영역은 여러 가치가 대립하며 심대한 싸움을 벌이는 논쟁의 격전지가 되고 있다. 가령 우리는 효율성을 높이 평가하지만 정치적 참여 또한 소중히 여긴다. 우리는 개인의 자율성을 주장하지만, 다른 한편으로 사회적 질서를 기대한다. 우리는 과학지식의 가치를 높이 평가하지만, 널리 받아들여지고 있는 믿음에 과학적 사고방식이 영향을 끼치는 것은 두려워한다. 과학기술에 관한 논쟁들은 개인의 자율성과 공동체의 필요 사이에 존재하는 긴장을 드러낸다. 논쟁들은 과학과 다른 사회제도들 — 예를 들면 언론이나 규제체계, 법원 등 — 이 서로 맺고 있는 양면적인

---

[1] 여기서 언급된 논쟁들과 여타의 다른 논쟁에 대한 사례연구들은 Nelkin(1992)에서 찾아볼 수 있다.

관계를 반영한다. 또한 논쟁들은 정부의 적절한 역할이 무엇인지에 대한 의견의 불일치, 기술전문가들의 역할이 커지는데 대한 우려 그리고 과학적 노력의 근본을 이루고 있는 도구주의적 가치에 대해 사람들이 가지는 불편함 등을 부각시킨다(Ezrahi, 1990).

논쟁들은 과학을 둘러싼 정치에 관해 하나의 관점을 제시함과 더불어, 대중의 태도를 탐구할 수 있는 수단을 제공한다. 논쟁이 수적으로 증가함에 따라 이것을 기술하고 분석하는 연구들도 그동안 증가해 왔다. 이 논문에서 필자는 점차 늘어나고 있는 이 분야의 연구 문헌들에 근거해 과학 논쟁들의 내부동학을 분석할 것이다. 논쟁들은 그간 특정한 과학 실행의 가치를 둘러싼 정치적 긴장과 도덕적 우려가 표출되는 장이 되어 왔다.

대중적 양면성의 원천

흔히 과학기술 논쟁들은 과학의 발전과 응용에 대한 정치적 통제 문제에 초점을 맞추어 왔다. 그러나 지난 10년 동안 과학에 대한 이 의제기들은 점차 도덕성을 중시하는 방향으로 선회하였다. 최근의 많은 논쟁은 도덕적 절대성(moral absolutes)이라는 관점에서 표출되고 있다. 이를테면 태아연구는 '그릇된' 것이므로 임상에서 얻을 수 있는 이익과 무관하게 포기되어야 하며, 동물실험 역시 부도덕한 것이므로 그것이 의학지식에 기여하는 바에 상관없이 금지되어야 한다는 것이다. 많은 과학비판자들 — 창조론자, 낙태반대론자, 생태주의자, 동물권리주의자 — 는 자연, 인간 태아, 여성 혹은 동물을 [목적 달성을 위한] 자원이나 수단으로 바꿔버리는 도구주의적 활동에 불안감을 느끼고 있다. 과학비판자들의 도덕적 우려는 1970년대에 정치적 도전으로 시작했던 많은 반대운동을 보다 근본적인 문제를 제기하는 쪽으로 바꾸었다.

제2차 세계대전 이후의 고도 경제성장 시기에는 과학기술의 발전에 대해 대체로 별다른 의문이 제기되지 않았다. 그러나 1970년대 들어 과학기술의 위험성에 대한 인식이 점차 싹트면서 진보에 대한 신념은 약화되었다. 기술적 발전은 이제 이웃들을 위협하는 환경문제들을 일으켰고, 성장을 촉진하기 위해 육우(肉牛)에게 투여한 약물은 암을 발생시켰으며, 효율적인 것으로 보이는 산업 생산공정은 노동자들의 건강을 위협했다. 심지어 기술을 통제하려는 노력마저도 불평등의 문제를 제기하는 듯했다. 왜냐하면 새로 제정된 표준과 규제조치들이 [삶의 질 향상이라는 가치를 절대적인 지향으로 삼는 대신] 삶의 질과 경제발전에 대한 기대 사이에서 저울질을 해 왔기 때문이었다.[2]

역설적인 것은, 대중이 기술 발전을 지지하는 정도가 지난 20년 동안 거의 변하지 않았음을 여론조사 결과가 보여주고 있다는 사실이다(Miller, 1990). 설문에 응한 사람들 대부분은 과학기술이 중요한 [사회적] 목표를 성취하는 데 있어 필요한 도구로서의 역할을 한다고 생각했으며, 기술이 가져오는 혜택이 그것이 낳을 수 있는 위험을 능가한다고 믿었다. 그러나 1970년대 초, 환경문제에 대한 관심이 증가하면서 특정한 [개발]계획들의 진행을 저지하고 기술정책 결정에 대중의 참여를 증가시키려는 정치적 노력들이 생겨나기 시작했다. 그리고 10여 년이 지난 후에는 심지어 과학연구들조차도 정치적 조사를 면제받을 수 없게 되었다. 예를 들면 낙태반대론자들은 태아연구에 대한 연방정부의 자금지원을 봉쇄했고, 빠른 속도로 성장한 동물권리운동은 생의학 연구(biomedical research)의 관행에 규제와 제약을 가져왔다. 그리고 내부고발자(whistle-blower)들로부

---

[2] 1970년대 기술의 여러 문제에 대한 관심이 증가했음을 강조한 과학기술정책 관련 문헌 리뷰는 Nelkin(1977)이 있다.

터의 도전은 과학자사회에 대한 의회의 조사와 감독을 불러왔는데, 이는 정치적 규제나 대중적 통제에 의해 간섭받지 않는다는, 과학자 사회가 오랫동안 누려 오던 자율성을 위협하고 있다.

많은 학자가 이런 경향의 중대성을 지적해 왔다. 1978년 3월, 《다이달로스 *Daedalus*》지는 "과학연구의 제한(The Limits of Scientific Inquiry)"이라고 제목을 뽑은 특별호에서 '어떤 종류의 연구는 아예 진행조차 해서는 안된다'는 입장에 대해 다루었다. 같은 해 "과학에 대한 사회적 평가(Social Assessment of Science)"라는 의제를 내걸고 열린 회의에서는 과학연구에 규제를 하려는 국제적인 노력에 대해 고찰하였다.[3] 과학연구가 좌·우 세력 모두로부터의 공격에 직면하게 되자, 1980년대 내내 과학의 '위기'에 관한 얘기들이 끊이지 않았다. 어떤 이들은 이의제기집단의 행위를 19세기에 나타났던 러다이트주의(Luddism)[4] — 즉, 과학기술 변화에 대한 완전한 거부 — 의 일종으로 간주하였다. 예를 들면 즈비그뉴 브레진스키(Zbigniew Brzezinski)는 그런 반대를 두고 "역사적 퇴물이 죽어가면서 내지르는 소리"라고 했다(Brzezinski, 1970). 반면 씨어도어 로잭(Theodore Roszak)은 그런 이의제기가 "도덕적으로 많은 노력이 필요한 결정을 내려야 할 책임, 이상을 창조해야 할 책임, 공공조직과 정부기관들을 통제해야 할 책임, 파괴자들에 대항해 사회를 지켜야 할 책임, 이 모두를 방기해 버린" 사회 속에서 긍정적이고도 꼭 필요한 힘이 된다고 믿었다(Roszak, 1968, p. 22).

오늘날의 논쟁들은 미국사회에서 대중이 과학을 대할 때 양면적

---

[3] 국제과학정책연구회의(International Council on Science Policy Studies)에서 개최한 이 회의는 1978년 5월에 서독의 빌레펠트(Bielefeld)에서 열렸다.
[4] 영국에서 산업혁명이 진행되던 19세기 초에 기계화로 인해 숙련공들이 대량 실직하게 되자, 생계의 수단을 빼앗기는 데 저항하여 나타난 기계파괴 운동을 일컫는 말이다 — 옮긴이.

태도를 보인 오랜 역사를 그 속에 반영하고 있다(Mazur, 1981). 과학적 판단의 권위에 대한 수용에는 오랜 기간 동안 불신과 두려움이 함께 존재했는데, 이러한 사실은 예방접종과 같은 의료상의 혁신이나 생체해부와 같은 연구방법에 대해 초창기엔 반대가 나타났다는 점에서 엿볼 수 있다. 과학자들을 '현대의 마술사', '놀라운 일들을 해낼 수 있는 기적의 사람' 등으로 여겼던 낭만주의적 관점은 대중문화 속에 널리 퍼져 있던 프랑켄슈타인 박사(Dr. Frankenstein)나 스트레인지러브 박사(Dr. Strangelove)와 같은 미친 과학자들의 부정적 이미지와 공존해 왔다(Roszak, 1974, p. 31).

부분적으로, 대중이 지니는 양면적 태도는 시민의 힘을 위협하는 듯한 과학의 난해함과 복잡성에 대응해 나타났다. 정책결정 과정에서 전문지식(expertise)이 점점 더 크고 중요한 역할을 수행함에 따라 민주적 과정에 일정한 제약이 가해지고 있는 듯 하다(Goggin, 1986).[5] 이에 대해 활동가들은 과학기술에 관한 정책결정에 더 많은 참여를 요구하면서 심사위원회(review board)나 정책결정집단 등에 참여하는 것을 추구하고 있다. 그러나 미국 성인들 중 과학정책의 쟁점들에 관심을 가지면서 동시에 논쟁들의 바탕에 깔린 논거들을 이해하고 평가할 정도의 충분한 과학적 소양(literacy)을 지니고 있는 이들은 단지 5% 정도에 불과하다(Miller, 1990). 따라서 논쟁들은 종종 특정한 기술적 세부사항들보다는 많은 이들로부터 공감을 끌어내는 정치적 쟁점들에 더 많은 관심을 둔다. 즉, 그런 논쟁들은 과학기술의 발전이 사회진보에 필수적이라고 생각하는 이들과 과학기술의 발전은 정치적·경제적 이해관계에 의해 이끌려가고 있다고 생각하는 이들로 사회가 점점 양극화되고 있는 상황을 보여준다(Richards, 1988). 또한 그 논쟁들은 특정 목표의 실행을 추구하기 위해 프로그램화된 의제를 갖고 있는 이들과, 책무(accountability), 책임(responsibility), 권리

---

[5] 관련된 문헌들의 리뷰는 Nelkin(1987)을 참조하면 된다.

에 관해 도덕적으로 우려하는 시각을 갖고 있는 이들로 양극화되는 상황을 보여주기도 한다. 몇몇 논쟁, 예를 들어 초전도 초충돌자(superconducting supercollider)6)에 관한 논쟁 등은 주로 전문가들, 윤리학자들, 정책엘리트들간에 쟁점 토론이 이루어지는 정책수준에서 진행된다. 반면 다른 논쟁들, 예를 들면 과학연구에 동물을 사용하는 문제에 관한 논쟁 등은 사회운동부문과 시민집단들이 관여해 대중적 차원에서 이의를 제기하면서 벌어진다. 때로는 논쟁의 관심사가 과학기술이 직접 일으키는 결과보다는 과학기술과 연관된 권력관계에 맞추어지기도 한다. 이의제기들은 특정한 기술관련 의사결정에 반대하는 것이라기보다는 시민들이 자신의 이해관계에 영향을 미치는 정책 형성에 관여하는 역량이 점차 감소하는 것에 반대하는 것일 수 있다. 또한 과학 그 자체를 반대하는 것이라기보다는 정치적 혹은 도덕적 선택을 감추기 위해 과학적 수사를 동원하는 것에 반대하는 것일 수도 있다(Fischer, 1990).

권력, 책임 그리고 책무의 문제들은 과학 논쟁들을 지속적으로 이끌고 있는 요소들이다. 그러나 시간이 지남에 따라 논쟁의 성격이 변화하는 양상을 보인 것도 사실이다. 1970년대와 1980년대 초까지, 논쟁들은 당시의 정치생활 속에 널리 퍼져 있던 소위 '권위의 위기(crisis of authority)'를 나타내고 있었다(Salomon, 1977). 그리고 그 논쟁들은 특정한 이해관계에 영향을 주는 결정들에 대항해 지역집단들이 자발적으로 운동의 흐름을 만들어낼 수 있음을 보여 주었다. 그러나 1980년대 말이 되면서 이의제기자들은 과학에 대항하는 자신들의 공격을 점점 더 권리를 주장하는 도덕적 언어를 써서 표현

---

6) SSC로 흔히 약칭하며, 물질을 구성하는 근본입자를 탐구하기 위해 입자를 아주 빠른 속도로 가속시켜 서로 충돌시키는 장치를 말한다. 원래 150억 달러 이상이 투입되기로 예정된 거대 프로젝트였으나, 냉전이 종식된 이후 1990년대 들어 이에 대한 논쟁이 벌어지면서 클린턴 행정부에 의해 계획이 취소되었다. ― 옮긴이.

했다.

 1990년에 야론 에즈라히(Yaron Ezrahi)는 자신의 저서 『이카루스의 추락 The Descent of Icarus』에서, 과학에 대한 공격은 사회에서 과학의 역할에 대한 중요한 개념적 변화가 일어났음을 의미한다고 말했다. 그에 따르면, "20세기를 매듭짓는 지난 수십년 동안 과학의 지적·기술적 진보는 자유민주주의 정치의 수사 속에서 이용될 수 있는 하나의 힘으로서의 과학이 눈에 띄게 쇠퇴한 것과 동시에 이루어졌다"(Ezrahi, 1990, p. 13).

논쟁의 유형 분류

 논쟁들을 다룬 여러 연구는 논쟁의 시발을 다양한 정치적·경제적·도덕적 우려에서 찾고 있다(Engelhardt & Caplan, 1987; Graham, 1979; National Academy of Sciences, Institute of Medicine, 1991). 논쟁의 첫번째 유형은 가장 격렬한 양상을 띠며 또 해결하기 힘든 유형으로, 과학이론이나 연구 관행의 사회적·도덕적·종교적 함의와 관련된 것들이다. 공립학교에서 진화론을 가르치는 것을 둘러싼 논쟁은 미 연방대법원의 결정이 이 문제에 종지부를 찍은 것처럼 보여도 지역 학구(學區) 수준에서는 끊이지 않고 지속되어 왔다(Nelkin, 1984). 동물실험의 관행은 동물을 수단으로 사용하는 것에 도덕적으로 반대하는, 전투적인 동물권리운동을 낳았다(Jasper & Nelkin, 1992). 1970년대부터 이미 존재했던 태아연구 반대 움직임은 1980년대 들어 태아조직의 새로운 의학적 이용법이 개발되면서 더욱 확산되었다(Maynard-Moody, 1992). 그리고 생명공학 기술을 통한 형질전환 동물(transgenic animal)의 창조는 '자연적인' 생명 형태에 간섭하는 것이 도덕적으로 문제가 있다는 신념을 지닌 집단들의 반대를 불러일으켰다(Krimsky, 1991). 이러한 논쟁들을 비롯한 여러 논쟁은 미국사회에서 도덕성이 대단히 중요한 가치로 받아들여지고 있음을 반영한다. 심지어 생의학 연구가 의료의 극적인 향상을 가져온다 하더라도, 비판자들은 자신들의 도덕적 신념을 위협하는 특정 영역의 과학에 대해 문제를 제기하고 그것을 중단시키고자 노력한다. 그리고 생식과정에 개입하거나 태아조직을 이식하여 연구에 사용하는 등 새로운 의료의 가능성이 등장함에 따라 이들 역시 도덕적 논쟁의 초점이 되었다. 어떤 이들은 치료상의 혜택을 들어 이런 방법들을 옹호한 반면, 다른 이들은 거기서 단지 잠재된 오용의 가능성만을 보았다. 비판자들에게 있어 여성을 대리모로 이용하거나 동물이나 태아를 연구에 이용하는 것은 도덕적으로 문제가 있는 행위로, 개개인의 독특함을 위협하고 근본적인 신념을 침해하는 것이었다. 이들 비판자들은 단지 특정한 연구관행들에 문제를 제기하는 것이 아니었다. 그들은 연구의 바탕에 깔려 있는 기본적인 가치들에 도전하고 있는 것이다.

두번째 유형의 논쟁은 환경을 중시하는 가치들과 정치적 또는 경제적 우선순위(priority) 사이의 긴장을 드러내 보여 준다. 상당수의 논쟁들은 발전소나 유독성 폐기물처리장 같은 유해 시설들을 인근 지역에 건립한다는 결정에 의해 시민들의 이해관계가 위협받을 때 일어난다(Brown & Mikkelski, 1990). 어디에나 존재하는 그런 갈등은 여러 지역공동체들로 하여금 장기간에 걸쳐 정치적 행동을 취하게 하였는데, 이는 님비(NIMBY, not in my back yard) 열풍이라고 일컬어져 왔다(Freudenburg, 1984). 그들은 위험 배분의 형평성, 기술관련 의사결정에서의 시민의 역할, 전문지식에 대한 지역공동체들의 접근가능성 여부 등에 관해 문제를 제기했다. 환경중시의 가치를 둘러싼 유사한 긴장은 기술적 결정들이 전지구적으로 어떤 결과를 가져올 것인가에 대한 우려가 증가하고 있는 데서도 표출되고 있다.

오존층 파괴의 위협(Brown & Lyon, 1992)이나 초대형 유조선 사고로 인한 원유유출(Clarke, 1992) 등은 지역 정치의 맥락에서는 사실상 해결될 수 없는 문제들을 제기한다. 그러나 지역 단위의 정치기구들과 경제조직들은 종종 단기적인 경제적 혹은 정치적 우선순위를 이유로 들어 논쟁의 소지가 있는 정책안을 지지하곤 한다. 그런 쟁점들은 기술변화가 가져온 전지구적 차원의 환경문제에 논쟁의 초점을 다시 맞춘 '새로운 환경운동(new environmentalism)'을 탄생시켰다(McGrew, 1990).

세번째 유형의 논쟁은 사람들의 건강에 가해지는 위해와 관련된 것으로, 산업적·상업적 관행과 맞물려 그 결과로 생길 수 있는 위험에 대해 우려하는 사람들과 경제적 이해조직들 사이에 나타나는 대립에 초점을 맞춘다(Rosner & Markowitz, 1991). 우리는 각종 '눈에 보이지 않는' 위험요소들(PCBs, 프레온, 방사선, 식품첨가물에 든 발암물질 등 — 이런 것들은 이미 열거할 수 없을 정도로 그 수가 점점 늘어나고 있다)에 대한 경고들에 의해 포위돼 있다. 그리고 위험의 범위와 성격에 관한 불확실성은 대중의 두려움을 더욱 부채질해 왔다. 기술적 정보가 불완전하기 때문에 이는 필연적으로 서로 갈등하는 해석이 나타날 수 있는 상당한 여지를 열어 주게 된다. 새로운 기술의 등장으로 잠재적 위험을 감지할 수 있는 역량이 그동안 향상되긴 했지만, 그래도 대중은 과학자들 사이의 논쟁에 의해 혼란에 빠져 있다. 우리는 어떤 음식을 먹어야 하는가? 작업장은 얼마나 위험한가? 위험의 가능성을 잠재적 이익에 견주어 어떻게 평가해야 하는가? 위험과 관련된 논쟁들은 규제와 안전 표준을 확립하기 위한 의사결정 과정에서 서로 경쟁적인 우선순위의 균형을 유지하는 것에 초점을 맞춤과 동시에, 대중과 위험 직종에 종사하는 사람의 안전에 초점을 맞춘다(Nelkin, 1985).

기술적 응용을 놓고 벌이는 네번째 유형의 논쟁은 개인의 기대와 사회나 공동체의 목표 사이에 나타나는 긴장을 반영한다. 그런 논쟁들은 정부규제에 대해 흔히 벌어지는 논쟁처럼 [개인의] '권리(rights)' 문제를 중심으로 형성되는 특징을 가지며, 새로운 과학기술의 도입을 둘러싸고 진행되는 경우가 많다. 만약 불소화된 수돗물이 공급된다면, 예방접종이 보편적으로 의무화된다면, 혹은 공립학교의 교과과정에서 특정 교과목 이수가 의무적인 것이 된다면 모든 이들이 그 결정을 따르고 그 결과를 공유해야만 한다. 그러나 만약 AZT[7])와 같은 약품의 사용이 제한된다면 그것의 사용을 원하는 사람은 이를 거부할 것이다. 정부가 대안적인 암 치료법을 금지하는 것은 환자가 자신에게 적합한 의료방식을 선택할 권리를 침해하는 것일 수도 있다(Markle & Peterson, 1980). 총기류 통제의 법제화는 개인의 선택 권리를 위협한다. 정부는 공동체를 보호하기 위해 개인 행위에 제약을 두지만, 개인의 자유에 대한 제약은 전문직 종사자의 지나친 영역보호로 내비치거나 불필요한 정부 간섭으로 해석될 수도 있다.

과학의 발전은 종종 개인의 권리를 위협하는 것으로 인식되었다. 이를테면 신경과학(neuroscience)의 발전은 개인 행위에 사회적 통제를 가하는 수단으로 이용될 수도 있다(Nelkin & Tancredi, 1994; Valenstein, 1980). 인간 행위를 생물학적 근거로 설명하는 이론들은, 유전자결정론이 인간의 종족보존권리에 대한 국가 통제를 정당화하는 데 이용될지 모른다는 두려움을 불러일으킨다(Hubbard & Wald, 1993). 창조론자들은 진화론 교육이 자녀들의 종교적 신앙을 유지시킬 자신들의 권리에 대한 위협이라고 생각한다. AIDS 환자들은 자신들에게 AIDS 바이러스 테스트를 요구하고, 또한 양성반응시에 배

---

7) 아지도티미딘(azidothymidine), 1985년 에이즈(acquired immune deficiency syndrome, AIDS ; 후천성면역결핍증) 치료를 위해 개발된 약물로 한 때 굉장한 호평을 받기도 했으나, 1990년대 후반부터 그 실제 약효와 부작용을 놓고 논란이 계속되었으며 최근 여러 선진국에서 사용량이 감소추세에 있다고 한다 — 옮긴이.

우자를 밝히라고 요구하는 것이 자신들의 사생활보호권을 위협한다고 생각한다. 그리고 과학자들은 연구에 대한 외부로부터의 통제가 자신들이 지닌 자유로운 탐구의 권리를 침해하는 것이라고 본다. 이런 많은 논쟁은, 정부의 역할은 무엇이며 규제는 어떠해야 하는가, 또 공동체의 가치나 공공보건의 요구가 개인 권리를 침해할 수 있는 정도는 어디까지인가의 문제를 둘러싼 미국사회 내부의 [기존] 긴장관계에 근거하고 있다.

그 밖에 다른 유형의 논쟁들도 있다. 초전도 초충돌자, 인간게놈 프로젝트 그리고 우주개발계획과 같은 거대과학 프로젝트들은 과학계 내부에서 자원 배분의 형평성 문제를 놓고 갈등을 일으켜 왔다(Dickson, 1984). 생명공학 분야에서 상업적 이해관계가 점차 영향력을 더해가면서 기업체와 대학간의 협력이 확대되었는데 그런 현상은 특허와 재산권을 둘러싼 논쟁의 원천이 되기도 했다. 경쟁시장 속에서 기술개발을 추진하는 사람들과 새로운 아이디어들을 개방된 소통구조 속에서 유통시킴으로써 보다 더 공공의 이익에 기여할 수 있을 것이라고 믿는 사람들이 충돌하고 있는 것이다(Krimsky, 1991). 그리고 연구자금을 타내기 위한 기만행위(fraud)[8]로부터 연구자금의 개인 유용에 이르는 과학적 비행(非行)의 사례들은 과학의 책임과 과학자들의 자기통제력에 관한 논쟁을 불러일으키고 있다.

과학기술 논쟁들은 과학기술이 대중의 신뢰를 잃고 있으며 공공의 이익에 봉사해야 할 대의제 기구들에 대한 신뢰도 줄어들고 있는 사실을 부분적으로 드러내고 있다. 비판자들은 과학연구의 우선순위에 대해 문제를 제기하고 있다. 즉 과학은 공공을 위한 것인가, 아니면 단지 과학자들의 출세를 위한 것인가? 기술발전은 사회에

---

[8] 실험 데이터를 조작해 허위 논문을 발표하거나 연구의 성과를 과장해 연구비를 타내는 등 과학자사회의 통상적인 규범을 거스르는 행위를 말한다 — 옮긴이.

혜택을 주고 있는가, 아니면 단지 협소한 경제적 목표만을 충족시키고 있는가? 논쟁들의 중요성은 부분적으로 그것이 정치적 관심사를 표명하고 있다는 데 있다. 그러나 논쟁들은 또한 과학의 역할에 관한 도덕적인 입장을 표명하는 내용을 담기도 한다. 논쟁들의 이러한 두 가지 측면 — 정치적 차원과 도덕적 차원 — 은 추가적인 분석을 필요로 한다.

정치적 도전으로서의 논쟁

과학 논쟁에 의해 제기되는 정치적 도전은 문제가 되는 쟁점의 성격과 영향을 받는 공동체의 범위에 따라 다양하게 나타난다. 어떤 사람들은 자신들에게 생기는 즉각적이고 실용적인 이해관계 때문에 이의제기운동에 참여하게 된다. 그들은 유해시설 인근에 거주하거나 화학공장에서 노동하기 때문에 건강상의 위험이나 공동체의 붕괴 등으로 인해 직접 영향을 받게 되는 경우에 해당한다. 그러나 어떤 쟁점들에 있어서는 이런 식으로 자연스럽게 이의제기자들이 생겨나지 않고 직접적 혹은 실용적 이해관계가 없는 사람들을 끌어들인다. 예를 들어 오존층 파괴에 관한 논쟁의 경우, 주로 영향을 받는 이해집단은 미래세대들이다. 동물권리운동은 동물보호라는 대의(大義)에 도덕적으로 헌신하는 사람들을 끌어들인다. 생명공학에 대한 비판의 경우에는 특정한 경제적·환경적 영향을 우려하는 비판자들이 있는가 하면, 생명현상에 '간섭하는' 행위의 도덕적 함의에 대해 우려하는 비판자들도 있다. 과학의 위험성에 관한 몇몇 논쟁은 잠재된 위해에 대한 두려움에 더해서 이데올로기적 의제들에 의해 촉발되기도 했다(Douglas & Wildavsky, 1984; Downey, 1986). 예를 들면 1960년대와 1970년대에 일어났던 핵발전 논쟁은 기술 그 자체보다는 거기에 내포된 정치적 맥락을 문제삼는 이데올로기적 함축을 지니고 있었다(Jasper, 1990). 그런 경우엔 도덕적 혹은 사회적 사명감을 지니고 있는 사람들로부터 정치적 도전을 받았다.

많은 경우 과학관련 정책 논쟁에 참여하는 활동가들은 중산층이자 교육받은 계층으로, 충분한 경제적 안정성과 함께 사회운동에 참여하는 데 필요한 정치적 노하우를 가지고 있다(McCarthy & Zald, 1973). 그들의 참여가 전통적인 정치적 제휴관계와 반드시 연관되는 것은 아니다. 이를테면 기술적 프로젝트들에 반대하는 환경운동가들이나 많은 동물권리옹호자들은 자유주의적 가치와 연관된 사회운동으로부터 나타난다. 그러나 태아연구에 반대하는 생명권옹호집단들은 정치적으로 보수적이며, 이는 자신들의 신앙을 침해하는 과학이론 교육을 가로막으려드는 근본주의자들의 경우에도 마찬가지이다. 과학 논쟁들은 특정한 문제에 집중하기 때문에, 여기에 이끌리는 사람들은 자유주의적이냐 보수적이냐, 좌파냐 우파냐 등과 같이 그들이 예전에 지녔던 정치적 지향보다는 쟁점 그 자체의 본질에 대해 더 많은 관심을 보인다.

이런 다양한 집단을 연결시켜 준 것은 그들이 더 큰 책임과 대중적 통제의 증대를 공통적으로 요구한다는 점이다. 사회학자 알랭 투렌(Alain Touraine)이 언급한 바와 같이, 기술관련 논쟁들은 기술관료주의(technocracy)에 반발하여 보다 인간중심적인 세계를 추구하는 지향을 보여준다(Touraine, 1980). 이것이야말로 기술관련 논쟁들에서 나타나는 중심적인 정치적 도전이다.

도덕적 사명감으로 무장한 투쟁(Moral Crusade)으로서의 논쟁

이러한 거의 모든 논쟁을 가로질러 관통하는 것은 '권리'에 대한 주장이 어디에나 존재한다는 점이다. 미국 사회의 개인주의적 문화 속에서는 거의 모든 정치적 요구가 권리에 관한 도덕적 수사의 형태로 던져지는데, 이러한 수사는 미국 역사 속에서 뿌리가 깊다(Jonsen, 1991). 문제가 놓인 사회적 맥락으로부터 벗어나 명료하고 포괄적인 도덕적 원칙을 빌어 문제를 정식화하는 경향은 칼뱅주의(Calvinism)의 종교적 전통에 의해 키워졌으며, 도덕중심적 사고는 나중에 청교도주의의 전통을 통해 세속적 사고 속으로 침투하였다(Miller, 1962).

오늘날 이러한 경향은 생명윤리(bioethics)가 영향력 있는 전문분야로 부활한 데에 반영되고 있다. 또한 이는 도덕적 절대성과 '권리'에 대한 주장을 고집하는 사회 운동들의 담론에서도 나타나고 있다. 예를 들면 동물보호론자들은 동물의 권리를 요구하고, 낙태반대론자들은 태아의 권리를 주장하고, 과학자들은 부당한 간섭 없이 연구를 수행할 수 있는 권리를 주장하고, 창조론자들은 자녀들이 교육받을 이론을 선택할 수 있는 권리를 주장하고, 환경운동가들은 미래세대의 권리를 옹호하고 있다.

권리에 관한 어떤 주장들은 의무의 이행에 그 근거를 두고 있다. 여기서 권리는 어떤 과업을 완수하기 위해 필요한 실용적인 조건으로 파악된다. 그래서 정부기구들은 자신들에게 위임된 책무를 수행하기 위해 개인의 자유를 제한할 권리가 있음을 주장한다. 반면 다른 권리 주장들은 공리주의(功利主義)적 논증에 근거를 둔다. 즉 특정한 권리들에는 높은 가치가 부여되는데, 이는 그 권리들이 공공의 이익을 극대화하기 때문이라는 것이다. 이를테면 과학자들은 새로운 지식의 획득이 사회의 장기적인 이익을 위해 너무나 중요하기 때문에 연구의 자유는 다른 고려사항들보다 우선해야 한다고 주장한다. 동물권리옹호자들이나 창조론자 같은 사람들의 권리 주장은 근본적으로 도덕적 혹은 종교적 전제들에 근거하고 있다. 그리고 또다른 이들은 개인의 자율성이 그 자체로 궁극적인 가치라는 자유주의적인 가정에 자신의 주장의 근거를 둔다. 그러나 자연권(自然權)·의무·전통 등 어느 것에 의해 정당화되건 간에, 권리 주장들은 항상 도덕적 요청이 된다. 신념이나 마음 속 깊은 곳의 직관에 근거한 도덕성은 협상할 수 없는 것이기에 이런 권리 주장들은 타협이나 조정의 여지를 거의 남겨두지 않는다.

권리 주장들은 필연적으로 갈등을 격화시킨다. 왜냐하면 철학자 하트(H. L. A. Hart)가 관찰한 바와 같이, 그 주장들은 "다른 이들의 자유를 제한하는 데도 도덕적 정당성을 내세우기" 때문이다(Hart, 1955). 동물권리를 옹호하는 주장들은 과학자들이 자신의 몫이라고 여기는 연구의 자유를 제한한다. 미래세대의 권리는 현재 시점에서 소비자들의 행위의 폭을 제한한다. 그리고 개인의 사생활보호권은 사회적 목표를 위해 정부가 규제를 가해야 할 필요와 대립한다.

어떤 논쟁들에서는 도덕적 범주를 전략적 목표와 뒤섞음으로써 대립 상황에서 임시 방편으로 권리를 주장하기도 한다. 사실 권리를 들먹이는 수사는 논쟁에서 타협의 여지를 없애기 위해 도구주의적 행위를 도덕적 요청의 수준으로 끌어올리는 방법에 불과할 수도 있다. 따라서 권리 주장들은 논쟁에서 중심적인 쟁점일 수도 있고, 아니면 단지 하나의 전술, 즉 논쟁에 관련된 정치적 맥락에서 대중의 지지를 얻어내기 위한 방법에 그치는 것일 수도 있다.

전술적 고려들

기술관련 논쟁들에서 논쟁 당사자들이 구사하는 전술의 복잡성은 종종 논쟁의 이데올로기적 복잡성에 견줄 정도가 되는데, 이는 논쟁 상황에서 도덕적 주장들을 기술적 전문지식의 광범한 활용 속에 뒤섞어 제시하기 때문이다. 어떤 사례들에서는 대중의 지식이 미치지 못하는 영역에서 과학자들이 잠재적 위험에 관한 문제를 제기함으로써 맨 처음 논쟁을 촉발시키는 역할을 하기도 했다. 예를 들면 과학자들은 DNA 재조합연구의 잠재적 위험에 관해 대중에게 최초로 경고한 사람들이었다. 그들은 오존층 파괴문제에 대중적인 주목을 이끌어내는 것에도 앞장섰으며, 또한 음식물과 암의 연관성에 관한 논쟁에서도 논쟁에 참가한 모든 진영에 가담해서 적극적으로 활동했다. 그러나 [과학자들이 논쟁의 처음부터 적극적인 역할을 한 몇몇의 특별한 사례를 굳이 부각시키지 않더라도] 기술적 전문지식은 모든 정책 갈등에 있어서 결정적으로 중요한 정치적 자원으로 기능한다. 왜냐하면 지식에 대한 접근가능성을 보유하고, 그럼으로써 결정을 정당화하기 위해 이용되는 데이터에 문제를 제기할 수 있는 능력을 갖추는 것은 곧 권력과 영향력의 핵심적인 기초가 되기 때문이다(Benveniste, 1972).

과학적 전문지식의 권위는 과학의 중립성에 관한 가정에 기초하고 있다(Proctor, 1991). 과학자들의 해석이나 예측은 객관적인 절차를 통해서 수집된 데이터에 근거하고 있기 때문에, 합리적이며 정치적 조작의 영향을 받지 않는 것으로 판단되곤 한다. 그 결과 과학자들은 논쟁에 참가한 모든 진영을 도와주게 된다. 산업체 쪽 대변자들이 자신들의 프로젝트를 뒷받침하기 위해 기술적 전문지식을 이용하는 것과 마찬가지로, 이것에 도전하는 이의제기집단들 역시 기술적 전문지식을 이용한다. 환경운동가들도 잠재적인 위험을 폭로하기 위해 자신들의 주장을 뒷받침하는 전문가를 고용한다. 동물권리 옹호자들 중에는 과학자들도 있는데, 이들은 과학연구에서 실험동물을 사용해야 할 필요성이 허구적인 것임을 폭로한다. 심지어 창조론자들도 자신들을 과학자로 내세우면서 창조론을 학교에서 교육되어야 하는 타당한 과학이론이라고 주장한다.

비록 정치적 가치나 도덕적 가치의 차이가 논쟁의 동인(動因)을 제공하긴 하지만, 실제 논쟁은 종종 기술적인 문제들에 초점을 맞춘다. 삶의 질이라는 쟁점은 공동체의 필요나 우려라는 관점에서 논의

되기보다는, 논쟁의 대상이 된 시설물이 갖추어야 할 물리적 조건이나 위험 계산의 정확성의 측면에서 논의된다. 그리고 태아연구의 윤리성에 관한 우려는 생명이 시작되는 정확한 지점이 어딘가에 관한 논쟁으로 모습을 바꾸어 나타난다. 이와 같은 쟁점의 치환은 전술적으로 효과적인 것일 수 있는데, 왜냐하면 모든 논쟁에는 넓은 영역의 불확실성이 있어 이것이 서로 상충하는 과학적 해석에 열려 있기 때문이다. 제한된 지식만을 가진 상황에서 결정을 내려야만 하고 최종적인 해결을 가져올 만한 결정적 증거가 거의 존재하지 않을 때에는, 지식을 처리하는 능력과 특정한 정책을 뒷받침하기 위해 제시된 증거에 도전할 수 있는 능력에 있어 어느 편이 더 우위에 있는지가 논쟁에서의 역관계를 좌우할 수 있다. 그러나 기술적 전문지식 자체가 도덕적·정치적 주장들을 정당화하기 위해 경쟁하는 논쟁의 모든 진영이 이용하는 하나의 자원이 됨에 따라, 정치적 가치들로부터 과학적 사실을 구별해 내기는 어렵게 되었다. 과학자들간의 논쟁은 어떤 데이터가 중요하게 생각되어야 하는지, 어떤 대안에 무게를 두어야 하는지, 그리고 어떤 쟁점을 의미 있는 것으로 간주해야 하는지의 문제 자체를 형성하는 데 있어 과학자들 스스로의 가치 전제가 어떠한지를 드러낸다(Hilgartner, 1992).

널리 알려진 논쟁들에서 과학자들이 자신의 전문지식을 다양한 입장의 사람들에게 기꺼이 제공함에 따라 과학의 객관성에 관한 가정들이 오히려 침식되어 왔다는 점은 역설적이다. 왜냐하면 그 가정들이야말로 과학자들에게 진리의 객관적 중재자로서의 권력을 부여해 왔던 바로 그것이었기 때문이다. 그 결과 전문가들간에 벌어진 논쟁들은 정책수립 과정에서 과학자들이 수행하는 역할에 대해 회의적인 시각을 점차 불러일으키게 되었고, 보통 기술적인 것으로 간주되었던 결정들의 정치적 측면을 인식하게 해주었다. 전문가들간의 논쟁이 어떤 실질적 내용을 담고 있는가보다는 전문가들 사이에 의

견의 불일치가 존재한다는 사실 자체가 논쟁을 대중적 장으로 밀어 넣는 동인이 되었고, 이의제기를 촉발시켜 기술관련 의사결정에 더 많은 대중참여를 요구하게 하였다.

과학기술 논쟁에 참여한 진영들은 논쟁에서 이용 가능한 기술적 자원을 찾는 것을 넘어서, 자신들의 정치적 기반을 넓히기 위한 활동을 조직해야만 한다. 동물권리집단이나 생태주의집단과 같은 많은 이의제기조직은 자신들의 운동 대의를 위해 등록된 후원회원들(direct mail constituency)9)로부터 정치적·재정적 후원을 받는다. 이런 후원을 얻기 위해 그들은 극적이고 관심을 크게 끌 수 있는 행사들을 개최해야만 한다. 그들은 로비 활동이나 공청회 참가와 같은 의례적인 정치적 성격의 활동을 넘어 법정소송(litigation)이나 실험실 침입, 가두시위 그리고 다른 시민불복종운동들을 벌이고 있다.

법정소송은 기술의 도입을 가로막기 위한 것만이 아니라 유권자들을 동원하기 위한 중요한 전략으로 기능해 왔다. 1970년대 환경 관련 의사결정에서 법원의 역할은, 일반 시민이 어떤 개인적 혹은 경제적 고충을 직접 겪고 있지 않더라도 공공이익의 대변자로서 소송을 제기할 수 있도록 법적 대리원칙(legal doctrine of standing)이 확장됨에 따라서 증가하게 되었다.10) 그 이후 법원은 환경 관련 쟁점들뿐만 아니라 태아연구나 동물권리에 관한 소송을 제기하는 경우처럼 연구관행에 도전하는 경우에도 시민들에 의해 이용되었다. 그런 사례들은 언론의 시선을 끌게 되고, 그 쟁점들을 대중의 가시권(可視圈)내로 끌어들이면서 논쟁을 확대시킨다.

---

9) 'direct mail'이란 모금이나 선전 판매 등을 위해 직접 개인 앞으로 발송되는 편지나 카탈로그 등의 우편물을 지칭하는 말이다. 따라서 'direct mail constituency'란 이런 류의 우편물을 받아보는 후원회원을 가리킨다고 생각하면 될 듯하다 ― 옮긴이.

10) 시민 법정소송에 관한 리뷰와 참고문헌 목록은 Dimento(1977)에서 볼 수 있다.

대중의 시선을 끌고 정치적 이해집단들을 사로잡기 위해서는 언론의 주목을 끌 필요가 있다(Mazur, 1981; Nelkin, 1995). 따라서 제레미 리프킨(Jeremy Rifkin), 피터 싱어(Peter Singer), 랠프 네이더(Ralph Nader), 폴 브로도어(Paul Brodeur) 등과 같이 극적인 언사와 행동으로 자주 언론을 타는 저술가들과 활동가들을 과학에 대한 이의제기운동에 참여시키고, 영화계 인사들과 정치인들의 후원을 받는다. 또한 시각적 이미지도 이의제기집단의 운동 대의에 주의를 집중시키는 역할을 한다. 동물권리옹호자들이 내보인 소름끼치는 사진들은 대중의 연민을 자아내었다. 거의 임신 기간을 꽉 채워 아기의 모습을 다 갖춘 태아의 사진들은 태아연구와 태아조직이식에 관한 대중적 우려를 부추겼다. 기름을 뒤집어쓴 새들을 담은 텔레비전 이미지들은 초대형 유조선의 원유유출에 대한 대중의 분노를 촉발시켰다. 수사적 이미지 역시 전략적으로 중요하다. 태아연구에 관여하는 과학자들에게는 태아가 '조직(tissue)'에 불과한 것인 반면, 반대자들에게 있어 그것은 '아기(baby)'다. 그러한 언어적·시각적 이미지들은 과학기술에 대한 추상적 우려들을 도덕적 임무로 바꿔놓도록 도와준다.

갈등의 해결

어떤 사람이 과학기술을 어떻게 인지하는가는 그의 특수한 이해관계와 개인적 가치에 따라 달라진다. [사람에 따라서는] 특정한 과학적 실행이 가져올 수 있는 사회적·도덕적 결과들이 세부적인 과학적 검증보다 훨씬 더 큰 중요성을 가진 것으로 생각될 수도 있다. 따라서 과학기술에 대한 인식은 다음과 같이 극적이라 할 만큼 다르게 나타난다.

- 생명공학의 진보는 중요한 의학적 혹은 농업적 이익을 가져올 것인가, 아니면 단지 상업적 이해관계에 봉사하고 있을 뿐인가?
- 작업장에서의 유전자 검사(genetic screening)는 병에 걸리기 쉬운 노동자들을 보호하는 방법인가, 아니면 작업환경을 청결하게 유지해야 할 책임을 회피하기 위한 핑계인가?
- 유전공학 실험들은 인도적이고 유익한 치료법들을 창출해 내고 있는가, 아니면 자연의 질서에 함부로 간섭하고 있는가?
- 영양섭취지침을 제정하고 식이요법에 대한 주장들을 규제하는 것은 필요하고 또 과학적으로 정당한 소비자 보호 조치인가, 아니면 사생활에 대한 정부 간섭의 한 형태에 불과한가?
- 동물실험은 의학발달에 필수적인 것인가, 아니면 생명체들의 권리에 대한 불필요한 도덕적 모욕인가?

논쟁을 해결하는 수단들은 그 인식의 바탕에 깔린 대립의 본질이 무엇인가에 의존할 것이다. 만약 많은 시설물부지선정 논쟁의 경우처럼 논쟁이 서로 경쟁하는 이해관계를 반영하고 있는 것이라면, 협상과 적절한 보상 조치를 통해 갈등이 줄어들면서 해결에 이를 가능성이 높다. 그러나 도덕적 원칙들이 문제가 된 상황이라면, 협상과 보상을 위한 노력은 대의에 집착하는 사람들을 움직이는 데 실패할 공산이 크다.[11]

경우에 따라 대규모 원유유출이나 체르노빌 핵발전소사고[12]와 같이

---

11) Engelhardt and Caplan(1987)은 논쟁을 해결하는 데 있어서의 어려움을 보여 주는 많은 사례연구를 포함하고 있다.
12) 1986년 4월 25일, 근무자의 실수로 원자로가 폭발, 10일간이나 방사능이 유출된 사고다. 러시아의 이 체르노빌(Chernobyl) 핵발전소 사고로 인근

극적인 사건들은 특정 기술에 관한 논쟁의 조건을 바꾸어 놓기도 했다. 예컨대 1980년대 후반에는 전지구적 환경쟁점에 대한 관심이 증가되어 오존층 파괴문제가 국가 전체 차원의 의제로 부상했고, AIDS의 비극은 미 식품의약국(Food and Drug Administration, FDA)으로 하여금 약품 승인과 규제에 관한 정책을 재고하도록 만들었다. 만약 논쟁의 밑에 깔린 이해관계가 경제적이거나 정치적인 것이라면, 새로운 증거의 발견은 논쟁의 성격을 바꾸어 놓을 수도 있다. 음식물 섭취와 암 발병 사이의 연관성에 관한 논증이나 오존층을 파괴하는 것으로 알려진 CFCs(chlorofluorocarbons)가 환경에 미치는 영향을 분석한 논증은 시간이 지남에 따라 성격이 변했다. 그러나 도덕적 쟁점을 둘러싼 논쟁에서는 기술적 논증이 논쟁 당사자들의 입장에 영향을 주는 경우를 거의 찾아보기 어려운데, 이는 서로 대립하는 시각들이 논쟁의 종결을 애초부터 배제하기 때문이다. 따라서 동물권이나 태아연구에 관한 논쟁들은 대중의 우려를 수용하여 연구관행에 다소의 변화가 나타난다고 하더라도 종결되지 않고 계속된다.

갈등의 해결은 상호 경쟁하는 이해집단들이 지닌 상대적인 정치력의 우열을 필연적으로 반영하게 된다. 어떤 사례들에서는 산업계의 이해관계가 논쟁에서 우위를 점하는데, 예를 들면 CFCs의 사용이나 생명공학의 응용을 좌우하는 원칙들을 정하는 데는 화학회사들이 분명히 중요한 역할을 한다. 그러나 이의제기집단들은 끈질긴

의 수많은 건물과 자연생태계가 심하게 오염되었으며 발전소로부터 30km 이내에 거주하던 약 13만 5천여 명이 이주하였다. 옛 소련 당국의 발표에 따르면, 방사능 유출로 인해 초기 31명에 불과했던 사망자가 사고발생 4년 후에는 300명 정도로 늘어났으며, 방사능 영향지역에서 갑상선 질환, 암, 백혈병 등의 발생률이 50% 이상 증가한 결과를 보였으며 유산, 사산, 기형아 발생률도 크게 증가하였다. 한편 기상현상에 따라 이동한 방사능이 독일 남부, 그리스, 스칸디나비아 국가와 영국에서도 채소, 과일, 낙농 제품 등에서 검출되기도 했다 — 옮긴이.

문제제기를 통해서 상당한 영향력을 행사해 왔다. 이를테면 낙태반대론자들과 동물권리옹호론자들은 특정한 유형의 연구에 대해 기존 관행의 개선에서 완전한 금지에 이르기까지 연구관행에 현저한 영향을 미쳤다. 또한 비판자들은 작업장의 발암물질 그리고 유전자 검사(genetic testing)의 결과로 나타날 수 있는 특정 노동자에 대한 차별에 주의를 기울이면서 법률 제정에 영향력을 행사해 왔다. 어떤 논쟁들은 프로젝트에 대한 정부자금 지원을 중단하도록 하는 결과를 낳았으며(1980년대의 태아 연구), 문제가 커지는 것을 피하고자 자발적으로 특정 영역의 연구에서 손을 뗀 과학자들도 있었다(XYY 염색체에 관한 연구).

과학 정책을 실행에 옮길 수 있을지의 여부는 궁극적으로 대중적 수용 — 혹은, 적어도 대중적 무관심 — 정도에 달려 있다. 미국에서 과학기술에 대한 수용도를 높이기 위한 노력들이 그간 급속히 증가해 온 것은 이런 맥락에서이다. 법률제정 시에는 공청회를 통해서 대중이 정보에 접근할 수 있는 기회를 제공하는 한편, 규칙제정이나 판결 절차에 대해서도 대중이 개입할 수 있는 좀더 확장된 기회를 제공하고 있다. 또한 정부기구들은 협상과 중재 과정에 있어서의 다양한 시도를 해 왔다(Susskind & Weinstein, 1980). 과학연구를 감독하기 위해 설립된 심사위원회와 자문위원회에 시민들이 구성원으로 포함되며, 시민조사집단, 합의회의 패널, 특별위원회 등이 대중적 신뢰를 구축하기 위해 구성되고 있다(Jasanoff, 1990).

그러나 이와 동시에, 논쟁이 벌어질 것을 두려워한 나머지 잠재적 위험에 관해 대중의 우려를 일으킬 수 있을 만한 정보가 종종 은폐되기도 한다. 비밀주의(secrecy)는 비판의 대상을 딴 데로 돌리고, 성가신 규제의 개입을 줄이고, 대중의 정서적 공황상태를 방지하고, 비용이 많이 드는 시간지연을 피하기 위한 하나의 방법이 될 수 있다. 체르노빌 사고 이후, 연방기구들은 에너지기구의 관리들과 국립

연구소들에서 일하는 수천 명의 과학자들에게 함구령을 내렸다. 그들은 언론에 정보가 공개되면 논쟁의 대상이 되고 있는 미국의 핵발전계획에 대중들이 성급하고 부적절한 반응을 보일까 염려하였다 (Nelkin, 1989; 1995). 화학회사들은 위험하다는 확실한 증거가 나타날 때까지 사고에 관한 정보 공개를 제한하려 한다. 그 결과, 논쟁 상황에서 정보의 공개적인 소통이 점차로 민감한 쟁점이 되고 있다 (Jerome, 1986; Stevenson, 1980).

서로 경쟁하는 사회적·정치적 가치들에 근거하고 있기 때문에, 진정으로 해결되는 논쟁은 매우 적다. 특정한 논쟁이 사라진 것처럼 보이는 경우조차 동일한 쟁점들이 새로운 맥락 속에서 다시 나타난다. 자연을 도구적으로 이용하는 것에 대한 환경운동가들의 우려는 페미니스트들과 동물보호론자들에게도 받아들여졌다. 태아연구 논쟁에서 벌어졌던 힘없고 약한 연구 대상에 대한 실험 반대는 인간 배아와 의지할 곳 없는 동물들에 대한 실험을 반대하는 이의제기로 확장되었다. 위험과 관련된 쟁점들 역시 곳곳으로 퍼져나간다. 한 장소에서 발생한 문제는 대중적 각성을 불러와 어느 한 지역의 쟁점을 국가 전체 차원의 쟁점으로 바꿔 놓기도 한다.

대립이 지속됨에 따라 이는 계속해서 통제의 문제를 제기한다. 논쟁 상황에서 어떤 전문지식을 적절한 것으로 받아들일 것인가? 결정을 내릴 책임은 기술적 노하우를 가진 사람들에게 있는가, 아니면 기술 선택의 영향을 받는 사람들에게 있는가? 그러나 논쟁들은 점차로 경제적 이해관계뿐 아니라 도덕적 판단을 표현하고 있으며, 사명감에 입각한 투쟁이 되고 있다. 과학기술에 도전하기 위해 조직된 사회운동들은 선한 것과 악한 것, 옳은 것과 그른 것이라는 도덕적 수사에 이끌리고 있다. 이러한 사회운동들은 주요 사회조직들에 의한 과학의 오용을 우려하는 사람들, 과학기술의 진보 저변에 놓여있는 사회적 가치·우선순위·정치적 관계 등을 재평가할 필요가 있다고 생각하는 사람들 그리고 자신들이 기술변화 과정 속에서 상실된 도덕적 가치를 보존하고 있다고 생각하는 사람들을 그 지지자로 끌어들이고 있다. 이런 점들을 고려할 때 논쟁들은 진정으로 중요한 의미를 지니며, 과학을 향한 대중의 태도를 보여주는 지표로써 심각하게 받아들여야만 한다.

참고문헌

Benveniste, G. (1972), *The Politics of Expertise*, Berkeley, CA: Glendessary.
Brown, Michael and Lyon, Katherine A. (1992), "Holes in the Ozone Layer," D. Nelkin (ed.), *Controversy* (3rd ed.), Newbury Park, CA: Sage.
Brown, Phil and Mikkelski, Edwin (1990), *No Safe Place: Toxic Waste, Leukemia and Community Action*, Berkeley: University of California Press.
Brzezinski, Zbigniew (1970), "America and the Technetronic Age," *Between Two Ages: America's Role in the Technetronic Era*, New York: Viking.
Clarke, Lee (1992), "The Wreck of the Exxon Valdez," D. Nelkin (ed.), *Controversy* (3rd ed.), Newbury Park, CA: Sage.
Dickson, David (1984), *The New Politics of Science*, New York: Pantheon.
Dimento, Joseph (1977), "Citizen Environmental Litigation and Administrative Process," *Duke Law Journal* 22, 409-452.
Douglas, Mary and Wildavsky, Aaron (1984), *Risk and Culture*, Berkeley: University of California Press. [국역: 『환경위험과 문화』, 김귀곤·김명진 옮김, 명보문화사]
Downey, Gary L. (1986), "Ideology and the Clamshell Identity," *Cultural Anthropology* 33, 35-37.
Engelhardt, H., Tristram Jr. and Caplan, Arthur L. (eds.), (1987), *Scientific Controversies: Case Studies in the Resolution and Closure of Disputes in Science and Technology*, Cambridge: Cambridge University Press.
Ezrahi, Yaron (1990), *The Descent of Icarus: Science and the Transformation of Contemporary Democracy*, Cambridge, MA: Harvard University Press.
Fischer, Frank (1990), *Technocracy and the Politics of Expertise*, London: Sage.
Freudenburg, Nicholas (1984), *Not in My Backyards!*, New York: Monthly Review Press.
Goggin, Malcolm (ed.), (1986), *Governing Science and Technology in a Democracy*, Knoxville: University of Tennessee.
Graham, Loren (1979), "Concerns about Science," G. Holton and R. Morison (eds.), *Limits of Scientific Inquiry*, New York: Norton.
Hart, H. L. A. (1955), "Are There Any Natural Rights?," *Philosophical Review*, 64(2), 175-191.
Hilgartner, Stephen (1992), "Who Speaks for Science: Disputes among Experts

in the Diet-cancer Debate," D. Nelkin (ed.), *Controversy*, Newbury Park, CA: Sage.

Hubbard, Ruth and Wald, Elijah (1993), *Exploding the Gene Myth*, Boston: Beacon.

Jasanoff, Sheila (1990), *The Fifth Branch: Science Advisers as Policymakers*, Cambridge, MA: Harvard University Press.

Jasper, James (1990), *Nuclear Politics*, Princeton, NJ: Princeton University Press.

Jasper, James M. and Nelkin, Dorothy (1992), *The Animal Rights Crusade: The Growth of a Moral Protest*, New York: Free Press.

Jerome, Fred (1986, September), "Gagging Government Scientists: A New Government Policy?," *Technology Review*, 25-35.

Jonsen, Albert R. (1991), "American Moralism and the Origin of Bioethics in the United States," *The Journal of Medicine and Philosophy* 16, 113-130.

Krimsky, Sheldon (1991), *Biotechnics and Society*, New York: Praeger.

Markle, Gerald E. and Petersen, James C. (1980), *Politics, Science and Cancer: The Laetrile Phenomena*, Boulder, CO: Westview.

Maynard-Moody, Steven (1992), "The Fetal Research Dispute," D. Nelkin (ed.), *Controversy*, Newbury Park, CA: Sage.

Mazur, Allan (1981), *The Dynamics of Technical Controversy*, Washington, DC: Communications Press.

McCarthy, John and Zald, M. (1973), *The Trend of Social Movements in America: Professionalization and Resource Mobilization*, Morristown, NJ: General Learning Press.

McGrew, Anthony (1990), "The Political Dynamics of the New Environmentalism," *Industrial Crisis Quarterly* 4, 291-305.

Miller, Jon D. (1990, December), *The Public Understanding of Science and Technology in the United States*, Washington, DC: National Science Foundation.

Miller, Perry (1962), *The New England Mind*, Cambridge, MA: Harvard University Press.

National Academy of Sciences, Institute of Medicine (1991), *Biomedical Politics*, Washington, DC: National Academy Press.

Nelkin, Dorothy (1977), "Technology and Public Policy," I. Spiegel-Rösing and Derek Price (eds.), *Science, Technology and Society: A Cross-disciplinary*

　　　　Perspective, Beverly Hills, CA: Sage, pp. 393-442.
_____ (1984), *The Creation Controversy*, New York: Norton.
_____ (ed.), (1985), *The Language of Risk: Conflicting Perspectives on Occupational Health*, Beverly Hills, CA: Sage.
_____ (1987, January), "Science, Technology and Public Policy," [Entire issue] *Newsletter* (of the History of Science Society).
_____ (1989), "Communicating Technological risk," *Annual Reviews of Public Health* 10, pp. 95-113.
_____ (ed.), (1992), *Controversy: Politics of Technical Decisions* (3rd ed.), Newbury Park, CA: Sage.
_____ (1995), *Selling Science: How the Press Covers Science and Technology* (rev. ed.), New York: Freeman.
Nelkin, Dorothy and Tancredi, Laurence (1994), *Dangerous Diagnostics: The Social Power of Biological Information* (2nd ed.), Chicago: University of Chicago Press.
Procter, Robert (1991), *Value-free Science?*, Cambridge, MA: Harvard University Press.
Richards, Evelleen (1988), "The Politics of Therapeutic Intervention: The Vitamin C and Cancer Controversy," *Social Studies of Science* 18, 653-701.
Rosner, David and Markowitz, Gerald (1991), *Deadly Dust: Silicosis and the Politics of Occupational Disease in 20th Century America*, Princeton, NJ: Princeton University Press.
Roszak, Theodore (1968), *The Making of a Counter Culture*, New York: Doubleday.
_____ (1974, Summer), "The Monster and the Titan," *Daedalus*, p. 31.
Salomon, Jean-Jacques (1977, October), "Crisis of Science, Crisis of Society," *Science and Public Policy*, 414-433.
Stevenson, R. Jr. (1980), *Corporations and Information*, Baltimore: Johns Hopkins University Press.
Susskind, Laurence and Weinstein, Alan (1980), "Towards a Theory of Environmental Dispute Resolution," *Environmental Affairs* 9, 311-356.
Touraine, Alain (1980), *La Prophecie Anti-Nucleaire*, Paris: Edition du Seuil.
Valenstein, Elliot (ed.), (1980), *The Psychosurgery Debate*, New York: Freeman.

제3부
과학기술과 대중매체

1. 대중영화 속의 과학기술 이미지

2. 미친 과학자로서의 물리학자 | 스펜서 웨어트

3. 과학과 언론보도 - 과학 팔아먹기 | 도로시 넬킨

1
대중영화 속의 과학기술 이미지*

영화가 발명되어 최초로 대중적으로 상영된 것이 1895년이니, 영화의 역사는 이제 100년이 조금 넘은 셈이다. 지난 100년 간의 영화의 역사를 돌이켜보면, 이는 지난 100년 동안의 과학기술 발전의 역사와 대단히 밀접한 연관을 지니고 있었다.

여기서의 '연관'은 두 가지 측면에서 생각해 볼 수 있다. 우선 영화가 초기의 흑백 무성영화에서 벗어나 우리가 오늘날 보는 것과 같은 모습 ― 토키(talkie)와 컬러 그리고 컴퓨터그래픽을 이용한 첨단의 특수효과에 이르기까지 ― 을 갖추게 되는 과정에서 과학기술의 발전이 대단히 중요한 역할을 했다는 점을 들 수 있을 것이다. 그리고 다른 한편으로, 과학기술의 발전 그리고 그 결과로 나타난 (혹은 나타날 것으로 예상되었던) 사회적 현상들이 영화 속에서 종종 소재로 다루어졌다는 점을 생각해 볼 수 있다. 이 두 가지 측면 중에서 전자를 다루는 것이 기술사(技術史)의 영역이라면, 후자를 다루는 것은 사회사(社會史)나 문화사(文化史)의 영역이 될 터이다.

이 글에서는 후자에 초점을 맞추어, 많은 사람들이 즐겨 보는 '대

---

* 이 글은 참여연대 과학기술민주화를 위한 모임편, 『진보의 패러독스』(당대, 1999)의 233~249쪽에 실린 바 있다.

중영화' 속에서 과학기술이 어떻게 다루어졌으며, 그 결과 나타난 과학기술의 이미지는 어떠한 것이었는지를 탐구해 보려 한다.

이런 시도 자체는 사실 그다지 새로운 것이 아니다. 영화 속에서 과학기술(과 그와 관련된 미래상)이 어떤 방식으로 재현되는지에 관해서는 영상관련 주간지나 월간지들에서 여러 차례 다룬 바도 있으며,[1] 이 주제에 관한 단행본도 이미 국내에 여러 권 나와 있는 형편이다.[2] 그러나 기존의 시도들은 애초에 SF라는 영화장르에 대한 관심으로부터 출발했거나(영화잡지에 실린 특집기사들의 경우), 아니면 영화를 과학대중화를 위한 수단으로 이용하고자 하는 동기에서 비롯된 것(지금까지 나온 대부분의 단행본들)이 대부분이었다. 그 결과 지금까지 영화 속의 과학기술 문제에 관심을 보인 대부분의 글이나 책들이 SF영화가 보여주는 디스토피아적 미래상을 스케치하는 데 초점을 맞추거나 영화 속에 나타나는 과학적 '오류'들을 찾는 작업에 몰두하는 '한계'를 드러냈다.

이와는 달리, 이 글에서 필자의 의도는 '대중의 과학이해(public understanding of science, PUS)'의 한 측면으로서 영화 속의 과학기술 이미지를 분석해 보는 것이다. 즉 많은 사람들이 즐겨 보는 영화들 속에 공통적으로 반복해서 나타나는 과학기술의 모습이 어떤 것인지를 파악하여 이를 근거로 '대중'이 과학기술에 대해 품고 있는 생각의 일단을 유추해 보고, 나아가 그것이 갖는 함의가 어떠한 것일 수 있는지를 따져 보자는 것이다.[3] 이러한 작업을 통해 필자

---

1) 예로는 ≪씨네21≫ 133호(1997.12.23.)와 ≪프리뷰≫ 창간호(1999.10.5.)의 '디스토피아' 특집을 들 수 있으며, 월간 ≪스크린≫은 1993년에서 1994년에 걸쳐 칼럼을 연재한 바 있다. 이 중 ≪스크린≫ 연재분은 나중에 책으로 묶여 출판되었다(김진우, 1995).
2) 대표적인 것으로는 로렌스 M. 크라우스(1996;1998), 레로이 두벡 외(1996), 정재승(1998;1999)이 있다.
3) 전통적인 '과학대중화(popularization)' 프로그램과 1980년대 후반 이후 등

는 영화 속의 과학기술 이미지가 '과학기술 민주화 운동'에 던져주는 함의까지도 도출해 낼 수 있으리라 생각한다.

아래에서 필자는 영화 속의 과학기술 이미지들을 크게 세 가지 범주로 나누어 구체적인 예와 함께 살펴보려 한다. 먼저 과학기술의 발전과 관련된 오늘날의 모든 문제들이 극대화되어 나타나는 영화 속의 미래 모습을 간략히 정리한 후, 이어 영화 속에서 나타나는 과학기술자들이 어떤 전형성을 띠고 재현되는지를 살펴보고, 마지막으로 과학기술의 산물들이 어떤 방식으로 다루어지고 있는지를 알아볼 것이다. 그리고 글의 끝부분에서는 이 모든 이미지들의 근원과 함께 그것이 의미하는 바에 대해 고찰해 보려 한다.4)

디스토피아(dystopia)적 미래상

앞에서 이미 언급한 바와 같이, 영화 속에 나타나는 과학기술의 모습 중에서 지금껏 가장 많이 다루어져 온 것은 SF영화에서 주로 그려 온 디스토피아적 미래상의 측면이다. SF영화들에서 보여주는 암울한 미래상은 과학기술의 발전이 궁극에 있어 정치적으로 반(反)

장한 새로운 PUS 접근이 어떤 차이가 있으며, 그 차이가 과학기술 민주화에 어떤 함의를 가져다주는지에 대해서는 이 책의 제1부에 실린 「대중의 과학이해 - 이론적 흐름과 실천적 함의」와 김동광(1999)을 참조하면 좋다.

4) 이를 위해 가장 좋은 방식은 각각의 범주들에 대해 영화 속에서 나타나는 모습들의 변화 추이를 실제 역사적 사건들에 비추어 나란히 기술하는 것일 터이다. 그러나 이는 지나치게 방대한 작업을 요하는 것이기 때문에 이 글에서는 각각의 범주들에 해당하는 주요 특징과 함께 그에 해당하는 영화들의 사례를 단순히 열거하는 정도로 그쳤다. 이미지의 역사적 변천과정에 좀더 관심을 가지고 있다면 핵물리학과 생명과학의 대중적 이미지를 역사적으로 추적한 Weart(1988a), Turney(1998) 등을 참고하기 바란다.

민주적인 가치들과 필연적으로 연결되거나 지구환경에 영향을 주어 엄청난 재해를 불러올 것이라는 전제를 기저에 깔고 있다. 여기서 한 가지 주의해야 할 것은, SF영화들에서 나타나는 '미래'란 사실상 현재의 연장에 불과한 것이며, 그것을 현재와 구분시켜 주는 것은 미래사회를 나타내도록 관습적으로 정해져 있는 상징(symbol)들 ― 은빛의 제복, 위아래로 여닫는 자동차 문, 돔형 혹은 피라미드형의 건물 등등 ― 뿐이라는 점이다. 미래의 모습에서 그 화려한 외양을 벗겨내고 난 후 남는 핵심은 자유로운 상상력에 의해 창조된 산물이 아니라 항상 그 상상력을 틀짓고 있는 현재의 다른 형태, 그것의 이지러진 반영이 된다.5)

디스토피아적 미래상을 전반적으로 관통하는 것은 현존하는 모순과 위기가 미래에는 더욱 심화되어 극단적인 결과를 가져올 것이라는 예측이다. 이에 따르면, 먼저 미래에는 계급모순과 권력불평등이 극대화되며, 그 속에서 과학기술의 산물들은 특정집단의 이해에 봉사하는 권력관계의 매개체가 된다. 사회는 극단에 위치한 두 개의 계급으로 나뉘고(<메트로폴리스>, <블레이드 러너>), 지배-피지배 관계를 유지하기 위한 관료제와 감시기술이 발달하여 정보의 수집·분류·통제가 체계적으로 이루어지게 된다(<THX 1138>, <1984>, <트론>, <브라질>). 특히 정보기술과 생명공학기술의 급격한 발전은 감시대상의 일거수일투족까지 탐지해 내는 일상화된 감시를 영화 속에 등장시켰다(<네트>, <트루먼 쇼>, <에너미 오브 스테이트>, <가타카>).

전지구적 전쟁(제3차 세계대전)의 위협과 이로 인한 인류 멸망의

---

5) 이런 생각은 Kuhn(1990)의 서문과 1부에 실린 Franklin, Ruppersberg, Byers 의 논문에서 그 근간을 이루고 있다. 이 중에서 특히 Franklin의 논문은 국내에 잘 알려지지 않은 1970년대부터 1980년대 초반까지의 SF영화들을 대상으로 하여 그것이 묘사하는 미래의 모습을 상세히 분석하고 있으니 참고할 수 있을 것이다.

위기는 미래사회를 그린 영화들이 보여주는 두번째 전형이다. 이는 20세기 중반 이후 냉전이 득세했을 때의 산물로, 그 가장 극단적인 형태는 파멸적인 규모의 핵전쟁 혹은 그와 유사한 수준의 재앙으로 말미암아 인류가 거의 멸망하고 소수의 사람들만이 살아남는다는 설정에서 출발하는 재앙 이후(post-catastrophe) 영화들이다(<해변에서>, <매드 맥스> 시리즈, <혹성탈출>). 인류 멸망의 위기가 핵전쟁이 아닌, '미친 과학자'의 잘못된 실험의 결과로 야기된 것으로 그려지는 경우도 종종 있다(<조용한 지구>, <아끼라>).

또한 미래사회에는 현재 나타나고 있는 환경오염이 더욱 극단화된 형태로 그려진다. 지구온난화로 인해 해수면이 상승하여 육지가 물에 잠기고(<워터월드>), 이상기후 탓으로 사막화가 진전되어 전 지구가 사막으로 덮이기도 하며(<탱크 걸>), 대기오염으로 인한 스모그 때문에 햇볕이 지구상에 도달하지 못해 언제나 어둡고 산성비가 끊임없이 내리고(<블레이드 러너>), 환경오염으로 말미암아 여성들의 생식능력이 사라지는 등(<하녀 이야기>), 문제는 끝간 데 없이 계속된다. 이에 더해 최근에는 유전공학의 발전으로 인해 등장한 유전자조작 생명체가 가져오는 생물오염의 위험성에 대한 경고가 증가하고 있다(<미믹>, <딥 블루 씨>).

또 한 가지 반복되는 주제는 과학기술의 발전으로 주체와 대상(도구)의 위치가 역전되는 '소외' 현상에 관한 것으로, 이는 거대화·자동화된 기술체계에 대한 인간의 무기력으로 표출되기도 하며(<닥터 스트레인지러브>, <위험한 게임>), 독자적인 의지를 갖게 된 컴퓨터가 인간을 지배할지도 모른다는 극단적인 상상으로까지 치닫기도 한다(<알파빌>, <2001년 스페이스 오딧세이>, <악마의 씨>, <터미네이터 1·2>, <슈퍼맨 3>, <매트릭스>). 한편 이와 연관되지만 정반대의 경우로, 기술의 발전으로 말미암아 육체노동을 할 필요가 없어진 인간들이 지적 능력은 엄청나지만 육체적으로는 무력하고 나약한 모습으로 그려지는 사례도 종종 발견된다(<자도즈>, <지하세계의 음모>).

'미친 과학자'

한편 과학기술의 연구개발을 책임지고 있는 과학자들은 영화 속에서 '미친 과학자(mad scientist)'의 전형을 통해 그려지는 것이 보통이다. 과학사학자 스펜서 웨어트(Spencer Weart)는 1988년에 발표한 논문에서 '미친 과학자'의 이미지를 다섯 개의 하위범주 — 마술사, 괴물, 독재자, 자기희생적, 스파이 — 로 나누어 그 역사적인 전개과정을 기술한 바 있는데, 여기서는 그가 제시했던 구분을 좇아 영화 속에서 과학자의 모습이 재현되는 방식을 살펴보도록 하겠다.6)

영화 속에서 과학자들의 이미지는 우선 중세 말에서 근대 초에 걸친 기간 동안의 연금술사나 마술사가 가졌던 이미지를 연상시킨다. 많은 경우 과학자들은 일상으로부터 격리되어 사악하고 신비스런 힘이나 금기시되는 지식을 연구하는 인물로 그려진다. 이러한 연구와 실험을 통해 그는 일반인들이 보기에 기적과도 같은 일을 해낼 수 있게 되지만, 그와 동시에 예상치 못했던 결과를 초래해 자신과 공동체의 사람들을 위험에 빠뜨리고 결국 스스로 파멸하는 길을 걷고 만다. 그는 일상적인 감정을 결여하고 있거나 이를 의도적으로 회피하면서 연구에만 몰두하고 기괴한 용모를 지닌 상식 밖의 인물로 그려지며, 정서적으로 불안정하고 종종 냉정·무자비한 '천재'의 면모를 드러내 보이기도 한다.

메리 셸리가 1818년에 발표한 소설인 『프랑켄슈타인』은 이 모든

---

6) Weart(1988b), 이 책의 제3부에 「미친 과학자로서의 물리학자」로 번역하여 실었다.

점에 들어맞는 과학자의 이미지를 제시하였으며, 20세기 들어 수십 번에 걸쳐 영화화됨으로써 미친 과학자의 전형을 확립하는 데 결정적인 역할을 했다. 영화 속에서는 이러한 이미지가 여러 가지 형태로 나타나는데, 예컨대 <메트로폴리스>에서는 과학자가 노-자 대립 속에서 자본가 쪽을 편들어 노동자계급을 혼란시키는 역할을 맡고 있으며, <시계장치 오렌지>에서는 사회적 비행을 저지른 사람을 '개조'시키는 인물로, 그리고 <모스키토 코스트>에서는 평온한 아마존 정글에 인위적 재난을 불러오는 인물로 각각 그려지고 있다. 또한 이런 이미지는 코미디영화에서 다소 희화화된 모습으로 변형되어 등장하기도 한다(<스플래쉬>, <백 투 더 퓨처> 시리즈).

이러한 마술사로서의 과학자 이미지는 과학자가 실수로(혹은 의도적으로) 만들어 낸 괴물의 이미지와 종종 동일시된다. 즉 과학자가 창조한 괴물은 마치 『지킬 박사와 하이드 씨』가 그렇듯, 과학자 자신이 은밀하게 숨겨 온, 혹은 그의 무의식 속에 잠재해 있던 욕망의 표현이자 과학자의 분신인 것이다. 이러한 점은 '프랑켄슈타인'이 괴물의 이름인지 과학자의 이름인지를 많은 사람들이 계속해서 혼동해 왔다는 사실에서도 엿볼 수 있다. 괴물로서의 과학자 이미지의 가장 극단적인 형태는 과학 실험의 결과로 과학자 자신이 괴물로 변하게 되는 설정에서 찾아볼 수 있다(<투명인간>, <플라이>, <헐크> 시리즈). 이는 과학자 자신이 저지른 잘못에 대한 응분의 벌로 그려지는 것이 보통이다.

과학자가 일종의 희생자로 그려지는 이와 같은 경우와는 대조적으로, 과학자가 사회에 대한 적극적인 가해자로 그려지는 경우도 많다. 자신이 속한 공동체와 국가의 범위를 뛰어넘어 세계 전체를 지배하고자 획책하는 독재자로서의 이미지가 그것이다. 이는 과학기술의 사회적 영향력이 커지고 사회 속에서 과학기술자들이 전문가집단으로 등장하면서 지위가 상승함에 따라 과거에 존재하던 마술사로서의 이미지가 확장되어 빚어진 것으로 볼 수 있다. 이러한 이미지에서 나타나는 과학기술자는 엄청난 천재성을 바탕으로 해 가공할 만한 무기를 개발해 내고, 이를 기반으로 하여 자신(들)이 기준으로 삼는 '합리성' — 기술관료주의(technocracy) — 을 사회 전체에 강요하려 든다(<닥터 노>, 그 외 숱한 로봇메카닉 애니메이션들).

물론 과학자들에 대해 이렇게 부정적인 이미지들만이 존재했던 것은 아니었다. 많은 대중영화들, 특히 실존 인물을 모델로 한 상당수의 영화들에서는 과학자들을 인류의 복지를 위해 사리사욕없이 연구에만 몰두하는 숭고한 인물로 그려내기도 하였다. 그러나 흥미롭게도, 심지어 이러한 영화들에서조차 과학자들의 이미지는 앞서 마술사의 이미지에서 묘사한 '미친 과학자'와 기묘하게 닮아 있었다. 영화 속에 나타난 실존 과학자들은 일반인들과 같이 일상적인 희로애락을 경험하는 인물로 그려지기보다는 그러한 감정을 겉으로 드러내지 않고 공동체로부터 격리된 골방에서 오로지 연구에만 전념하는 인물로 그려지는 경우가 많았다(<퀴리 부인>). 이는 미친 과학자의 전형적 이미지와 마치 거울상처럼 닮은꼴이며, 일상으로부터 벗어난, 불가해한 과학자의 이미지를 오히려 강화시켰다.

원자폭탄의 투하로 제2차 세계대전이 끝난 후 세계가 핵무기 개발 경쟁에 돌입하게 되자 이제 과학자들은 가공할만한 군사적 비밀을 움켜쥔 인물이자, 그러한 비밀을 적국으로 팔아넘겨 조국과 공동체를 위협에 처하게 할 수 있는 위험인물로 인식되기 시작했다. 이는 곧 스파이 혹은 배신자로서의 과학자 이미지로 영화 속에서 널리 나타나게 되었다(최근의 비슷한 예로는 <에일리언>). 이러한 인식을 반영하여 1950년대 이후에는 군사적 연구개발에 종사하는 과학자들에 대해 광범한 감시와 통제가 각 국에서 행해졌는데, 이는 20세기 중반 이후 과학자와 엔지니어들이 스스로 연구주제를 선정하여 연구를 수행하기보다는 대기업 내지 정부가 주도하는 거대 과

학기술프로젝트 속에서 마치 부속품과 같은 역할을 담당하여 자율
성을 상실하게 되는 상황과도 겹쳐진다.7) 자신이 일으킨 문제를 깨
달은 과학기술자가 그 문제를 해결하려 시도하지만 자신에게 그런
권한이 없음을 새삼 깨닫고 좌절(혹은 파멸)하는 내용을 담은 일련
의 영화들은 그런 근래의 상황을 반영하는 예들이다(<차이나 신드
롬>, <드림스케이프>, <파이어스타터>, <터미네이터 2>).8)

과학기술의 쓸모없음과 치명적 결함

그러면 첨단 과학기술의 산물(또는 그것이 내포하고 있는 가치)의
묘사에 있어 영화가 취하고 있는 태도의 문제로 넘어가자. 이는 상
당히 흥미로운데, 왜냐하면 많은 영화들이 과학기술의 산물을 대체
로 긍정적으로 그리면서도 많은 경우 이를 그다지 쓸모가 없거나
치명적인 결함을 안고 있는 것으로 묘사하기 때문이다.

영화는 근본적으로 시각적인 매체이기 때문에, 미래사회를 그리는
문학작품들과 비교해 볼 때 훨씬 더 구체적인 형태로 과학기술의
모습을 보여줄 수 있다. 게다가 최근 영화의 특수효과(SFX) 기술의
비약적인 발전으로 영화 속에서 묘사되는 가공적인 인공물의 이미

---

7) 이와 관련해 흥미로운 것은 1930년대 이후 호러영화에서의 미친 과학자
이미지를 분석한 Tudor(1989a, 1989b)의 연구이다. 그는 1930년대에는 미
친 과학자 '개인'의 개성과 사악함이 부각되었지만, 1950년대가 되면 그
초점이 과학자의 의도보다는 과학기술의 불확실함과 통제불가능성을 강조
하는 방향으로 옮겨가고, 1970년대 이후에는 과학자가 아니라 과학 연구
의 배후에 자리잡은 거대관료조직이 문제의 근원으로 지목받게 된다는 이
미지의 변천사를 그려낸 바 있다.
8) 자율성을 잃은 과학자/엔지니어 이미지에 대한 분석은 Goldman(1989)에서
얻은 것이다.

지들은 실재와 유사한 정도를 뛰어넘어 '실재보다 더욱 실제에 가까운' 것이 되었다. 이러한 이미지들이 과학기술에 대한 긍정적인 환상을 유포하는 데 일조할 것이라는 사실은 두말할 나위가 없다. 그러나 이렇게 환상적으로 그려진 과학기술의 산물들이 실은 별다른 쓸모가 없거나 오히려 거추장스러운 것으로 드러나고, 반면 전통적인 가치나 방법이 훨씬 유용한 것으로 등장하는 사례가 많다. 예를 들면 <스타 워즈>에서는 첨단 전투장비들이 결정적인 순간에는 믿을 수 없거나 불필요한 것으로 제시되며 오히려 일종의 '감'(force)에 의존하는 것이 더욱 정확한 것으로 묘사된다(Goldman, 1989). <데몰리션 맨>이 그려내는 미래세계에서는 과학기술의 발달로 가능하게 된 새로운 현상이나 상황들(가령 사이버섹스)이 전통적인 가치와 행동체계를 그대로 유지하려는 사람들에 의해 거부된다. 국내에서도 개봉한 <월러스와 그로밋> 시리즈 역시 첨단 과학기술의 산물보다는 인간적 기지(奇智)에 더 많은 가치를 부여하고 있음을 볼 수 있다. 뿐만 아니라 다소 드물긴 하지만 대중영화 중에서도 권위적인 거대과학기술을 전면적으로 거부하고 자연친화적인 가치를 옹호하는 경우를 찾아볼 수 있다(<바람계곡의 나우시카>, <뷰티풀 그린>).

그러나 다소 소극적으로 보이는 이러한 예보다 과학기술을 더욱 치명적인 것으로 묘사하는 경우도 많다. 복잡한 대규모의 과학기술체계는 종종 내부에 사전에 점검되지 못한 치명적인 결함요인을 내포하고 있어서 미처 예상하지 못했던 사태에서 엄청난 재난을 불러오게 된다. 예상치 못한 우주선의 폭발(<아폴로13>), 우연히 끼어든 '파리'라는 요인(<플라이>, <브라질>), 냉전체제 하에서 피해의식을 보이는 장군(<닥터 스트레인지러브>), 원한을 품은 컴퓨터기술자(<쥬라기 공원>), 엉뚱하게 끼어든 해커 소년(<위험한 게임>), 이유 없이 '폭주'하는 로봇(<신세기 에반게리온>) 등등 위험요인은 언제나 미처 예상하지 못했던 곳, 아주 사소한 것으로부터 나타나며, 체계 내의 구성요소들이 서로 긴밀하게 연결되어 있는 거대 과학기술 체계의 특성 때문에 연쇄반응을 일으켜 파멸을 가져오게 된다.

이미지의 근원과 과학기술 민주화에 대한 함의

앞서 세 가지의 유형으로 정리한 과학기술의 이미지를 전체적으로 정리해 보면 이렇다. 과학기술자는 종종 정치적·도덕적 함의를 잊고 오로지 과학기술을 연구·개발하는 데만 '미친' 사람으로 그려지며, 대기업이나 정부 등의 거대조직에 속해 자율성을 잃고 있다. 이들이 개발한 과학기술은 언뜻 보기에는 그럴싸하지만 인간의 실질적인 복지 증진에는 별반 도움을 주지 못하는 것들이며, 대부분 내부적으로 치명적인 결함을 안고 있어 궁극적인 파멸로 치닫는다. 그 결과 미래사회는 암울한 전망으로 뒤덮인다. 무분별한 과학기술의 남용으로 환경은 오염되고, 과학기술자는 지배계급의 노예로 전락하거나 세계 지배를 꿈꾸는 악역이 되며, 사회는 관료적 지배하에 떨어지고 과학기술은 이 지배를 실질적으로 돕거나 최소한 방조한다. 다소 어두운 전망일지는 모르겠으나, 우리가 보는 상당수의 영화들에서 나타나는 전망들을 합치면 이러한 결과가 나옴을 부인할 수는 없을 것이다.9)

대중영화들에서 볼 수 있는 이러한 '압도적'인 미래상은 상당히 놀랍다. 이는 우리 시대에 대중적으로 널리 퍼져 있는 과학기술만능주의적인 주장들이나 '테크노피아'의 신화를 고려해 본다면 더더욱

---

9) 필자가 개괄적으로 제시한 이러한 분석틀을 구체적으로 몇 편의 영화들에 적용하여 분석한 사례는 김명진(1998)에서 만나볼 수 있다. 거기에서는 <신세기 에반게리온>, <월러스와 그로밋>, <킹덤> 세 편의 영화를 대상으로 했다.

그렇다. 그러면 이제 "왜?"를 물을 차례이다. 20세기와 같이 과학기술의 성과들이 광범위하게 응용되고 있고 과학기술의 전망에 대한 낙관적인 해석들이 대중 속에 널리 퍼져 있던 시기에, 왜 유독 많은 사람들이 즐겨 보는 대중영화 속에서는 이렇게 부정적이고 어두운 이미지들이 넘쳐나고 있을까?

이 물음에 대해, 그 이미지들의 기원을 영화 내적인 어떤 것, 즉 영화의 장르적인 특성으로 돌려버리는 것은 가장 손쉬운 답이 될 것이다. 즉 미래를 암울하게 그려내는 것은 SF영화 장르의 관습(convention)으로, '미친 과학자'의 이미지는 호러영화 장르에서 주로 나타나는 관습으로 파악하는 것이다.10) 이러한 설명에 따르자면 과학기술체계에 내재한 치명적인 결함 역시 단순히 영화에서 서스펜스를 불러일으키기 위한 장르적 장치로 볼 수도 있다. 하지만 이러한 지적은 그러한 이미지들이 '재생산'되는 이유는 설명해 낼 수 있지만 그것의 '기원'을 해명하지는 못하는 한계를 안고 있다.

한편, 과학기술을 어둡게 묘사하는 이러한 이미지들의 기원을 인문학과 자연과학이라는 '두 문화(two culture)'의 대립으로부터 찾는 시각도 있다.11) 즉 20세기 들어 과학기술의 사회적 영향력이 커지면서 과학기술을 담당하는 이공계 종사자들이 더 큰 발언권을 요구하게 되자 전통적으로 사회에서 여론을 주도하는 엘리트층이었던 대중작가·인문학자·법학자·신학자 등이 위기의식을 느끼게 되었

---

10) 이와 관련하여, 영화에서 나타나는 '미친 과학자'의 캐릭터들이 원작소설에서 영화로 각색되는 과정을 통해 더욱 평면화되고 단순히 사악함만을 강조하는 방식으로 변모한다는 분석도 있다. 이에 따르면 소설에서는 등장인물의 복합적이고 섬세한 내면 묘사가 가능한 데 반해 영화는 그야말로 '보여주기'와 사운드에 모든 것을 의존해야 하기 때문에 불가피하게 단순화가 생겨난다는 것이다(Toumey, 1992).
11) '두 문화'의 대립에 관해서는 고전적 저작인 C. P. 스노우(1996)를 참조하면 된다.

고, 이들이 창조해 낸 '텍스트'들에 이러한 위기의식이 반영되었다는 것이다. 이는 분명히 흥미로운 시각이며 미친 과학자의 이미지를 역사적으로 분석했던 웨어트 역시 이러한 시각에 부분적으로 의견을 같이하고 있다(Weart, 1988b). 그러나 이 관점이 지니는 치명적인 약점은 그것이 거의 전적으로 사회의 엘리트 계층간의 대립과 역관계 속에서 문제의 해답을 찾고 있으며, 정작 그러한 이미지들을 '소비하는' 대중을 고려의 대상에서 제외했다는 사실이다. 이는 영화 속의 과학기술 이미지가 지니는 함의를 협소한 엘리트주의의 틀 속에 가두고 대중문화 텍스트가 대중과 주고받는 역동적 상호작용을 간과하는 결과를 초래한다.

결국 앞서 설명했던 과학기술의 이미지들의 기원과 그것이 갖는 함의를 제대로 이해하기 위해서는 그러한 텍스트들이 생산되는 사회적 맥락뿐 아니라 그것이 소비되는 맥락까지도 고려에 넣어야만 한다. 필자는 여기서, 영화 속에 나타나는 과학기술의 모습, 과학기술자의 모습, 그것이 구현된 미래세계의 모습에는 20세기 들어 과학기술이 걸어온 길과 그것이 앞으로 걸어갈 길에 대해 일반 대중이 갖고 있는 우려와 공포 — "과연 새로운 과학기술은 진정으로 인간의 존재조건을 향상시킬 것인가"라는 — 가 잘 '반영'되어 있다고 생각한다. 물론 영화들에 묘사된 과학기술과 과학기술자의 이미지들이 실제의 모습을 정확히 묘사하고 있는 것은 아니며, 미래의 모습 역시 지나치게 일방적으로만 그려져 있는 것도 사실이다(나아가 필자가 들었던 세 가지 유형들이 과학기술의 모습의 전부도 아니다). 또한 과학기술에 대한 대중의 태도가 영화 속의 이미지들에 그대로 투영되어 있는 것은 더더욱 아니다. 이 시대를 살아가는 대중들은 널리 선전되는 기술결정론적 '테크노피아'의 신화를 적극적으로 받아들이면서도 미래에 대해 암울한 전망을 던지는 영화들 역시 무리 없이 수용하는 이중적이고 복합적인 태도를 보여 주기 때문이다.

그럼에도 불구하고 영화 속의 과학기술 이미지들은 단순히 놀라운 예술적 상상력이나 과학기술에 대한 편협한 관점의 반영을 넘어서는 그 무엇을 함축하고 있다. 이 이미지들 속에는 원자폭탄의 투하를 목도하고 핵전쟁의 위협이 상존하는 냉전치하를 살아갔으며, 드리마일 섬과 체르노빌 핵발전소 사고, 챌린저호의 폭발 등으로 대표되는 거대 과학기술체계의 실패를 겪은 20세기 사람들의 정서가 녹아 있는 것이다.

바로 이 지점에서 영화 속의 과학기술 이미지들이 과학기술 민주화 운동에 대해 던져 주는 함의가 존재한다고 생각된다. 영화 속에 나타나는 이미지들은 현실에 대한 '잘못된' 재현이므로 교정되어야 할 그 무엇이 아니라 '대중의 과학이해'의 중요한 한 축을 구성하고 있는 요소로 이해되어야 한다. 그 이미지들은 오늘날의 기술사회를 살아가면서도 자신의 삶에 막대한 영향을 끼치고 있는 과학기술에 관한 의사결정에서 소외된 대중의 태도를 엿볼 수 있는 하나의 창으로서의 기능을 하며, 그런 점에서 과학기술 민주화 운동이 천착(穿鑿)해야만 하는 운동의 과제들을 제시해 주고 있다고 하겠다.

이 글에서 언급된 영화들 (연도순)

ⓥ는 국내에서 비디오로 출시되었음을 뜻하며, D는 감독의 이름을 뜻한다. 원제와 출시제목이 다른 경우에는 그 뒤에 비디오 출시제목을 첨부했지만 바뀐 한글제목으로 널리 알려진 경우에는 그대로 표기했다.

- <메트로폴리스 Metropolis>(1927), D: 프리츠 랑 ⓥ
- <퀴리 부인 Madame Curie>(1943), D: 멜빈 르로이
- <해변에서 On the Beach>(1959), D: 스탠리 크레이머
- <닥터 노 Dr. No>(1963), D: 테렌스 영 ⓥ <007 살인번호>
- <닥터 스트레인지러브 Dr. Strangelove: Or How I Learned to Stop Worring and Love the Bomb>(1964), D: 스탠리 큐브릭 ⓥ
- <알파빌 Alphaville>(1965), D: 장 뤽 고다르 ⓥ
- <2001 스페이스 오딧세이 2001: A Space Odessey>(1968), D: 스탠리 큐브릭 ⓥ
- <혹성탈출 Planet of the Apes>(1968), D: 프랭클린 샤프너 ⓥ
- <지하세계의 음모 Beneath the Planet of the Apes>(1970), D: 테드 포스트 ⓥ
- <시계장치 오렌지 A Clockwork Orange>(1971), D: 스탠리 큐브릭
- <THX 1138>(1972), D: 조지 루카스
- <자도즈 Zardoz>(1974), D: 존 부어맨 ⓥ
- <스타 워즈 Star Wars>(1977), D: 조지 루카스 ⓥ
- <악마의 씨 Demon Seed>(1977), D: 도널드 캐멀 ⓥ <악령의 종자>
- <에일리언 Alien>(1979), D: 리들리 스코트
- <차이나 신드롬 The China Syndrome>, D: 제임스 브리지스 ⓥ
- <매드 맥스 2 Mad Max II: Road Warrior>(1981), D: 조지 밀러 ⓥ
- <블레이드 러너 Blade Runner>(1982), D: 리들리 스코트 ⓥ
- <트론 Tron>(1982), D: 스티븐 리스버거 ⓥ <컴퓨터전사 트론>
- <위험한 게임 Wargames>(1983), D: 존 바담 ⓥ
- <슈퍼맨 3 Superman III>(1983), D: 리처드 레스터 ⓥ
- <터미네이터 Terminator>(1984), D: 제임스 카메론 ⓥ
- <1984>(1984), D: 마이클 래드포드 ⓥ
- <파이어스타터 Firestarter>(1984), D: 마크 레스터 ⓥ <초능력자>
- <드림스케이프 Dreamscape>(1984), D: 조셉 루벤 ⓥ
- <바람계곡의 나우시카 風の谷のナウシカ>(1984), D: 미야자끼 하야오 ⓥ
- <스플래쉬 Splash>(1984), D: 론 하워드 ⓥ
- <브라질 Brazil>(1985), D: 테리 길리엄 ⓥ <여인의 음모>

- <조용한 지구 The Quiet Earth>(1985) D: 제프 머피
- <매드 맥스 3 Mad Max beyond Thunderdome>(1985), D: 조지 밀러 Ⓥ
- <백 투 더 퓨처 Back to the Future>(1985), D: 로버트 저메키스 Ⓥ
- <플라이 The Fly>(1986), D: 데이비드 크로넨버그 Ⓥ
- <모스키토 코스트 The Mosquito Coast>(1986), D: 피터 위어 Ⓥ <해리슨 포드의 대탐험>
- <아끼라 Akira>(1988), D: 오또모 카쓰히로
- <하녀 이야기 The Handmaid's Tale>(1990), D: 폴커 슐렌도르프 Ⓥ <핸드메이즈>
- <터미네이터 2 Terminator 2: The Judgement Day>(1991), D: 제임스 카메론 Ⓥ
- <화려한 외출 A Grand Day Out>(1992), <전자바지소동 The Wrong Trousers>(1993), <양털 도둑 A Close Shave>(1995), D: 닉 파크 Ⓥ <월러스와 그로밋>
- <데몰리션 맨 Demolition Man>(1993), D: 마르코 브람빌라 Ⓥ
- <쥬라기 공원 Jurassic Park>(1993), D: 스티븐 스필버그 Ⓥ
- <탱크 걸 Tank Girl>(1995), D: 레이첼 텔러레이 Ⓥ
- <네트 The Net>(1995) D: 어윈 윙클러 Ⓥ
- <워터월드 Waterworld>(1995), D: 케빈 레이놀즈 Ⓥ
- <아폴로 13 Apollo 13>(1995), D: 론 하워드 Ⓥ
- <신세기에반게리온 新世紀エヴァンゲリオン>(1995-6), D: 안노 히데야키 Ⓥ
- <뷰티풀 그린 La Belle verte>(1996), D: 꼴린느 세로 Ⓥ
- <가타카 Gattaca>(1997), D: 앤드류 니콜 Ⓥ
- <미믹 Mimic>(1997), D: 길레르모 델 토로 Ⓥ
- <에너미 오브 스테이트 Enemy of the State>(1998), D: 토니 스코트 Ⓥ
- <트루먼 쇼 The Truman Show>(1998), D: 피터 위어 Ⓥ
- <매트릭스 The Matrix>(1999), D: 앤디 워쇼스키 & 래리 워쇼스키 Ⓥ
- <딥 블루 씨 Deep Blue Sea>(1999), D: 레니 할린 Ⓥ

참고문헌

김동광 (1999), 「과학대중화의 새로운 시각」, 『진보의 패러독스』, 당대, 42-61.
김명진 (1998), 「대중문화 텍스트 속의 과학기술 이미지」, 《다른과학》 5호, 14~20.
김진우 (1995), 『하이테크 시대의 SF영화』, 한나래.
레로이 두벡 외 (1996), 『과학을 알면 SF영화가 보인다』, 홍주봉·차동우 옮김, 한승.
로렌스 M. 크라우스 (1996), 『스타트렉의 물리학』, 박병철 옮김, 영림카디널.
_____ (1998), 『스타트렉을 넘어서』, 박병철 옮김, 영림카디널.
정재승 (1998), 『시네마 사이언스』, 아카데미서적.
_____ (1999), 『물리학자는 영화에서 과학을 본다』, 동아시아.
C. P. 스노우 (1996), 『두 문화』, 오영환 옮김, 민음사.
Goldman, Steven L. (1989), "Images of Technology in Popular Films: Discussion and Filmography," *Science. Technology, and Human Values* 14(3), 275-301
Kuhn, Annette (ed.), (1990), *Alien Zone: Cultural Theory and Contemporary Science Fiction Cinema*, London: Verso.
Toumey, Christopher P. (1992), "The Moral Character of Mad Scientists: A Cultural Critique of Science," *Science. Technology, and Human Values* 17(4), 411-437.
Tudor, Andrew (1989a), "Seeing the Worst Side of Science," *Nature* 340(24 August), 589-592.
_____ (1989b), *Monsters and Mad Scientists: A Cultural History of the Horror Movie*, London: Blackwell.
Turney, Jon (1998), *Frankenstein's Footsteps: Science, Genetics and Popular Culture*, New Haven: Yale University Press.
Weart, Spencer (1988a), *Nuclear Fear: A History of Images*, Cambridge, Mass.: Harvard University Press.
_____ (1988b) "The Physicist as Mad Scientist," *Physics Today* 41(6), 28-37.

미친 과학자로서의 물리학자*

스펜서 웨어트

지난 어느 토요일 아침에 텔레비전 만화 프로그램에서는, 정신이 이상해진 한 과학자가 무시무시한 '원자 로봇'을 가지고 인류 전체를 노예로 삼으려는 음모를 꾸미는 모습을 방영했다. 이런 설정이 결코 예외적인 경우는 아니다. 지배와 파괴를 획책하는 정신적으로 불안정한 과학자들의 모습은 아이들이 보는 텔레비전 프로그램과 만화책 어디에서도 쉽게 찾아볼 수 있을 뿐 아니라, 성인들을 위한 픽션에서도 상당히 많이 나타난다. 아마 소설책에서 그렇게 일관되게 악당으로 그려지는 전문직업은 달리 없을 것이다. 그래서 많은 사람들에게 '핵물리학자'라는 단어는 곧 괴상하고 사악한 인물을 연상시킬 것이다.

---

* 출전: Spencer Weart, "The Physicist as Mad Scientist," *Physics Today*, 41:6 (1988), 28-37.
  Reprinted with permission from FULL CITATION. ⓒ1988 by American Institute of Physics.

과학에 대한 대중적 이미지나 미래 과학자 양성이라는 측면에서 상당히 나쁜 징조로 여겨지는 '미친 과학자'의 전형은 그 이미지의 역사를 추적해 봄으로써 가장 잘 이해될 수 있다. 이런 모습은 고대 로부터의 유산에 그 뿌리를 두고 있으며, 20세기 전반기를 거치면서 놀라운 방식으로 재구성되었다. 이 재구성의 과정이 어떻게 진행되었는지를 살펴봄으로써, 그 이미지 속으로 흘러들어 그것에 지속적인 대중성을 부여했던 힘들을 밝혀낼 수 있을 것이다.

핵과학(nuclear science)의 이미지는 방사선이 발견된 직후인 20세기 초에 형성되기 시작했다. 실험실에서 공표된 내용들은 대중들에게 깊은 인상을 남기기에 충분할 정도로 놀랄 만한 것이었다. 먼저 라듐 화합물이 어둠 속에서도 영구히 빛을 발한다는 사실은 대단히 인상적인 것이었다. 그 이전에는 이와 유사한 것이 아무것도 없었기 때문이었다. 이에 뒤이어 방사선의 방출은 원소들의 변환(transmutation)을 수반하며 이 과정은 이전에 알려진 그 어떤 것보다도 훨씬 많은 양의 원자당 에너지를 방출한다는 사실이 알려졌다. 한편, 과학자들은 방사선이 살아 있는 생명체에 영향을 준다는 사실을 밝혀냈다. 피에르 퀴리(Pierre Curie)는 소량의 라듐으로도 쥐를 죽일 수 있음을 발견했는데, 자신은 1kg의 라듐을 방에 둔다고 해도 개의치 않을 것이라고 밝혀 기자들에게 강한 인상을 남겼다. 그는 만약 라듐이 범죄자들의 손에 들어간다면 커다란 위험이 될 수 있을 것이라고 경고했다. 그러나 피에르 퀴리와 마리 퀴리(Marie Curie) 부부를 비롯한 다른 과학자들은 그러한 경고에 덧붙여 문제는 방사능 그 자체에 있는 것이 아니라 그것의 오용 가능성에 있다는 점을 재차 강조했다. 적절한 주의를 기울이는 전문가들의 손안에서는 방사선의 경이적인 힘이 모두에게 행복을 가져다 줄 수 있을 것이었다. 그것은 질병을 치료하는 데 당장 사용될 수 있을 것이며, 장차 산업의 원동력이 될 수도 있을 터였다.

이러한 생각들은 그 자체로도 놀라운 것이었지만, 몇몇 기자는 이에 만족하지 않았다. 라듐이 어둠 속에서 빛을 발했을 때, 신문들은 그 광선이 마치 마술적인 힘인 것처럼 보도했다. 방사선에 특정한 유형의 암을 줄일 수 있는 효능이 있다고 알려지자 몇몇 과학자는 방사선이 거의 모든 다른 질병도 치유할 수 있을지 모른다고 암시했는데, 기자들은 여기서 더 나아가 방사선이 노화 증상을 멈출 수 있으며, 심지어 불사(不死)를 보장해 줄 수도 있을 것이라는 기사를 썼다. 어니스트 러더포드(Ernest Rutherford)와 함께 원자 변환 현상을 발견했던 화학자 프레드릭 소디(Frederick Soddy)는, 자신들의 발견이 고대 연금술사들이 실패했던 목표의 성취를 의미하는 것이라고 대중에게 얘기했다. 방사선은 끝없는 부를 창조할 수 있을 뿐만 아니라 만병통치약으로 작용할 수도 있는 현대판 '현자의 돌(philosophers' stone)'[1]일지도 모른다고 그는 말했다. 오래지 않아 러더포드나 소디, 퀴리 부부 등의 원자과학자(atomic scientist)들은 과거에 존재했던 연금술사들보다 훨씬 더 위대한 '새로운 연금술사'로 환호를 받았다. 그들을 숭배하는 기자들이 그들을 일컬어 실험실의 '마술사(wizard)'들이라고 부르는 것은 흔한 일이 되었는데, 이는 사람들이 과학자들을 바라보는 방식에 영향을 미쳤던 역사적 전통들에 대한 분명한 암시를 준다.

마술사(sorcerer)로서의 과학자

과학자에 대한 대중적 이미지는 부분적으로 마술사들에 대한 생각으로부터 진화되었다. 여기에 모든 사람들이 아주 어릴 적부터 들

---

1) 중세의 연금술사들이 비금속을 황금으로 변화시키는 힘이 있다고 믿고 찾아 헤매던 재료를 말한다 ― 옮긴이.

어 알고 있는 인상적인 인물, 즉 마법에 관한 고대의 전설을 거쳐 선사 시대의 샤만(shaman)에까지 거슬러 올라가는 하나의 인물이 있다. 그것은 교육받은 사람들과 그렇지 못한 사람들 모두에게 똑같이 불신을 받아온 모습이었다. 그는 마치 부족의 마녀들이 그러리라고 믿어졌던 것처럼 역병이나 다른 사악한 것을 퍼뜨릴 수도 있고, 중세의 마술사들이 그러리라고 믿어졌던 것처럼 악마를 불러올 수도 있으며, 몇몇 전(前)단계-과학자들(proto-scientist)[2]이 실제로 그랬던 것처럼 이단적인 사상을 전파시킬 수도 있었다. 사람들은 사악한 생각이나 마술적인 행동으로 이웃을 위험에 빠뜨릴지도 모르는 오만함에 빠진 인물을 언제나 두려워했다.

이러한 생각은 실존인물의 삶에서 그에 대한 증거를 발견할 수 있는 것처럼 보였다. 가장 악명높은 것은 자신이 악마적인 힘들을 통제한다고 큰소리쳤던 16세기의 떠돌이 방탕자 파우스트 박사(Dr. Faust)였다. 독실한 성직자들은 파우스트의 실제 경력을 흑(黑) 마술사들의 전설과 함께 뒤섞어 전파했는데, 여기서 그들의 목표는 확립된 기독교신앙으로 인도되지 않은 인문주의적 회의론자들과 과학자들의 발흥에 대항해 강한 경고를 남기는 것이었다. 많은 다른 의사(擬似)과학자(quasiscientist)들도 사람들에게 유사한 감정을 불러일으켰다. 그 중 18세기 말에 활동했던 의사이자 최면술사였던 프란츠 메즈머(Franz Mesmer)는 특별히 언급해 둘 만한데, 그는 질병을 치유하는 자신의 능력으로 수만 명에 달하는 추종자들을 끌어모았다. 그는 자신의 힘이 '자기(磁氣)' 과학에서 스스로 발견한 것에 근거한다고 주장하였지만, 당시의 의학적 권위자들은 메즈머에 대한 열광이 사회질서를 위협한다고 우려하였다.

---

[2] 이 말은 16~17세기의 과학혁명기를 거치면서 오늘날과 같은 근대과학의 모습이 생겨나기 이전에 자연을 탐구했던 사람들을 지칭하는 듯하다 — 옮긴이.

19세기를 통해 파우스트와 유사한 얘기들과 메즈머에 대해 열광하는 것과 같은 현상이 널리 퍼지게 되었다. 하나의 전형이 모습을 바꾸어 다시 만들어지고 있었다. 신문에 닥치는 대로 글을 써서 입에 풀칠을 하는 필자들로부터 나다니엘 호돈(Nathaniel Hawthorne)에 이르는 대중작가들은 마녀와 마술사의 옛날 얘기들을 변형시켜서 새로운 가공적 인물을 창조했다. 악마적인 힘과 과학적인 힘의 혼합으로 자기 자신과 주위 사람들을 위험에 빠뜨리는 메즈머 같은 '과학자'가 그것이었다. 이러한 전형은 광범하게 나타났다. 예를 들어 방사선이 발견된 바로 그 해[1896년]에 미국에서 베스트셀러가 된 책과 가장 인기 있던 순회 연극은 최면광선으로 희생자들을 지배하는 과학자 악당 스벤갈리(Svengali)를 주인공으로 내세우고 있었다.

그런 인물들은 각종 유리그릇이 즐비한 실험실 모습과 같은 전설적인 연금술사나 마술사들의 표면적 특징을 대체로 지녔을 뿐 아니라, 보다 핵심적인 특징을 그들과 공유하기도 했다. 즉 전통적인 마술사들과 마찬가지로 새로운 인물들은 사람들의 일상적인 생활로부터 동떨어져 있고, 심지어는 위험한 비밀 탐구에 강박적으로 몰두하는 과정에서 여성의 사랑을 의도적으로 피하기까지 했다. 그는 불경스런 오만함을 뽐냈으며 삶과 죽음을 좌우할 수 있는 힘을 갖고 있었다.

처음에는 그런 사악한 인물들이 인류 전체가 아닌, 특정 등장인물만을 위협하는 것으로 설정되었다. 그러나 기술의 발전으로 사회의 전체적인 모습이 바뀌고 그 결과가 종종 나쁜 쪽으로 나타나게 되자 사람들의 생각도 변했다. 이전의 과학자-마술사(scientist-sorcerer)가 엄청난 위험을 몰고 오는 과학자-발명가(scientist-inventor)의 모습으로 진화하게 된 것이다. 줄 베르느(Jules Verne)는 다른 어느 누구보다도 이러한 새로운 전형을 만들어내는 데 기여했다. 베르느 소설의 특징을 잘 보여주는 『깃발을 위하여 For the Flag』(1896)는 강력한 폭발물을 발명한 광기어린 화학자의 얘기인데, 그는 섬에 마련된 은신처에서 자신의 발명품을 이용해 섬을 공격하러 온 함대를 전멸시킨 후에 자폭하여 섬과 함께 사라진다. 이 소설의 전제들은 상당히 그럴듯하게 여겨졌던 것 같다. 베르느가 자신이 만들어낸 가공의 등장인물을 폭발물 발명가인 한 실존인물과 비슷하게 그렸는데, 그 발명가가 베르느를 즉각 명예훼손죄로 고소했으니 말이다.

그러나 과학에 의한 전인류적 규모의 파멸의 가능성을 최초로 제시한 것은 원자물리학이었다. 1903년경에 러더포드와 소디는 방사능이 원자에서 원자로 옮겨다니면서 전파되는 것일지도 모른다는 추측을 공표했다. 그렇다면 실험실에서 방출된 모종의 방사선이 연쇄반응을 통해 밖으로 퍼져나가서 지구 전체를 가스로 바꿔버릴 수도 있지 않을까? 이런 극적인 생각은 언론을 통해 금방 알려졌고 전세계의 주목을 끌었다. 그리고 이는 저명한 과학자들이 간혹 유사한 생각을 반복해 언급함으로써 대중의 뇌리에 지속적으로 남아 있게 되었다. 가령 1921년에 화학자 발터 네른스트(Walther Nernst)는 독일의 라디오 방송에 출연하여, 인류는 화약으로 만들어진 섬 위에 살고 있는 원시적인 부족과 같은 존재로 아직까지 프로메테우스가 불이라는 위험한 선물을 그들에게 가져다 주지 않았을 뿐이라고 말했다. 1923년에 헨드릭 크라메르스(Hendrik A. Kramers)가 원자에 관해 저술한 널리 알려진 교재에서는 이런 생각을 한 단계 더 밀고 나아갔다. 그는 하늘에 나타나는 신성(新星)이 혹시 불운한 외계 생명체들의 '놀라운 지적 능력(super-wisdom)'의 결과로 생겨난 원자에너지의 분출이 아닐까 궁금해했다. 1930년대가 되면 심지어 어린 이들조차도 부주의한 실험자가 세계를 날려버릴지도 모른다는 위험에 대해 들어본 적이 있을 정도가 되었다.

더욱 으스스했던 것은 누군가가 의도적으로 대재앙을 불러일으킬

지도 모른다는 생각이었다. 폭탄 투척을 일삼는 무정부주의자들이 19세기 후반에 악명을 떨쳤는데, 대중은 그들의 강력한 새 폭약을 과학과 연결시켰다. 적어도 한 편 이상의 소설에서, 자유의 이름을 빌어 자신이 만들어낸 끔찍한 장치로 세계를 엉망으로 만들려는 음모를 꾸미는 냉혹한 화학 전문가가 주인공으로 등장했다. 아나톨 프랑스(Anatole France)의 1908년 소설인 『펭귄 아일랜드 *Penguin Island*』에는 사악한 화학자 대신 물리학에 정통한 테러리스트들이 등장해 주머니만한 원자 폭발물로 온 도시를 쑥밭으로 만든다.

위험한 과학자는 대체로 미치광이같이 그려지는 것이 보통이었다. 예를 들어 1938년에 나온 모험 소설인 『파멸의 날을 부르는 인간 *The Doomsday Men*』에는 삶이 오로지 고통뿐이며 따라서 세상을 당장 끝장내는 것이 최선이라고 단정한 광신적인 과학자가 등장한다. 그는 "마치 오렌지 껍질을 벗기는 것처럼, 좀더 빠르게" 지구 표면을 날려버리게 될 원자 반응을 시작시킬 준비를 한다.

정신적으로 불안정한 핵물리학자의 모습은 연극 <유럽을 뒤덮은 날개들 *Wings over Europe*>에서 가장 설득력 있게 그려졌다. 비평가들로부터 호평을 받은 이 연극은 1928년에 런던과 뉴욕에서 소규모로 처음 무대에 올려진 이래, 1930년대에는 대학 연극집단들에 의해 종종 다시 공연되었다. 극의 중심에는 총명하지만 정서적으로 다소 불안정한 젊은 과학자가 있다. 그는 황금 시대를 만들 수 있는 힘의 원천인 원자에너지를 끌어내는 비밀을 자신이 발견했다고 영국 내각에 알렸다. 그러나 장관들은 단지 원소 변환이 금본위제 통화에 어떤 영향을 줄 것인지를 놓고 안절부절하고 새로운 무기개발 전망에 대해 불순한 관심을 가질 뿐이었다. 자신의 순진한 이상주의가 짓밟히자, 젊은 과학자는 목적의식을 상실하고 세상은 사악한 것이라고 굳게 믿게 되어 세상을 먼지로 날려버리려 한다.

물론 이런 것이 과학자들을 그린 유일한 방식은 아니었다. 20세기 전반기를 통해 대다수의 저술은 과학자들을 인류 전체의 이익을 위해 노력하는 숭고한 천재라며 긍정적으로 조명하였다. 많은 열성적인 잡지 기사들과 광고들에 따르면, 방사능이나 여타의 다른 과학적인 것들은 해악보다는 이익을 가져올 가능성이 월등히 높은 것으로 생각되었다. 그러나 핵물리학은 희망과 함께 점차로 두려움을 불러일으켰다. 심지어 과학적 경이(驚異)에 대한 전망에 굳게 몰두하고 있는 것처럼 보였던 새로 나온 싸구려 SF 잡지들에서도 종종 영웅적 원자 발명가(atomic inventor)들과 사악한 발명가들이 같이 등장했다. 이와 같이 과학자들에 대한 대중적 이미지에서 그것의 추악한 측면이 지속적으로 같이 나타났던 것에는 어떤 배경이 자리잡고 있었다.

압제자(tyrant)로서의 과학자

과학의 진보에 대한 대중의 신뢰에 가장 큰 타격을 가했던 것은 제1차 세계대전이었다. 잠수함을 이용한 교전(交戰)으로부터 폭발물과 독가스의 생산에 이르기까지, 과학과 기술은 대량학살에서 명백히 결정적인 역할을 수행했다. 전쟁이 끝난 후, 과학자들은 이미 명백해진 것의 확인을 위해 대중에게 전쟁 중에 자신들이 해낸 일들에 대해 알리는 데 조바심을 냈고, 발전된 과학이 없이는 어떤 국가도 살아남을 수 없다고 주장했다. 이 주장은 연구자금을 올리고 과학의 위신을 제고(提高)하기 위한 것이었고, 실제로도 목표 달성에 성공했다. 그러나 이 주장은 아울러 대중들로 하여금 과학자들을 존경하기보다는 그들을 두려워하도록 부추길 수 있었다. 이미지는 실제 상황으로부터 영향을 받는 것이고, 과학자들이 실제로 무기를 설계하는 데 공헌한 이상 대중은 자신들의 우려에 대한 정당한 이유를 갖고 있었다.

 과학이 어떻게 전쟁의 양상을 바꾸어 놓을 것인가에 대해 새로운 불안감을 느낀 사람들이 있었던 반면, 과학은 전쟁을 악화시키는 골칫거리가 아니라 오히려 전쟁에 대한 해결책이라는 주장을 굽히지 않았던 사람들도 있었다. 많은 이들은 과학자들이 원자에너지의 이용을 통해 전세계적인 번영을 가져옴으로써 전쟁의 경제적 원인들을 점차로 제거해 나갈 것이라고 믿었다. 그리고 몇몇 사람이 이미 그 존재를 예견하고 있었던 원자 폭탄과 같은 새로운 무기들이 나타남으로써 전쟁은 너무나 두려운 것이 될 것이고 따라서 전쟁을 벌이는 것은 감히 상상할 수 없게 될 것이라고 주장한 이들도 있었다. 혹은 과학자들이 순수한 도덕적 모범을 만들어 세계를 개혁시킬 것으로 기대하기도 했다. 과학자들은 이미 자신들만의 국제적인 공동체, 평화를 애호하고 협동적이며 이성에 헌신하는 그런 공동체를 형성하지 않았던가?

 대부분 정치적으로 좌파적인 성향을 갖고 있던 상당수의 젊은 과학자들과 과학 저널리스트들은 사회를 재구성하는 적절한 방법은 과학적으로 훈련받은 사람들, 말하자면 자신들과 같은 사람들에게 더 큰 역할을 부여하는 것이라고 단언했다. 그들은 과학이 오직 자기 자신만을 부유하게 하기 위해 기술을 이용하는 자본가들의 손아귀에 들어가 점점 쇠약해지고 있다고 주장했다. 만약 그 대신 과학 지향적인(science-minded) 사람들에 의해 과학이 효율적으로 조직된다면 진보는 놀라울 정도로 빨라질 것이라고 그들은 말했다. 원자에너지는 그들이 약속했던 수많은 경이로움 중 단지 하나에 불과한 것이었다. 연극 <유럽을 뒤덮은 날개들>은 이러한 생각을 논리적인 극단까지 몰고 간다. 연극의 끝에서 원자에너지의 비밀을 알아낸 일군의 과학자들은 원자 폭탄을 탑재한 거대한 초록색 비행기에 올라타고 세계의 주요도시 상공에 떠서 '세계연합과학자연맹(League of

United Scientists of the World)'의 의지를 강제로 관철시키려 한다.

과학이 사회의 주도권을 쥐어야 한다는 생각에 모든 사람이 동의했던 것은 아니었다. 1920년대와 1930년대 초반에 독일의 대중 작가들은 냉혹한 과학적 분석이 직관적으로 파악된 삶의 총체성으로부터 사람들을 떼어놓고 있다고 주장했다. 미국의 문학 잡지에 실린 에세이들에서는 과학이 그 정의상 아름다움이나 도덕, 신성함 등의 관념과는 아무런 관련이 없는 것이기 때문에 과학은 인간의 문제를 다루는 데 쓸모없음을 넘어 해악을 끼치는 존재라고 단언했다. 한 프랑스 상원의원은 기술상의 획기적인 발전이 산업을 교란시켜 대공황을 초래했다고 불만을 털어놓았다. 영국의 한 저명한 주교(主敎)는 사회가 변화를 조절하는 여유를 가질 수 있도록 10년 동안 연구를 완전히 중지하는 기간을 가져야 한다는 의견을 내놓았다.

이것은 오랜 역사를 지닌 논쟁이었지만, 세계대전과 공황을 거치면서 그 대립은 극단적인 상황으로까지 치달았다. 한편으로는 다른 이들보다 과학자와 엔지니어들의 의견을 특히 존중하여 그들의 이상에 맞도록 사회를 재조직함으로써 상황을 개선해야 할 것이라고 노골적으로 주장한 몇몇의 인물이 있었다. 이러한 상황에서, 전통적으로 사회가 추구해야 할 이상을 형성하는 데 중요한 역할을 해왔던 사람들 — 성직자들, 인문주의자들, 대중 작가들 등등 — 이 자신들의 세계가 위협받고 있다고 느낀 것은 당연했다. '불경스런 과학자들'에 대한 얘기들을 퍼뜨리는 데 실질적으로 기여한 집단은 바로 이들이었다.

모든 과학적인 힘들 중에서 가장 강력하고 신비스런 것으로 널리 인식되었던 원자에너지는 과학 비판에 써먹기에 딱 좋았다. 원자에너지를 거론했던 비판자들의 한 예로 미국의 이상주의적 법률가였던 레이먼드 포스딕(Raymond B. Fosdick)을 들 수 있다. 1928년에 나온 책 『새로운 문명 속의 오래된 야만 *The Old Savage in the*

New Civilization』에서, 포스딕은 원자폭탄과 세계 멸망의 위험에 관해 과학자들로부터 자신이 들었던 경고들을 되풀이했다. 그는 마치 성냥을 가지고 불장난을 하는 어린아이와 같이 미개한 우리의 인간성으로는 도저히 기술이 지닌 힘들을 감당할 수 없을 것이라고 설명했다. 우리는 과학자들에게는 주의를 덜 기울이면서, 과감하게 사회에 문제를 제기할 수 있는 인문주의자들, 즉 자신과 같은 사람들에게 더 많은 주의를 기울일 필요가 있다고 그는 주장했다.

대중문화 속에서 이 테마는 보다 원초적인 수준으로 — 오래되었으며, 원형(原型)적이고, 조악한 것이라는 '원초적(primitive)'이라는 말의 본연의 의미에서 — 나타났다. 인류 역사만큼이나 오래된 하나의 전형인, 세계 지배를 추구하는 오만한 압제자의 모습이 이제 점점 더 과학과 연관되었던 것이다. 그 중 특히 기억할만한 것은 미국의 영화 연작(serial)[3]들이다. 진 오트리(Gene Autry)는 원자에너지로 가동되는 지하 도시로 잠입하여 라듐 광선으로 무장한 사악한 왕자와 싸움을 벌인다. 크래쉬 코리건(Crash Corrigan)은 '과학의 역사를 통틀어 가장 파괴력을 가진 것으로 알려진 원자'를 이용해 세계를 노예로 삼으려는 음모를 꾸미는 바다 밑의 통치자와 대결하여 승리한다. 그리고 플래쉬 고든(Flash Gordon)은 "방사능은 나를 우주의 황제로 만들어줄 것이다!"라고 호언해온 그의 적수 밍(Ming)의 계획을 뒤엎기 위해 '원자로(atom furnace)'를 파괴한다. 물론 밍이나 그와 같은 유의 압제자들이 항상 과학자인 것은 아니었다. 그러나 발전된 과학의 이용이 전체주의적인 악몽에서 핵심적인 특징의 하나가 되고 있다는 것만큼은 분명했다.

---

[3] 여기서 연작이란 매 편의 주인공은 같지만 각 편이 독자적인 클라이맥스를 가지면서 다음 편으로 이어지는 연속 상영물을 말한다 — 옮긴이.

괴물로서의 과학자

위에서 언급한 사회적 테마 옆에는 보다 개인적인 테마가 숨어 있다. 이 역시 대중 영화들 속에서 가장 두드러지게 나타나는 테마가 되었는데, 1940년에 만들어진 호러 영화인 <사이클롭스 박사 Dr. Cyclops>를 하나의 예로 들 수 있겠다. 영화의 타이틀 역을 맡은 주인공은 "당신은 신의 영역에 간섭하려 하고 있어요!"라고 경고하는 동료의 말을 무시한 채, 놀랍도록 새로운 라듐 광선을 써서 세계를 개선시킬 계획을 세우고 있는 과학자이다. 일군의 방문객들이 그의 비밀을 발견하였을 때 그 과학자는 라듐 광선을 써서 방문객들을 생쥐 크기로 축소시켜 버린다. 이어 영화는 그 과학자와 축소된 희생자들 사이에 벌어지는 목숨을 건 싸움을 보여 준다. 여기서는 앞서의 경우들과는 달리, 세계를 지배하려는 독재자는 등장하지 않으며 단지 한 집안에서의 압제자를 보여줄 뿐이다. 그러나 그럼에도 그 과학자의 성격 — 표면적으로는 선의를 지닌 것처럼 보이지만 궁극에 가서는 무자비한 독재적 면모를 드러내는 — 은 널리 퍼져 있는 인간사에서의 문제, 즉 권력(authority)의 문제와 연관을 갖는다. 어린 시절에 겪은 부모와의 갈등으로부터 어른이 된 이후에 이르기까지, 모든 사람은 권력을 지닌 인물이나 조직과 맺는 관계에 대처해야만 한다. 종종 권력은 위험할 정도로 아는 것이 많고 강력하며 다른 이들의 소망에 주의를 기울이지 않는 것처럼 보인다. 사람들은 타인을 지배하고 나아가 해를 끼치려고 하는 은밀한 욕망을 다른 이들에게서 흔히 읽어내곤 한다. 이러한 것들은 신비스런 지식과 힘을 지니고 멀리 실험실에서 은둔하고 있는 것으로 전형화된 과학자가 상징하기에 꼭 알맞은 위협들이 될 수 있다.

과학자들이 어떤 '비밀'을 추구한다는 점을 강조하는 것은 또 하나의 원초적 테마에 대해 주의를 환기시킨다. 위험스런 비밀에 관한 얘기들은 전세계 어디에서나 토착민들 사이에서 찾아볼 수 있고, 서구 문화에서는 아담과 이브, 프로메테우스, 블루비어드(Bluebeard)[4]의 아내, 마술사의 제자, 그 외 수천에 달하는 인물이 금지된 지식을 좇다가 그것을 알게 됨으로써 스스로를 파멸시킨다. 이는 아이들이 어른들의 비밀에 가까이 하지 말라는 경고를 듣기도 하고, 또 보지 말아야 할 것을 보았을 때 벌을 받을 거라고 위협을 받기도 한다는 점을 생각해 보면, 부분적으로 보편적인 경험을 반영한 것이다. 그러나 이는 또한 미지의 어떤 것이 실제로 위험할 수 있다는 명백한 사실을 반영한 것이기도 하다. 여기에는 과학자들에 대한 대중적 이미지를 둘러싸고 마치 거미줄처럼 얽힌 우려 속에 들어 있는 또 하나의 구성요소를 찾아볼 수 있다. 미지의 무언가 속으로 과감히 뛰어드는 것, 그것이야말로 과학자들이 맡은 바 하는 일이기 때문이다.

그 모든 테마들 중에서 가장 원초적인 것은 바로 그 위험이 취하는 형태, 즉 괴물의 창조다. 괴상하고 무시무시한 피조물(被造物)은 마술사들이 만들어낸 골렘(golem)[5]이나 마녀들이 부리는 마귀들에게까지 거슬러 올라가는 오랜 유산을 갖고 있지만, 20세기로 오게 되면 이는 일반적으로 과학 — 그 중에서도 특히 핵과학 — 과 연관되었다. 예를 들어 1931년에 아서 콤프튼(Arthur Compton)이 원자에너지를 이끌어내는 작업에 거의 성공한 것 같다고 공표하자, 한 시민이 ≪뉴욕 타임스 The New York Times≫에 근심에 찬 편지

---

4) 프랑스 민간설화에 전해내려오는 인물로, 여섯 차례나 아내를 맞아들여 죽이고는 그 시체를 비밀의 방에 숨겨 두었는데 일곱번째 아내에게 들켜 그녀까지 죽이려 했으나 반대로 그녀의 형제들에게 살해당했다고 한다 — 옮긴이.

5) 유태 전설에 전해내려 오는 것으로, 점토·나무 따위로 인간의 모습을 만들어서 생명을 불어넣은 인형을 말한다. 저절로 움직이는 자동인형, 일종의 인조인간이라고 생각하면 된다 — 옮긴이.

를 보냈다. 그 시민은 원자가 걷잡을 수 없는 통제불능 상태에 빠져 "인간을 파괴할 수 있는 '골렘'으로 바뀌지는 않을까요?"라고 물었다. 포스딕은 20세기 들어 새롭게 조명받게 된 이런 오래된 생각을 다음과 같이 좀더 일반적으로 표현했다. 모든 기술문명이 "그것 자신의 창조자를 살해할 프랑켄슈타인과 같은 괴물"이 되어 버리지는 않을까?

여기서의 괴물은 단순한 상징이 아니었다. 『프랑켄슈타인 *Frankenstein*』의 다양한 판본들을 조사해 본 학자들은 작품의 저자들이 그 무시무시한 괴물을 과학자에 결부시키는 경향이 있음을 알아냈다. 최초의 판본인 메리 셸리(Mary Wollstonecraft Shelley)의 1817년 [1818년 발표] 소설에 나오는 과학자는 그 자신의 창조물이 "무덤으로부터 놓여난 나 자신의 정신"이라고 소리쳤다. 19세기 초부터 지금까지 수백만에 이르는 사람들이 '프랑켄슈타인'이 과학자의 이름인지 괴물의 이름인지를 계속 혼동해온 것에는 이유가 있었다. 그 괴상한 괴물은 타인을 지배하고 응징하려는 과학자 자신의 은밀한 욕망을 실행에 옮기고 있었던 것이다.

위험스런 등장인물이 마치 지킬 박사와 하이드 씨처럼 두 부분으로 나뉘는 것은 서구의 문화적 전통을 반영한 것이다. 특히 19세기와 20세기를 통해 많은 사람은 마치 인간이 절반으로 쪼개질 수 있는 존재인 것처럼 말했다. 즉 엄격하고 합리적인 반쪽이 음울한 충동을 지닌 다른 반쪽을 불완전하게 통제하고 있는 상을 그린 것이다. 이런 생각은 픽션에 등장하는 과학자들이 감정을 억누르고 연구에만 몰두하려 하지만 결국에 가서는 자신의 사악한 욕망이 그들 자신의 피조물을 통해 발현되는 것을 목도하게 되는 이야기들에서 중심적으로 나타난다. 이러한 서구의 독특한 문화적 전통 위에서 성장한 관객들은 사이클롭스 박사 같은 과학자가 인간적인 감정을 조롱하는 것을 바라보면서 그가 나중에 통제 불가능할 정도로 압제적이고 잔인한 면모를 보이더라도 그다지 놀라지 않게 되었다. 그것이 야말로 미친 과학자의 광기니까.

딜레마가 가장 명확하게 드러난 것은 1936년 영화인 <보이지 않는 광선 *The Invisible Ray*>에서였다. 이 영화의 주인공은 1931년의 영화 <프랑켄슈타인 *Frankenstein*>에서 괴물 역을 맡아 유명해졌던 보리스 칼로프(Boris Karloff)가 맡았다. 이제 그는 역할을 바꾸어 천재 과학자인 루크 박사(Dr. Rukh)로 등장하는데, 그는 도시를 박살내고 기적과도 같은 치료를 하는 등의 기능들을 지닌 라듐 광선 발사기를 만들어낸 인물이다. 그러나 그는 일종의 전염성 방사능에 감염되고, 그 결과 어둠 속에서도 빛을 낼 수 있을 뿐만 아니라 건드리는 것만으로도 상대를 죽일 수 있게 된다. 한편 그가 연구에 몰두해 있는 동안 그의 젊은 아내는 잊혀진 채 방치되고 있었는데, 그녀가 그를 버리고 떠나자 그는 잔인하게 날뛰기 시작한다. 영화의 클라이맥스에서 루크 박사의 어머니는 박사가 생존을 유지하기 위해 필요로 하는 해독제 병을 깨뜨려버리고, 박사는 결국 방사능 속에 녹아내리면서 불꽃 속으로 사라진다.

영화를 제작했던 스튜디오는 이 모두가 언젠가 실현될지도 모르는 과학 이론을 보여주고 있는 것이라고 주장했지만, 사실 그 이미지들 속에서 사실성이라고는 전혀 찾아볼 수가 없었다. 그 이미지들은 다른 경우에서와 마찬가지로, "우리가 탐구해서는 안되는 비밀" (루크 박사의 어머니가 극중에서 한 말대로)에 대한 우려를 반영한 것이다. 이전의 이미지들과 다른 점이 있다면, 이제 탐구에 대한 벌로 과학자 자신이 기괴한 괴물로 변하고 그가 사랑하던 모든 이들로부터 거부당해 결국 지옥불 속에서 죽어간다는 설정이 다를 뿐이다. 이 생각은 <보이지 않는 광선>의 아이디어 — "나는 나 자신을 괴물로 만들어 버렸어!" — 를 이용한 1941년의 『배트맨 *Batman*』만화책에 나오는 살인자 라듐 교수(Professor Radium)에서 집약적으로 나타난다. 그런 괴물은 우리 내부의 사악한 충동이 자신을 지배하게 내버려두었을 때 우리 자신이 그렇게 변해버릴지 모른다고 두려워하는 바로 그 모습이었다. 이와 동시에 (여러 층위에서 동시에 작동하는 강력한 상징으로서) 괴물의 모습은 전통적으로 금지된 비밀을 지나치게 깊게 파고드는 이들을 위협하는 무시무시한 형벌이기도 했다.

자기희생적인 과학자

1930년대의 과학자들이 자신들에 반대하는 모든 힘들을 분석했던 것은 아니었지만, 그들은 지적인 언어로 표현된 공격들에 대해서는 분명히 주의를 기울이고 있었다. 예컨대 포스딕의 비판은 미국 원자과학자들의 대부격인 로버트 밀리컨(Robert Millikan)에 의해 공개적인 반박을 받았다. 그는 자신의 생애를 통해 볼 때 과학은 해악보다 훨씬 더 많은 혜택을 가져왔다고 지적하고 앞으로도 그러리라고 기대할 수 있을 것으로 전망했다. 밀리컨은 기존의 강력한 이미지에 도전하면서, 과학자가 '마치 조그만 악동과 같이' 실수로 세상을 날려버릴 수 있다는 식의 생각을 조롱했다.

밀리컨이나 러더포드와 같은 몇몇 과학자는 파멸의 날에 대한 공포를 가라앉히려 노력하는 동시에, 원자과학의 힘에 대한 유토피아적 낙관 역시 제거하려 애썼다. 그러나 이들의 노력은 신문기자들을 제지하기에는 역부족이었다. 왜냐하면 영국·이태리·프랑스·독일·미국·소련의 저명한 과학자들이 하나같이 입을 모아 놀라운 원자 혁명(atomic revolution)이 조만간 일어날지도 모른다고 공공연하게 말하고 있었기 때문이었다. 또한 몇몇 과학자는 가능한 위험에 대한 경고를 계속하고 있었다. 예를 들면 프레데릭 졸리오(Frédéric

Joliot)는 원소 인공변환의 발견으로 아내인 이렌느 퀴리(Irène Curie)와 공동수상한 1935년의 노벨상 수상연설 자리를, 과학자들이 지구를 신성(新星)처럼 폭파시키지 않도록 주의를 기울여야 한다는 경고를 남기는 데 이용했다. 그러나 동시에 졸리오는 원자에너지가 가져올 수 있는 경이들에 대해 대중들에게 설파하는 것을 잊지 않았으며, 핵 연구가 최고 속도로 진행될 수 있도록 자신의 연구소에 배당되는 연구자금을 끌어올리기 위해 노력했다. 장기적으로 볼 때 지식을 갖추는 것이 무지한 것보다 나을 것이라는 생각을 그는 꿈에도 의심하지 않고 있었다.

심지어 인문주의적 비판자들조차도 내심으로는 과학의 가치를 부인하지 않았다. 이를테면 포스딕은 1939년까지 록펠러 재단(Rockefeller Foundation)의 운영책임을 공동으로 맡고 있었는데, 어니스트 로렌스 (Ernest Lawrence)가 거대한 입자가속기(cyclotron)를 건설하기 위한 자금을 재단에 요청하자 포스딕은 이를 승인하는 쪽에 열성적으로 표를 던졌다. 그는 그 장치가 순수하고 불편부당(不偏不黨)한 과학의 도구이자, '인간 정신의 가장 고귀한 표현'에 대한 하나의 상징이라고 보았다. 대중 일반에 대해 말하자면, 1939년까지 과학의 이미지는 여전히 두려움의 방향보다는 비합리적일 정도의 열망의 방향으로 더 많이 휘어져 있었다. SF에서 과학자 악당들이 등장하긴 했지만, 그에 비한다면 과학자 영웅들은 두세 배 가량 더 많이 등장하고 있었다. 잡지나 책에 실리는 보통의 대중적 픽션에서 과학자들이 등장할 때, 그들은 단정하고 쓸모있는 인물들로 그려졌다. 잡지나 신문의 논픽션 기사들의 경우에도 마찬가지로 거의 칭찬 일색이었다. 과학자들은 종교와 공공생활을 향상시킬 수 있는 올바른 행위의 예들을 제공하고 있다고 밀리컨이 공개적으로 말했을 때, 이 말은 그다지 모순된 것처럼 들리지 않았다. 결국 그는 자신의 생애를 통틀어 진리의 탐구와 문명의 진보를 위해 눈에 띄게, 지침없이 헌신적으로 노력해 오지 않았던가?

1944년에 만들어져 대중적으로 성공을 거둔 영화 <퀴리 부인 Madame Curie>은 과학자들에 대한 다수의 이미지를 마치 핀 위에 앉은 나비와 같이 깔끔하게 포착했다. 젊은 피에르와 마리 퀴리는 그들 자신을 위한 세속적인 권력이나 물질적인 보상은 결코 추구하지 않고 오직 순수한 진리의 빛만을 추구했다. 영화의 한 주요 장면에서 그들은 자신들이 뽑아낸 최초의 라듐을 담은 접시 위에 몸을 굽히고 있는데, 그들의 얼굴은 라듐에서 나오는 부드러운 빛에 파묻혀 자신들이 막 발견해 낸, 선(善)을 위한 힘을 보며 황홀해하고 있다.

그러나 이 영화는 과학자들에게 뭔가 이상한 점이 있다는 사실을 아울러 제시했다. 영화는 마리 퀴리가 초인적인 헌신성을 지니고 녹초가 될 때까지 연구를 계속하였으며, 삶과 죽음을 좌우하는 신비스런 힘들을 완전히 이해하기 위해 그녀가 라듐으로부터 올 수 있는 암의 위험조차도 두려워하지 않았다는 점을 강조하고 있다. 영화 속에서는 마리 퀴리, 피에르 퀴리 누구도 좀처럼 인간적인 감정을 드러내지 않는다. 예를 들면 깊은 인상을 준 영화의 마지막 장면에서 피에르가 죽었다는 사실을 마리가 알게 되었을 때, 그녀는 말없이 초점이 없는 눈으로 얼어붙어 흐느끼지도 않고 며칠을 보낸다. 반면 실제 역사적 사실에서는, 마리의 친구들이 그녀를 남편의 시체 앞에 데려다 주었을 때 그녀는 열렬하게 그의 차가운 얼굴에 키스를 퍼붓고 그의 몸에 매달려서 결국에는 친구들이 방에서 끌어내다시피 해야만 했으며, 고통받는 여느 사람들처럼 울음을 터뜨렸다. 그러나 영화를 보러 온 일반 대중에게는 그런 모습으로 묘사되지 않았다. 왜 그랬을까?

실제 과학자의 이미지는 사악한 과학자의 전형과 많은 점을 공유하고 있었다. 실제 과학자가 된다는 것은 여러 해 동안 강도 높은 학습을 하고 종종 좌절감을 가져올 수도 있는 연구를 지속적으로 수행함을 의미하였고, 이는 비범한 자제력을 요구하는 것이었다. 이런 점은 싱클레어 루이스(Sinclair Lewis)가 1925년에 내놓은 소설인 『애로우스미스 *Arrowsmith*』와 같은 책에서 중심 테마로 나타났는데, 그럼에도 불구하고 이 책은 젊은 독자들에게 과학으로 향하는 어려운 길을 가도록 고무하는 데 일조한 바 있다. 몇몇 과학자는 여기에서 한 걸음 더 나아가, 과학은 세계를 비인격적이고 감정이 배제된 전문용어를 써서 바라봐야 비로소 발전할 수 있는 것이라고 주장했다. 그 결과 어떤 과학자들은 인간적인 감정을 억누르는데 익숙하게 되었다. 물론 실제 과학자들이 많은 경우에 좋은 동료이자 선생으로 인정받기도 하고, 온화하고 사교적인 유형의 인물도 많은 게 사실이다. 그러나 신문이나 잡지의 필자들에게 과학자는 자신의 건강을 스스로 위험에 빠뜨리고 부(富)를 조롱하는 등 일상적인 관심사들을 무시하는 기묘한 인물이자, 엄청난 비밀을 추구하는 과정에서 스스로를 고립시키는 비세속적인 '마술사'로 비쳤다. 영화속에서 루크 박사와 퀴리 부인은 공히 엄청난 인내력을 가지고 감정을 엄격하게 통제하면서 밤낮없이 라듐에 관한 작업에 몰두하는 것으로 나타나고 있다. 결국 한마디로 말하자면, 과학자는 마치 그들이 연구하는 원자 그 자체와 같은 존재 — 압축되어 있는 스프링과 같이 막대한 에너지를 그 속에 억눌러 놓고 있는 — 로 묘사되었다.

실제 핵과학자들이 픽션 속의 핵과학자들과 혼동되는 경우도 있었다. 예컨대 1936년에 이렌느 퀴리가 연구자금을 올려준다고 약속한 정당 쪽에 자신의 명성을 제공함으로써 프랑스 정계에 입문하였을 때, 한 풍자 만화는 그녀가 자신이 속한 당의 정적(政敵)들 사이를 차가운 태도로 걸으면서 손가락에서 죽음의 광선을 발사하여 그들을 제거하는 모습을 그렸다. 나쁜 과학자는 권력을 향한 욕망에 끌려 걷잡을 수 없는 지경까지 치닫는 사람인데 반해, 좋은 과학자는 자기 통제를 유지하면서 사회적 야심을 포기하는 과학자였다. 과학자들은 이런 구분에 동의하는 경향을 보였다. 이렌느 퀴리 자신도 기자들에게 자신은 실험실의 평온을 더 좋아한다며 곧 정계에서 물러났다.

위에서 언급된 모든 생각이나 신화들이 당시에 널리 알려져 있었던 것은 사실이지만, 1930년대의 식자층에게 그것들이 중요하게 여겨졌을 것 같지는 않다. 가장 인상깊은 이미지들은 주로 싸구려 잡지에 실린 소설이나 호러 영화들에서 나타났는데, 이런 (예술)양식들은 젊은이들에게 분명히 영향을 주었겠지만 분별있는 성인들에게는 그다지 관심을 끌지 못했을 것처럼 보였다. 그러나 그럼에도 불구하고 심지어 가장 기괴한 얘기들조차도 현실에 관해 뭔가 말해 주는 것이 있었다. 포스딕이 로렌스의 입자가속기를 두고 가장 순수하고 불편부당한 연구의 상징이라고 칭찬한 지 불과 2년 후에, 그 기기의 일부가 원자폭탄 제조를 위해 우라늄을 뽑아내는 시험 공장으로 탈바꿈했으니 말이다.

스파이로서의 과학자

미국이 히로시마와 나가사키에 원자폭탄을 떨어뜨렸을 때, 그 소식이 핵과학자의 전형적 이미지에 즉각적인 영향을 가져온 것은 아니었다. 그 대신, 이미 형성되어 있던 전형이 새롭게 부각되는 단계로 진입하였고 그것이 가졌던 감성적인 힘은 배가되었다. 히로시마에 폭탄이 떨어진 지 불과 몇 시간이 지난 후부터 라디오 방송에는 전문가들이 나와 무시무시한 힘들, 우주의 비밀 그리고 파멸의 날에 대해 숨가쁘게 말하기 시작했으며, 길거리부터 미국 상원 의회에 이르기까지 모든 곳에서 프랑켄슈타인의 이름을 들먹였다. 사실 그 이전 시기에 핵과학자들을 소재로 삼았던 얘기들은 그들이 영웅으로 묘사되었든지 악당으로 묘사되었든지 간에 심각한 주목을 받거나 신빙성을 획득하지는 못했었다. 그러나 1945년 8월 이후부터는 그 뒤얽힌 이미지 전체가 라디오의 영향권 내에 있는 모든 이들의 정신 상태에 중요한 일부분으로 작용하게 되었다. 이러한 대중적 반응은 충분한 근거를 지닌 것이었는데, 왜냐하면 원자 무기의 실제 존재가 막연한 공포에 새로운 타당성을 부여했기 때문이었다.

몇몇 집단은 두려움과 공포의 느낌이 대중 사이에서 저절로 생겨나는 것에 만족하지 않고, 그들 자신의 목적을 이루기 위해 대중적 이미지를 형성하려 노력했다. 먼저 사회적 움직임을 보인 것은 핵과학자들이었는데, 원자폭탄의 섬광이 사회적 주목을 받음으로써 그들은 전례 없을 정도로 두드러져 보이게 되었다. 물리학자들은 셀 수 없이 많은 저녁식사나 클럽 모임, 정부회의 등에 참석하도록 요청을 받았으며, 온갖 종류의 잡지로부터 글을 청탁받았고, '어린이 퀴즈(Quiz Kids)' 라디오 프로그램부터 백악관에 이르기까지 모든 곳에서 발언해 줄 것을 요구받았다. 그리고 그들은 조만간에 실현될 놀라운 전망을 대중에게 알리는 데 이 기회를 이용했다. 핵무기에 대한 국제적 통제를 실현시키기 위해서 몇몇 과학자는 문명의 종말, 심지어 전 인류의 종말이 다가올지 모른다고 경고했다. 반면 다른 과학자들은 핵에 관한 연구가 어떻게 사막을 옥토로 바꾸어 놓을 것인지에 대해 얘기했다 — 여기에는 물론 자신들과 같은 과학자들의 연구가 재정적으로 적절한 후원을 받는다는 전제 하에서만 그것이 가능할 것이라는 단서가 붙어 있었지만.

대다수의 사람에게 있어, 이 모든 생각은 우주의 힘을 지배할 수 있다는 오래된 관념의 부활을 의미했다. 핵에너지에 관한 1946년의 의회 청문회를 연구했던 한 사회학자는, 심지어 상원의원들조차도 마치 옛사람들이 마술사를 무시무시한 초자연력을 장악한 존재로 바라보았던 것과 똑같은 방식으로 원자과학자들을 바라보았다고 결론지었다. 과학자들이 그런 정도의 높은 지위를 누리게 된 것은 이전에 결코 없었던 일이었다.

그러나 마술사는 금지된 비밀을 지배하는 사람이었고, 이런 오래된 생각은 원자과학자들의 의도와는 무관하게, 심지어 그들의 저지 노력에도 불구하고 퍼져 나갔다. 1945년 가을, ≪뉴욕 타임스≫에 났던 기사들의 색인을 찾아보면 당시 원자에너지에 관한 기사들 중 2/3 가량이 주로 국제적인, 혹은 다른 방식의 '통제'에 대해 다룬 것이었고, 이 중에서 약 절반 정도가 주로 '비밀 유지'에 관한 것이었다. 원자에너지에 대한 미국 라디오 네트워크의 방송 내용을 1947년 중엽에 요약해 모은 것을 보면, 앞서와 대략 같은 비율로 관심이 유지되고 있음을 볼 수 있다. 심지어 트루먼 대통령조차도 미국 정부가 우주의 신비에 접근할 수 있는 배타적인 소유권을 갖고 있다고 생각했다. 원자폭탄의 '비밀'에 관해 수없이 많은 뉴스 칼럼, 라디오 프로그램, 잡지의 기사, 소설들이 씌어졌는데, 여기서는 그 '비밀'이라는 것을 마치 어딘가의 금고 안에 들어있는 한 장의 종이 위에 적힌 공식이나 되는 것처럼 간주하고 있었다.

미 의회는 원자에너지의 비밀을 누설하는 자에 대해 사형을 선고할 수 있는 법률을 통과시켰다. 적어도 원칙에 있어서는, 한 과학자가 자기 집에서 사적으로 행한 순수한 목적의 연구 결과를 친구에게 전했다고 하더라도 법적으로 사형을 언도받을 수 있게 되었다. 뉴스에 보도된 스파이 얘기들, 예를 들면 국가반역 행위자로 몰린 클라우스 푹스(Klaus Fuchs)나 간첩 혐의로 기소되어 나중에 사형되었던 줄리어스 로젠버그(Julius Rosenberg)와 에델 로젠버그(Ethel Rosenberg) 부부의 재판과 같은 얘기들은 이런 분위기를 계속 몰고가도록 부추겼다. 그 결과로 생겨난 비밀 유출에 대한 강박관념 때문에 가장 많은 피해를 본 사람은 과학자들이었다. 비록 미국 원자과학자들 중에서 반역자로 판명이 난 사람이 아무도 없긴 했지만, 그들만큼 철저한 조사를 받은 집단은 달리 없었을 것이다. 의회 청문회에서 공산주의자로 간주된 사람들 가운데 물리학자와 수학자들이 반수 이상을 헤아렸고, 수백 명의 과학자들이 무자비한 추적을 받아 그 중 상당수가 직업을 잃었으며 몇몇은 망명지에서 생을 마감하거나 자살하는 길을 택했다.

미국의 과학자들은 10여년 전만 해도 그들이 미처 상상할 수도 없었을 것들, 즉 평화시기인데도 곳곳에 배치된 경비원들과 높은 담장, 잠겨진 금고, 친구들의 사생활에 대해 꼬치꼬치 캐묻는 방문자들, 노골적인 감시 등, 너무나 비민주적인 조치를 받아들일 수밖에 없었다. 이런 경향은 새로 생긴 원자력위원회(Atomic Energy Commission, AEC)에서 특히 두드러졌다. 1950년대 말까지 미국 정부는 AEC에 고용된 사람들과 연관이 있는 15만 명의 사람에 대해 상세한 조사를 벌였다. 그리고 이와 유사한 조사 체계가 정부, 산업체, 심지어 대학의 많은 부서들에 스며들었다.

비밀 통제에 관한 집착은 핵에너지프로그램을 계획하고 있던 모든 다른 국가들에서도 유사하게 나타났다. 예를 들면 소련에서는 핵분열 연구가 다름아닌 비밀경찰청장 라브렌티 베리아(Lavrenty Beria)의 지휘 하에 맡겨졌다. 소련의 핵과학 연구소들은 베리아의 강제수용소 지역 내 높은 담장으로 둘러싼 격리된 곳에 위치하고 있었다. 그곳에서는 포로로 잡혀온 과학자들과 자유인인 과학자들이 함께 일하고 있었는데, 설사 자유인이라고 할지라도 선택의 폭이라는 측면에서 보면 포로들과 그다지 다르지 않았다. 흡사 로스 알라모스(Los Alamos)를 연상시키는 이 은폐된 시설에서, 담장과 경비원들은 프로젝트 책임자까지를 포함한 모든 이들의 행동에 제약을 가했으나 장소가 시베리아라는 점을 감안했을 때 높은 담장은 스파이의 침입을 막기 위해서라기보다는 과학자들의 탈출을 막기 위한 것이라는 점이 명백해 보였다.

이런 생각은 픽션으로 옮겨졌다. 1950년대에 만들어진 많은 소련 영화와 미국 영화들에서 스파이와 반역자들이 주인공으로 등장했고, 어린이들이 주로 보는 '원자 분대(The Atom Squad)'와 같은 텔레비전 프로그램 역시 비슷한 얘기들을 안방에까지 끌어들였다. 이제 여기에 새로운 대중적 전형이 나타났다. 과학적 비밀을 손에 넣음으로써 사람들을 위험에 처하게 하는 반역자가 그것이었다. 그리고 여기서 과학적 비밀이란 원자에너지의 비밀을 의미하는 경우가 반수를 넘었다.

이런 얘기들은 그 이전의 신비스런 이미지를 부추기는 또 하나의 힘이 되었다. 예컨대 스파이들이 원자에너지의 비밀을 알아내기 위해 어떤 사람의 납치를 시도하는 내용을 담고 있는 1950년대의 미국 영화 세 편 모두에서, 원자에너지의 비밀을 쥐고 있는 문제의 인물은 <보이지 않는 광선>에서 칼로프가 연기했던 빛을 내뿜는 미친 과학자처럼 이미 사고를 당해 기괴한 방사능을 띠고 있는 것으로 설정되었다. 그리고 다른 스파이 영화를 보면, 카메라가 로스앤젤레스를 둘러싸고 있는 담장을 따라 수평으로 움직이면서 거기에 붙어 있는 '오염 구역'이라고 씌어진 표지판과 '제한 구역'이라고 씌어진 표지판을 차례로 보여주는 장면이 나온다. 이는 방사능으로부터 오는 위험과 금지된 것을 알기 위해 혈안이 된 인물로부터 오는 위험이 합쳐진 것이라고 볼 수 있겠다.

과학자들은 괴상하고 한 가지 목적에만 전념하며 정상적인 사회 바깥에서 작업하는 강력한 존재로 항상 그려졌고, 그런 전형은 원자 과학자들에 대해 저널리스트들이 쓴 기사들에서 계속 반복되었다. 헌신적이고 총명한 맨해턴 계획(Manhattan Project)의 과학자들이건 아니면 헌신적이고 총명한 반역자들이건 간에, 그들은 비밀스럽게 사회에 폭력적인 변화를 가하려는 경향을 지닌 것으로 보였다. 사람들이 스파이 선풍(spy craze)을 '마녀 사냥'에 비유했을 때, 그들은 새로이 나타나고 있던 유형을 가리켰던 것이다. 사람들 사이에 오가는 얘기들은 종종 반사회적인 마술사의 전형보다 더 원초적인 수준까지 내려가기도 했는데, 예컨대 한 여성은 미국 상원의원에게 편지를 써서 "우리가 모두 산산조각나서 날아가기 전에 저 미친 과학자들이……원자폭탄을 만지작거리는 것을 제발 멈추게 해 주세요. 그들은 마치 새 장난감을 가지고 노는 어린아이처럼 행동하고 있어요"라고 호소했다. 그러나 이는 결코 새로운 것이 아니었으며, 예전에 밀리컨이 과학자를 두고 세상을 위험에 빠뜨리는 '조그만 악동'이라고 불렀던 것과 정확하게 일치하는 생각이었다.

1950년에 구성이 치밀하게 만들어진 영국 영화 <정오까지 앞으로 7일 Seven Days to Noon>에서는 바로 그런 과학자가 주인공으로 등장했다. 존 윌링던 박사(Dr. John Willingdon)는 원자폭탄을 만드는 데 조력했던 인물로 마치 어린아이같이 순진한 물리학자인데, 그는 자신이 설계한 원자폭탄에 대해 걱정을 하기 시작하고 급기야 정신분열의 상태에 이른다. 가방에 폭탄을 훔쳐 달아나면서 윌링던은 만약 영국이 핵무기 폐기를 약속하지 않는다면 폭탄과 함께 자폭하여 런던 전체를 날려 버리겠다고 선언한다. 비록 미친 천재의 전형이 등장하긴 하지만, 이 영화는 전반적인 분위기에서는 보통의 경찰 스릴러를 조금도 닮지 않았다. 미친 과학자가 리얼리즘의 세계로 한 발을 들여놓은 것이었다.

원자폭탄이 만들어진 이후부터, 핵과학자들에 대한 우려는 이제 과학기술 일반에 내재한 위험을 압축적으로 가장 잘 상징할 수 있는 방법이 되었다. 그것은 또한 마음 속 깊숙이 숨겨져 있던 잔혹한 비밀들 — 금지된 비밀을 엿보는 것, 다른 이들을 지배하려는 욕망 그리고 마치 윌링던과 같이 심지어 자기 자신이 살던 도시를 파괴해 버리려 드는 위험천만한 충동에 이르기까지 — 을 가장 잘 상징할 수 있는 것이 되었다.

이러한 연상들은 저절로 나타난 것이 아니라 사람들 개개인에 의해 형성된 것이었다. 신화적인 테마들을 반복적으로 보고 들어 왔던 보통의 시민들은 히로시마로부터 날아온 뉴스를 받아들이는 과정에서 자신들에게 친숙한 생각들을 이용했다. 어떤 사람들은 다른 이들에게 강한 인상을 남기기 위해 좀더 의도적으로 이미지들을 차용했다 — 비록 결과가 항상 의도했던 대로 나온 것은 아니었지만 말이다. 놀라운 원자력이나 마술사와 같은 과학자에 관한 얘기들은 사람들로 하여금 과학자들의 인도를 따르게 할 수도 있었지만, 오히려 과학자들을 두려워하고 그들을 통제해야 하는 대상으로 바라보도록 만들 수도 있었다.

늦어도 1950년대 말쯤이 되면 이 중에서 두번째[과학자들을 두려워하여 그들을 통제의 대상으로 바라보는 것]가 지배적인 경향으로 자리잡게 되었다. 결국, 사람들이 핵무기의 등장으로 생겨난 두려움과 적대감을 언젠가 그것을 사용할지도 모르는 이들이나 그것의 사용에 조력을 제공한 이들에 대한 두려움과 적대감으로 대체한 것에는 충분한 이유가 있었다. 제1차 세계대전의 발발로 제기된 의문들은 제2차 세계대전이 끝날 무렵엔 부인할 수 없는 사실로 나타나게 되었으며, 이런 생각이 냉전체제 하에서도 끝없는 전쟁 위협 때문에 지속적으로 전면에 유지되었다.

함의

미친 과학자의 역사가, 그 이미지를 어떻게 바로잡을 수 있을까라는 물음에 대해 우리에게 전해 주는 교훈이 있을까? 다음의 한 가지는 명백하다. 즉 과학자에 대해 대중이 가지고 있는 이미지는 깊고 다양한 뿌리들에 의존하고 있어서 바꾸기가 쉽지 않다는 것. 사람들이 기술의 발전을 바라보며 어쩔 줄 몰라하고 또 그에 의해 위협받고 있다고 생각하는 한, 그리고 무엇보다도 사람들을 공격할 태세를 갖춘 핵무기들이 수없이 존재하는 한, 대중이 과학이나 기술을 순수한 찬양의 대상으로 바라보기를 기대하는 것은 불가능하다. 따라서 과학자의 이미지를 개선하는 가장 확실한 방법은 사회가 과학을 이용하는 방식에 있어 진정한 개선 — 군축 문제부터 시작해서 — 을 이루어내는 것이다.

 과학자들이 오랜 시간을 요하는 그런 작업을 수행하는 과정에서 그들 자신이 '미친 과학자'의 전형을 개선하려 직접 시도를 할 수도 있을 것이다. 그러나 이는 상당한 주의를 기울여야만 한다. 과학자들을 헌신적인 기적 창조자(wonder-worker)로 내세우는 시도들은 마술사의 전형을 불러오기 십상이라는 사실이 이미 증명된 바 있기 때문이다. 보다 겸손한 접근이 훨씬 좋을 것이다. 첫째, 미친 과학자가 대중매체에 등장하는 경우에 과학자들이 직접적으로 불만을 토로하는 것이 항상 금기시되어야 한다는 것은 아니다. 이는 부당하게 전형이 만들어진 다른 집단들의 경우에도 마찬가지일 것이다. 그리고 둘째로, 과학자의 실제 역사를 대중에게 말해 주는 작업이 지속적으로 이루어져야 할 것이다. 즉 문명을 진보시키기 위해 노력하지만 그것에 대한 사적인 통제를 꾀하지 않는 사람들, 자신들의 연구에 몰두하지만 일반적인 인간의 감정을 경멸하지 않는 사람들, 지식을 추구하지만 유토피아와 파멸의 날을 결정하는 우주의 비밀을 지배하려는 목적을 갖고 있지 않은 사람들로 과학자들을 그려낼 필요가 있을 것으로 생각된다.

3

과학과 언론보도*
― 과학 팔아먹기 ―

도로시 넬킨

    1987년 봄, 일군의 과학자들은 미국물리학회(American Physical society)의 정기학회에서 고온 초전도물질(high-temperature superconducting material)을 새로 개발했다고 발표했다. 미리 배포된 논문과 보도자료를 통해 널리 사전 홍보가 된 탓에, 해당 분과회의에는 3,500명의 물리학자들과 수백 명의 기자들이 참석해 발표를 지켜보았다. 발표에서 벨 연구소 고체물리 연구팀의 버트램 배트로그(Bertram Batlogg)는 "우리의 삶이 변혁되었다"고 선언했다. 열광한 언론은 배트로그의 이 말을 인용해 헤드라인에 올리면서, 기사에서는 "숨이 막힐 정도의 진보", "입이 떡 벌어지는 가능성", "혁명"과 같은 표현을 동원해 찬사를 보냈다. 기자들은 과학자들이 내뱉은 경

---

* 출전: Dorothy Nelkin, "Selling Science," *Physics Today*, 43:11 (1990), 41-46.
    Reprinted with permission from FULL CITATION. ⓒ1990 by American Institute of Physics.

탄의 말들을 보도했다. 그들에 따르면 상온 초전도는 "기술에서의 양자적 비약"이자 "신 개척지"였다. 뉴스 기사들은 새로운 운송수단(자기부상 열차), 새로운 동력 시스템(값싼 에너지) 그리고 캘리포니아의 실리콘 밸리에 필적할만한 "옥사이드 밸리(Oxide Valley)"의 탄생을 예견했다.

고온 초전도를 둘러싼 이런 과장된 주장들은 과학기술 언론보도에서 전형적인 것이다. "[전기가] 너무 값이 싸서 미터기로 계량조차 할 수 없다"고 선전되던 핵발전의 초기 시절을 돌이켜보자. 당시 기자들은 자동차와 난방기가 원자로에 의해 가동될 것으로 내다봤으며, 심지어는 인공 태양이 날씨를 제어할 것이라고 예상하기까지 했다. "원자 에너지의 시대가 도래하면 야구 게임이 비 때문에 취소되는 일은 없어질 것이다. 비행기가 안개로 인해 회항하는 사태도 발생하지 않을 것이며, 겨울에 눈 때문에 교통체증이 생기는 도시도 없을 것이다." 또한 챌린저 사고[1])가 생기기 전의 우주 왕복선(space shuttle)에 대한 보도를 생각해 보자. "우주로 향하는 정기노선 비행", "무중력의 빈 공간 속에" 건설될 새로운 생산 시설의 가능성, "궁극의 기술단지" 등등.

과학에 대한 대중의 지지 하락 및 과학적 소양(literacy)의 저하에 대한 우려에 직면한 작금의 상황에서, 과학자들과 과학단체들은 자신들의 연구와 이로부터 나올 수 있는 잠재적인 사회적 혜택에 대해 적극적인 선전을 — 간혹 사기에 가까운 정도까지 — 하고 있다. 그리고 언론은 대체로 이에 호응한다. 그러나 과학자들은 종종 언론을 과학의 순수성을 위협하고 반(反)과학적 태도에 기여하는 '지저분한' 사업 — 정치와 같은 반열의 — 으로 간주한다. 몇몇 전문 저

---

1) 1986년 1월 28일, 7명의 승무원을 태우고 플로리다주의 케네디 우주센터에서 발사된 미 우주왕복선 챌린저호가 73초만에 공중에서 폭발해 승무원 전원이 사망했다 — 옮긴이.

널은 기자들로부터 질문을 받았을 때 인터뷰를 녹음해 두고 심지어 일부러 혼동을 유발하는 등의 방어적인 전술을 쓰라고 과학자들에게 충고해 왔다. 칼 세이건(Carl Sagan)이나 라이너스 폴링(Linus Pauling)과 같이 자신들의 분야와 작업을 대중화하려 애쓰는 '눈에 띄는 과학자들(visible scientists)'은 종종 동료들에 의해 일종의 오염으로 간주되곤 한다. 그리고 일부 과학자들이 대중적 명성을 추구하는 반면, 많은 과학자들은 기자들과 대화하는 것을 아예 기피한다.

기자들과 과학자들 사이의 긴장은 어디에서 기인한 것일까? 교양있는 시민을 만들어내는 수단으로써의 언론에 대한 관심이 높아지고 있음에도 그러한 긴장이 유지되는 이유는 무엇인가? 필자는 언론이 저널리즘의 제약요인과 대중적으로 긍정적인 이미지를 만들어내려는 과학자들의 노력, 이 양자 모두를 어떻게 반영하는지를 알아보기 위해 언론이 취급한 과학보도 내용을 분석했다.[2] 필자는 대중언론매체에 초점을 맞추었는데, 여기에는 ≪뉴욕 타임스 *The New York Times*≫나 ≪뉴스위크 *Newsweek*≫와 같이 전국적으로 배포되는 신문과 잡지뿐만 아니라 지역 신문들과 여성지, 건강 잡지, 경제지 등 널리 배포되면서도 대상층이 특화된 매체들까지도 포함했다. (여기서 ≪사이언스 *Science*≫와 ≪사이언티픽 아메리칸 *Scientific American*≫과 같은 전문 과학잡지는 제외했는데, 왜냐하면 이 잡지들은 이미 과학기술적 주제들에 대해 알고 있고 거기에 관여하고 있으며 또 이에 관심을 두고 있는 이들을 대상으로 하기 때문이다.) 필자는 또한 기자들과 과학자들을 인터뷰하기도 했고 회합이나 기

---

[2] 좀더 상세한 분석 결과는 Nelkin(1987)이 있으며, 과학자와 저널리스트의 관계를 다룬 가치있는 연구 세 개를 더 소개하면 Shinn & Whitley(1985)와 Friedman, Dunwoody & Rogers(1986) 그리고 역사적 연구문헌인 LaFollette(1990)가 있다.

자회견에도 참석했다. 필자의 연구는 일련의 유형화된 문제점들을 보여줄 수 있었다 — 이들 중 일부는 과학보도 특유의 어려움에서 비롯된 것이고, 다른 일부는 미국 언론 일반의 고질적인 문제에서 나타난 것이다.

이미지와 이상화

대다수의 사람들은 과학의 실체에 관한 지식을 언론으로부터 얻는다. 그들은 직접적인 경험이나 과거 받은 교육을 통해서보다는 저널리즘의 언어와 이미지라는 필터를 통해 과학을 이해한다. 그리고 과학 전문기자가 거의 없는 지역 신문이건, 아니면 《뉴욕 타임스》와 같이 과학 분야를 잘 아는 경험있는 필자들을 고용한 전국 단위 신문이건 간에, 신문의 과학기사들은 대체로 같은 주제에 초점을 맞추고 같은 정보원(源)을 인용하며 유사한 용어를 써서 정보를 해석하는 경향을 보인다.

기사들이 그 깊이와 세부 보도내용에서는 차이를 보임에도 불구하고, 언론의 과학보도에서 나타나는 이미지에는 놀라울 정도의 일관성이 존재한다. 몇 가지 은유적 표현들이 지속적으로 반복되고 있는 것이다. 그 중 하나는 연금술에서 빌어온 용어이다. 즉 과학자들은 마술사이고 기적의 창조자이며 마법사로서, 궁극의 진리, 비밀스런 지식, 마법의 탄환을 발견해 낸다. 그리고 전쟁, 혁명, 개척지와 같은 공격적 이미지들이 점차로 널리 퍼지고 있다. 즉 과학자들은 개척자, 혹은 질병과 싸우는 전사로서, 자연의 힘을 정복하거나 일본에 맞서 경쟁을 벌인다. 과학자들은 컴퓨터 혁명, 생명공학 혁명, 에너지원의 혁명 등 혁명에 관여하고 있다. 종종 언론보도의 초점은 극적인 '성취(breakthrough)'에 맞추어진다. 그것은 새로운 초전도

물질일 수도 있고, 특허받은 쥐일 수도 있으며, 현재까지 가장 빠른 컴퓨터이거나 최신의 의학적 치료법일 수도 있다. 또한 언론보도에서 과학은 해결하기 힘든 딜레마에 대한 해결책이자 불확실한 세계에서 확실성을 성취하는 방법으로 그려지며, 합의를 끌어내고 진보와 국가의 리더쉽에 대한 편안한 이미지를 다시 창출하는 하나의 수단으로 묘사되기도 한다.

심지어 비판적인 과학기사조차도 이러한 이상적인 어조를 담아 기술하곤 한다. 이를테면 기자들은 과학에서의 기만(fraud) 사례를 과학 내부의 구조적 문제의 반영으로 보기보다는 몇몇 일탈적인 개인의 병적인 행위로 묘사한다. 소비자에 대한 기만은 날강도 같은 짓으로 보도되는 반면, 과학에서의 기만은 과학 제도를 더럽히고 오염시키는 배신, 오용, 스캔들로 그려진다. 종교적 은유도 곧잘 사용된다. 속임수를 쓴 과학자들은 '유혹에 굴복한' 자들이며, 기만은 '과학에서의 죄악'이라는 식이다. 이런 언어 사용은 과학을 순수하고 경외감을 불러일으키는 것으로, 거의 영(靈)적인 소명으로 이상화시킨다.

언론에서는 과학자들이 개인적인 경제적 목표를 가질 수 있다는 사실이 새롭게 나타난 골치아픈 문제로 보도되고 있다. 《타임 Time》지는 '돈으로 고용된 과학자들(Hertz rent-a-scientists)'에 대해 보도하면서 놀라움을 표했다. 뉴스 기사에서는 오늘날의 과학자들이 '경제적 이익과 순수성' 사이에서 선택을 해야만 한다고 보도하고 있다 — 마치 과학에 미치는 경제적 영향이 새로 나타난 딜레마나 되는 것처럼 말이다. 여기서도 역시 정치적 혹은 경제적 편향을 넘어선, 불편부당하고 순수한 과학의 이미지가 지배적으로 나타나고 있다.

노벨상 수상자들에 대한 묘사는 종종 이러한 이상을 강화시킨다. 그들은 우리가 과학을 통해 자연을 통제하는 것을 돕는, '신 개척지'에 자리잡은 '슈퍼스타'이다. 수상자들을 다룬 대부분의 기사는 그들이 하는 연구가 불가사의하고 신비한 것으로 보일 만큼만 그 내용을 묘사한다. 기사에서 가장 자주 다루어지는 내용은 연구의 핵심이 무엇인가에 관한 것이 아니라 미국과 다른 나라 수상자들의 상대적인 비율에 관한 것이다. 기사들은 이상하게도 올림픽 경기에 대한 기사와 비슷하게 들린다. "또 한번의 강한 미국 바람", "미국적 [연구]스타일의 승리", "1972년의 [수상]기록과 타이를 이루다" 등등.

수상자들은 대체로 [세상사로부터] 격리되어 있고, 동떨어져 있으며, 다른 사람들 모두를 훨씬 초월한 위치에 있는 것으로 그려진다. 여기서 두드러진 예외는 몇 안되는 여성 노벨상 수상자들에 관한 것이었는데, 이들은 '당신이나 나와 꼭 같은 보통 사람'으로 묘사되었다. 여성지 ≪맥콜스 McCall's≫를 보면, 마리아 메이어(Maria Mayer)는 "훌륭한 과학자이며, 완벽하게 귀여운 아이들을 키우고 있고, 그녀 자신은 터무니없을 정도로 예뻐 이 모든 것이 불공평해 보인다"고 쓰고 있다. 그녀는 "낭만적인 여성의 초롱초롱한 시선을 통해" 모든 것을 보았다. 그녀는 자신의 셸 모형(shell model)에서 원자를 여러 층의 양파 껍질에 비유함으로써 '여성적인 방식으로' 원자를 설명했다. ≪패밀리 헬스 Family Health≫지에서 로잘린드 앨로우(Rosalind Yalow)를 다룬 기사는 그녀의 연구뿐 아니라 그녀가 직업과 가사 사이에서 균형을 잡고 있음에 초점을 맞추었다. 기사의 헤드라인은 "그녀는 요리하고, 그녀는 청소를 하고, 그녀는 노벨상을 수상한다"였다. ≪뉴욕 타임스≫의 독자들은 바바라 맥클린톡(Barbara McClintock)을 다룬 특집 기사의 첫머리에서 그녀가 빵을 구울 때 호두를 애용한다는 사실을 알게 된다. 기사들은 이 여성들을 그들의 평범함 때문에 오히려 주목할만하다는 식으로 취급함으로써 과학이 남성적인 것임은 말할 것도 없고, 신비스럽고 고도의 전문적인 것으로 과학의 지배적인 이미지를 강화시킬 뿐이다.

언론에 보도된 기사에서는 연구의 방법이나 연구와 관련된 사회

조직, 혹은 주요한 과학정책 결정에서의 우선순위 문제 등은 거의 다루어지지 않는다. 독자들로 하여금 과학적 증거의 성격이 어떤 것인지, 과학과 입증되지 않은 견해가 서로 어떻게 다른지를 이해할 수 있도록 도움을 주는 정보도 마찬가지로 드물다. 언론은 과학에서 특정 개인에 초점을 맞춤으로써 과학자를 스타로 부각시키지만, 이와 동시에 연구의 실제 구조 — 연구보조자들(technician), 학생들, 혹은 젊은 박사학위 소유자들의 숨은 노력에도 의존하고 있는 — 를 왜곡한다. 언론은 과학을 신비화시킴으로써 이를 대중의 이해의 범위를 넘어서는 불가사의한 사실들의 집합으로 만든다. 또한 과학연구를 촉진하려는 언론의 노력 때문에 과학은 일군의 '전도유망한 극적 성취들(promising breakthrough)'과 동일시되고, 그런 전망이 실현되지 않았을 때 궁극적으로는 [대중의] 환멸을 부추기게 된다. 예를 들면 1980년대 초반의 언론보도에서 인터페론(interferon)은 한때 '기적의 치료약'이자 '마법의 탄환'으로 떠받들어졌다가 시간이 지나자 '그림의 떡', '일장춘몽'으로 추락했다. 역설적으로, 이런 유형의 언론보도는 그것이 애초에 계몽(inform)하고자 했던 바로 그 독자들을 소외시키고, 대중의 무관심을 부추기며, 무력감과 함께 전문가들에게 모든 걸 맡겨버리려는 경향을 몰고온다.

과학 저널리즘에서 쓰는 은유들은 또한 그것이 공공정책의 함의를 갖기 때문에 중요성을 갖는다. 첨단 기술이 '전투'나 '경쟁'을 통해 유지되는 '신 개척지'와 연관되어 그려질 때, 전쟁의 이미지는 전문가들에게 의문을 제기해서는 안되며 새로운 기술은 계속 발전해야 하고 이에 제한을 두어서는 안된다는 의미를 함축하게 된다. 그러나 그 대신 언론보도가 위기 혹은 통제를 벗어난 기술의 이미지를 제시한다면, 우리는 정부의 규제와 통제를 증가시킴으로써 폭주하는 힘들을 억제할 방법을 찾아야 한다고 느낄 것이다. 과학교육에 내재한 약점을 '교육 정책상의 문제'로 파악한다면 이는 숙고를 통해 장기적인 정책 개입이 필요함을 의미할 것이고, 반면 이를 '국가적 위기'라고 정의한다면 이는 곧 신속하지만 단기적 대증요법에 불과한 대응을 가져올 것이다. 만약 과학이 엄청나게 복잡하고 심오한 것으로, 그리고 과학자는 일종의 마술사나 성직자 같은 이미지로 그려진다면, 이는 곧 대중이 취해야 하는 적절한 태도가 숭배와 경외임을 암시할 것이다. 그러나 만약 과학과 과학자들이 공공 자원의 일부를 차지하고자 하는 또 하나의 이익집단에 불과한 것으로 그려진다면, 이는 비판적인 대중의 평가를 요구하게 될 것이다.

전문화된 과학 저널리즘의 기원

언론에 나타난 과학의 이미지들은 과학보도의 지난 역사를 반영한 것이다. 그리고 그런 이미지들은 최근들어 과학자들이 대중에게 긍정적인 이미지를 심어주려는 의도로 자신의 작업을 과장해서 선전함에 따라 더욱 증폭되어 나타나고 있다. 20세기 초엽의 대중 잡지들은 거의 신비주의에 가까운 용어들을 써가며 과학에 대한 경외감을 독자들에게 전달했다. 과학자들은 세상사로부터 격리되어 있고, 멀리 떨어져 있으며, 뭐든지 다 아는 그런 사람으로 그려졌다. 1902년 ≪네이션 *The Nation*≫지는 언론이 과학에 대해 마술이나 마법과 같은 이미지를 부추기고 있다고 비난한 바 있다.

제1차 세계대전 그리고 각종 소비재의 확산으로 특징지어지는 전후 시기에 과학은 여러 중요한 역할을 수행했고, 그 결과 대중은 과학이 지닌 사회경제적 힘을 점차 깨닫게 되었다. 이와 동시에 사람들은 전문가와 일반인 사이의 지식 격차의 확대를 심각한 딜레마로 인식하게 되었다. 1919년에 ≪뉴욕 타임스≫는 일련의 사설을 통해 물리학의 새로운 발전을 이해하는 것이 얼마나 어려운 일이 되었는지를 언급하면서, 중요한 지적 성취를 오직 소수의 사람들만이 이해할 수 있게 된 상황은 민주주의에 부정적인 영향을 끼칠 수 있다는 우려를 표했다. 아인슈타인의 상대성이론은 과학의 난해함의 상징이 되었다. 그의 친구였던 모리스 코헨(Morris Cohen)은 당면한 딜레마를 놓고 ≪더타임스 The Times≫지에 이렇게 썼다. "자유로운 문명은 그 속에 사는 모든 이들의 이성이 그 스스로 자연의 사실들을 탐구할 수 있을 정도로 유능함을 의미한다. 그러나 최근 과학의 발전은 관련 교육을 받지 못한 일반인과 교육을 받은 전문가들 사이에 인위적인 장벽을 세워놓고 있다."

이런 우려들이 제기되고 있는 맥락에서, 1921년 신문업계의 거물인 에드워드 스크립스(Edward W. Scripps)는 과학 기사의 배포를 맡는 미국 최초의 통신사인 '사이언스 서비스(Science Service)'를 창립했다. 스크립스는 과학자들이 "너무나 똑똑하고 너무나 지식으로 꽉 차 있어서⋯⋯왜 신이 거의 나머지 인류 모두를 지독하리만치 멍청하게 만들어 놓았는지를 이해할 수 없을 것"이라고 믿었다. 그는 과학이 민주적인 삶의 방식의 기초라고 믿었다. 그리고 무엇보다도, 그는 당시 전개되고 있던 엄청난 과학기술상의 변화로 미루어 보아 과학 뉴스가 분명히 잘 팔릴 거라고 믿었다.

사이언스 서비스의 창립 초기에 스크립스는 이 회사를 과학 단체의 목소리를 대신하는 일종의 선전 담당(press agent)으로 만들지, 아니면 독립적인 뉴스 서비스 업체로 만들지를 놓고 깊이 생각했다. 단순히 [과학자들이 내세운] 선전을 전파해 주는 매체로 전락하지 않기를 바랐음에도 불구하고, 그는 전자의 역할을 선택하게 된다. 이 통신사는 대부분의 저명한 과학단체들이 파견한 이사들에 의해 통제되었고, 과학자사회의 가치규범이 편집 정책을 지배했다.

사이언스 서비스를 맡은 최초의 편집인이었던 화학자 에드윈 슬로슨(Edwin Slosson)은 이후의 과학 보도에 중요한 선례가 된 하나의 양식을 확립했다. 그는 "대중의 시선을 끄는 것은 항상 반복되는 사건이 아니라 그로부터 예외적으로 벗어난 사건이다. 우리가 일간지를 통해 다가가려 애쓰는 바로 그 대중은 머리 셋 달린 소, 샴 쌍둥이, 수염난 여자 등에 관한 얘기에 혹해 길가에서 벌어지는 쇼로 몰려드는 정도의 문화적 수준에 위치해 있다"고 보았다. 그는 바로 이 때문에 과학이 대체로 짧게 보도되며 기사가 항상 '가장 ~한'으로 끝나게 된다고 설명했다. '가장 빠르거나 가장 느린, 가장 뜨겁거나 가장 차가운, 가장 크거나 가장 작은, 그리고 무엇보다도 세상에서 가장 새로운 것' 등등 말이다.

이에 따라 슬로슨은 독자들을 끌어들이는 경쟁을 하는데 있어 인간을 둘러싼 관심사를 강조했다. 사이언스 서비스를 소개하는 광고는 "드라마와 로맨스가 놀랍고도 일상사에 도움이 되는 사실들과 서로 뒤얽혀 있"으며 "시험관 하나 하나마다 그 속에 드라마가 숨어 있"다고 선언했다. 사이언스 서비스의 기사들은 과학자들을 개척자로 그려냈다. "최초 발견의 순수한 전율은 앎과 무지를 경계짓는 산맥의 정상을 처음으로 통과한 탐험가에게만 찾아오는 것이다." 대중의 기호에 대한 인식과 과학자사회의 가치규범 및 관심사, 이 양자 모두에 의해 형성된 사이언스 서비스의 보도 양식은 과학 뉴스를 위한 시장을 창출해 냈고 동시에 오늘날의 과학 저널리즘의 목표와 양식을 확립했다.

1930년대에 과학 저널리즘은 전미과학기자협회(National Association of Science Writers)의 창립과 함께 확장, 전문화되기 시작했다. 그러나 기자들이 과학을 대중에게 좀더 체계적으로 전달하려는 작업을 시작하게 되자, 과학자들과의 관계에 문제가 발생했다. 과학자들은 학문적 잣대를 들어대어 언론 보도의 질을 평가하려 했고, 과학기자들의 선정주의와 지나친 단순화를 공격했다. 이에 대해 기자들은 과학자들이 사회로부터 유리되어 있으며, 대중의 시점에서 사물을 보려

들지 않는다고 혹평했다.

선전 활동과 그 속에 내재한 함정

1970년대 초, 과학계가 그 조직에 있어 복잡해지고 사회적 중요도가 커짐에 따라 과학계와 언론간의 관계도 바뀌게 되었다. 과학자들은 대중의 지지를 얻기 위해 과학으로부터 어떤 혜택을 얻을 수 있는지를 사람들에게 설득하는 하나의 수단으로 언론을 생각하기 시작했다. 그러나 과학자들이 대중적 이미지에 영향을 미치려고 시도하는 과정에서, 오랜 기간 동안 [과학자들의] 선전 활동에 대해 회의적 시선을 품어 왔던 기자들로부터의 비판을 초래하게 되었다. 과학은 1970년대를 통해 비판적인 저널리즘의 취재 대상이 되었는데, 이는 워터게이트 사건 이후 미국의 각종 제도 내부에 도사린 부패를 폭로하는 데 언론의 주목이 집중된 것과 맥을 같이하는 것이었다. ≪샌프란시스코 크로니클 San Francisco Chronicle≫지의 데이비드 펄먼(David Perlman)과 같은 저명한 과학기자들은 과학을 다룸에 있어 이를 여타의 제도들 — 특히 정치 — 과 같은 방식으로 다루지 못하고 있다고 동료 기자들을 비난했다. "우리는 과학계를 보호하는 것이 아니라 그 속에서 일어나는 일들에 관해 보도하는 책임을 맡고 있다. 정치부 기자들이 정치와 정치인들에 대해 보도하는 것과 꼭 마찬가지로 말이다."

그러나 1980년대가 되자 언론보도의 어조는 다시 한번 변화를 겪었다. 이는 1980년대의 사회 분위기가 반영된 것이기도 했고, 호의적인 언론의 주목을 끌어모으기 위해 과학단체들이 좀더 조직화된 노력을 기울인 결과이기도 했다. 과학이 계속 확장했던 1960년대에는 과학자들이 외부 여건에도 흔들리지 않는 정부의 연구비 지원

혜택을 누릴 수 있었고, 과학과 진보 사이의 연결에 아무런 의심도 제기되지 않는 속에서 정당성을 확보할 수 있었다. 그러나 1980년대가 되자 과학자들은 당혹스런 사회적·윤리적·정치적 딜레마와 마주치게 되었다. 과학이 [여전히] 국가 전체의 자원으로 인식되고 있었음에도 불구하고, 과학자들은 연구비 지원이 정치적으로 불안정해지는 상황에 직면했다. 당시는 거대 프로젝트들 — 인간게놈프로젝트, 초전도 초충돌자(superconducting supercollider), 슈퍼컴퓨터, 달-화성 탐사 계획, 우주 정거장 등 — 이 제각각 대규모의 공공자금 지원을 받기 위해 경쟁하던 바로 그 시기였다. 이런 프로젝트들에 대한 지원은 동료 과학자의 심사보다는 정치적 선택에 의해 더 많이 좌우되었으므로, 1980년대의 많은 과학자들은 큰돈이 드는 연구계획에 대한 지원을 확보하기 위해서는 학자들끼리의 커뮤니케이션만으로는 불충분하며, 대중매체를 통해 전국적인 지명도를 얻는 것이 전략적으로 반드시 필요하다고 확신하게 되었다. 그들은 언론을 이용하는 자신들의 작업을 대대적으로 확장하여 그 속에서 전달되는 이미지들을 [특정한 방향으로] 형성하려 노력했다. 노벨상 수상자인 물리학자 케네스 윌슨(Kenneth Wilson)은 《뉴욕 타임스》와의 인터뷰에서 슈퍼컴퓨터 연구에 대한 정부 지원을 따내기 위한 자신의 전략을 다음과 같이 설명했다. "그 연구의 전체 내용은 너무나 복잡해서 이해시키기가 거의 불가능합니다 — 결국 중요한 것은 이미지죠. 이 컴퓨터 개발 프로그램이 미국의 기술적 리더쉽을 위해 핵심적이라는 이미지를 통해 우리 같은 사람들과 언론이 서로 상호작용을 하는 것이고 또 의회로부터 반응을 끌어낼 수 있는 겁니다."

이에 따라 대학과 전문 학회들은 정교한 선전 활동 기법들을 개발했고, 고급 용지에 인쇄한 보고서를 출판하였으며, 연구 결과에 관한 기자회견을 개최하고 보도자료를 발송했다. 때때로 이는 그 연구 결과가 동료 과학자들로부터의 심사를 거치기도 전에 이루어졌다. 유타 대학의 과학자들이 상온핵융합(cold fusion)의 성공을 서둘러 발표했을 때 언론은 물론 이에 호응했다. 그것이 기자회견 과학 (press-conference science)[3]의 극단적인 예처럼 보였음에도 불구하고 말이다. 또다시 기자들은 에너지원의 혁명을 예측했고, 심지어 과학 발달의 경제적 메카가 될 '퓨전 밸리(Fusion Valley)'의 탄생을 내다보기까지 했다.

많은 과학자들은 이런 식의 언론 이용에 극히 비판적이었지만, 상온핵융합이 지나치게 열성적인 행위를 보여준 유일한 사례는 아니었다. 발견에 있어서의 우선권을 확보하고 대중을 매혹시켜 결국 의회 내지는 산업체의 지원을 얻어내고자 하는 욕심에서, 과학자들은 언론으로 곧장 달려가 알츠하이머병, 거식증, AIDS 등의 치료법을 선전하려 들었다. 몇몇 과학자는 대중의 구미에 맞추기 위해 ≪내셔널 인콰이어러 *National Enquirer*≫지[4]가 무색할 정도의 용어들을 들먹여 가며 자신의 작업을 설명했다. 인간게놈프로젝트를 선전하는 유전학자들은 그것을 일컬어 '성배를 찾기 위한 여정'이라고 불렀고 이를 통해 '[모든] 질병의 예방'을 해낼 수 있다고 약속했다. 에스트로겐 대체 요법을 선전하는 과학자들은 '나이든 여성들의 회춘'을 약속했다. 한 인공지능 과학자는 새로운 세대의 컴퓨터가 도입되면 "혁명, 변혁 그리고 구원, 이 모두가 이루어질 것"이라고 썼다. 그리고 슈퍼컴퓨터 개발 계획의 옹호자 중 한 사람은 새로운 기술이 '또 한번의 르네상스'를 몰고올 것이라고 주장했다.

점점 더 많은 과학자들이 상업적 이해관계와 결부된 연구에 종사

---

[3] 연구결과에 대한 제대로 된 동료심사(peer review)를 거치기도 전에 이를 언론에 먼저 발표해 세간의 주목을 끌려고 하는 과학 행태를 지칭하는 표현이다 — 옮긴이.

[4] 가십과 스캔들의 폭로 등을 주요 내용으로 하는 미국의 선정주의적 타블로이드판 신문이다 — 옮긴이.

하게 되면서 이런 경향은 더욱 더 악화되었다. 생명공학과 에너지 같은 '혁명적' 분야들에서는 특허와 이윤이 핵심적인 문제였다. 여기서 언론은 선전의 매개이자, 과학자들이 경쟁적인 지식의 시장에서 자신의 전문성과 성취들을 팔아먹을 수 있는 수단이 되었다.

저널리스트들은 과학에서 선전 활동의 증가를 의심의 눈초리로 바라보았다. 한 기자의 말을 빌면, "최신의 연구 성과를 낸 대학에서 기적의 약품을 개발한 제약회사 그리고 국립 거의 치료된 질병 연구소(National Institute of Nearly Cured Diseases)[5]에 이르기까지, 이 모두는 똑같은 속셈을 가지고 있다." [신문] 편집인들은 신문이 연구 보조금을 타내기 위한 볼모가 되고 있다고 불만을 털어놓았다. 그러나 대다수의 기자들은 극적인 얘깃거리를 찾고 있었고 항상 시간에 쫓기고 있었기 때문에 자신들에게 제공되는 정보와 그 정보원의 말에 쉽게 넘어갔다. 기자들은 자신들의 일을 쉽게 해주는 선전 활동 전문가들에게 의존하는 경향을 보였다.

뿐만 아니라 많은 과학기자들은 과학자들을 놀라움과 경외의 시선으로 바라보았다. 한 기자는 필자에게 이렇게 말했다. "기사를 쓸 때면 나는 미국에서 가장 지적으로 우수한 사람들에게서 배울 기회를 갖게 됩니다." 과학자들이 중립적이고 이해관계에 얽매이지 않는 정보원이라는 기대를 품고 있기 때문에, 기자들은 과학 단체들에 의해 제공된 자료들 — 특히 그것이 다루기 쉽고 효과적인 형태로 제공되었을 때 — 을 무비판적으로 받아들이곤 한다. 그 결과 과학에 관한 언론보도는 긍정적이고 심지어 선전에 가까운 색채를 띠게 된다 — 물론 그 약속이 실패하기 전까지만 그렇겠지만.

1986년의 챌린저 호 사고는 조직적인 PR에 의존하면서 정보원 및 기사의 소재와 지나치게 일체감을 느껴온 그간의 보도 관행에

---

5) 미 국립보건원(National Institute of Health, NIH)을 비꼬아 지칭한 표현이다 — 옮긴이.

숨어 있던 함정을 드러내 보였다. 우주 계획은 과학 저널리즘이 하나의 전문직업으로 발전하는 과정에서 [흥미로운 소재거리를 제공함으로써] 중요한 역할을 해 왔고, 여러 해 동안 기자들은 미 항공우주국(NASA)의 잘 짜여진 홍보 부서들이 제공한 정보를 대체로 수용해 왔다. 사고가 터지고 난 후, 성난 언론은 NASA 측에 대해 배신감을 느꼈다. ≪뉴스위크≫지는 "우주 계획의 초기 시절부터 서로의 이해관계에 따라 밀월을 누리던 뉴스 매체들과 NASA가 혼란 속에 결별을 맞이하고 있다"고 보도했다. NASA 측의 진실성이 갑자기 신뢰를 잃어버리게 되자, 몇몇 신문들은 NASA가 숨기고 싶어하는 우주선의 회수(回收)에 관한 기삿거리를 얻어내기 위해 첨단의 도청용 안테나와 시제품 단계인 레이저 카메라 등을 동원한 전자공학적 탐색전에 착수하기도 했다. 언론은 자기비판의 목소리로 가득 찼다. 기자들은 '떠먹여 주는 뉴스'를 넙죽넙죽 받아먹고, 우주선 발사에만 초점을 맞춘 나머지 NASA의 안전 문제는 무시하고, '우주선을 움직이는 사진찍기 기회로 취급하고', 독자들을 실망시킨 점에 대해 스스로를 책망했다. ≪뉴욕 타임스≫의 한 기자는 씁쓸한 어조로 이렇게 내뱉었다. "몇몇 정부기구들은 홍보 담당 부서를 두고 있다. 반면 NASA는 그 기구 전체가 홍보 담당 부서에 속한 꼴이었다."

무엇이, 그리고 언제 뉴스가 되는가?

언론에 보도되는 과학의 이미지가 대체로 긍정적이라는 점을 고려했을 때 생기는 의문은, 왜 과학자들이 저널리스트들에 대해 여전히 그토록 비판적인가 하는 문제이다. '눈에 띄는 과학자들'이 과학계의 동료들에 의해 종종 위협으로 인식되는 이유는 무엇인가? 과학자와 저널리스트 사이에 지속되고 있는 긴장을 이해하기 위해서는 이 두 전문직업간에 존재하는 몇 가지 근본적인 차이점에 주목할 필요가 있다.

먼저 과학자와 저널리스트는 **어떤 것이 뉴스거리가 될 수 있는가**를 놓고 종종 판단을 달리한다. 과학자사회의 입장에서 보면 연구 결과물은 잠정적인 성격의 것이며, 따라서 기존의 지식체계에 부합하는지 여부를 동료 과학자들에 의해 인정받기 전까지는 뉴스의 가치가 없는 것이다. 그러나 저널리스트, 그 중에서도 특히 일간지 기자들의 관심은 새롭고 극적인 연구 결과에 쏠려 있다 — 설사 그것이 잠정적이거나 심지어 탈선에 가까운 연구라 하더라도 말이다. 기자들은 항상 시간에 쫓기는데다 자신이 쓴 글이 왜 뉴스거리가 되는지의 정당성을 확보해야 하기 때문에 논쟁・경쟁・'획기적인 뉴스' 등에 초점을 맞추게 된다. 기자들은 상온핵융합과 같은 연구들이 '낡은 뉴스'가 되기 전에 이를 극적으로 표현하려 할 것이다. 이런 접근법은 과학의 방법론이나 과정에 대한 분석을 수행할 기회를 제한하며, [연구가 가져올 수 있는] 장기적인 결과를 소홀히 하고, 인상적인 단일 사건과 연관이 없는 발전은 좀처럼 다루지 않는 문제점을 내포할 수 있다. 그리고 최초의 극적 사건 이후에는 언론의 주목이 시들해지기 때문에 과학의 연속적 성격에 관해 독자들에게 제대로 전달하지 못한다. 이러한 '극적 성취' 증후군에 많은 과학자들 역시 적극적으로 한몫하긴 했지만, 원칙적으로 그들은 연구의 연속성과 누적적 성격을 강조하는 경향을 띤다.

긴장관계를 가져오는 두 번째 차이는 대중에게 **언제 정보를 공개할 것인가**에 관한 것이다. 위험의 존재가 의심되는 경우에 [이를 공개하기 위해서는] 얼마나 많은 증거가 필요한가? 그 증거는 얼마나 확실해야 하는가? 새로운 발견이 이루어진 경우, 연구 결과를 공표하려면 그 이전에 얼마만큼의 과학적 동의가 전제되어야 하는가? 이러한 질문들에 답하는 견해는 여러 가지가 있을 수 있다. 대부분의 저널리스트들은 데이터가 대중에 즉각적으로 공개되어야 한다고 믿고 있다. 그러나 과학자들은 데이터가 해석되고 입증되어 그 중요성이 평가될 때까지 정보 공개를 유보하는 쪽을 선호할 것이다.

객관성 개념이 서로 다르다는 것 역시 또 하나의 갈등거리다. 저널리스트들이 객관성에 대해 갖고 있는 규범, 즉 진실성이란 서로 다른 관점들을 균형있게 제시함으로써 확립될 수 있는 것이라는 믿음은 종종 뉴스 기사에 관련된 과학자들을 불편하게 하는 원인이 된다. 이런 객관성 개념은 과학자사회에서는 무의미한 것이다. '공평성'과 '동등한 시간의 할애'는 자연에 대한 이해와는 상관이 없다. 그 대신 과학자들의 객관성에 대한 기준은 주장들의 경험적 검증을 요구한다. 역설적인 것은, 미국 언론이 객관성이라는 가치를 목표로 하게 된 배경에는 19세기에 맹위를 떨쳤던 과학적 태도가 자리잡고 있다는 사실이다. 당시의 과학적 태도는 사실 — 이해관계나 외압과 같이 왜곡을 가하는 영향으로부터 벗어나 고고하게 솟아 있는 — 이 가치로부터 분리될 수 있으며 또 분리되어야 한다고 보았다. 1830년대 전까지만 해도 미국 신문업계는 드러내놓고 당파적인 '파벌 언론(party press)'이 지배적인 양상을 띠고 있었다.

과학자와 저널리스트간의 긴장은 **무엇이 적절한 의사소통 방식인가**에 관한 가정이 서로 다르기 때문에 더욱 격화된다. 저널리스트의 경우에는 독자들이 지닌 관심사와 지적 배경에 의해 제약을 받기 때문에, 기사를 쓸 때 기술적 정보를 선별하고 단순화하는 과정을 거쳐야만 한다. 이 때문에 과학자들이 자신의 연구를 정확하게 기술하기 위해 필요하다고 느끼는 참고문헌의 제시, 미묘한 입장, 조심스러운 단서조항 등은 기사에서 생략되는 수가 많다. 반면 저널리스트들은 이런저런 단서조항을 달아 자신의 견해를 말하는 과학자를 보면서 뭔가를 숨기고 있다고 생각할지 모른다. 과학자의 눈에는 지나친 단순화인 것이 저널리스트의 눈에는 글의 가독성을 높이기 위한 것일 수 있다. 부정확한 내용이라고 기자들이 욕을 먹는 경우 중에서 상당수는 그들이 실제로 실수를 범한 것이 아니라 복잡한 자료를 읽기 쉽고 호소력을 갖는 방식으로 제시하려는 노력에서 나온 것이다.

반면 과학자들은 전문적 의사소통의 방향을 그 분야에서 훈련받은 청중들에게 맞춘다. 과학자들은 자신이 쓴 글을 읽는 독자들이 특정한 가정들을 공유하고 있으며 정보를 예측 가능한 방식으로 받아들일 것이라는 점을 당연하게 여긴다. 따라서 그들은 종종 어떤 단어들이 과학적 맥락에서 특수한 의미를 지닐 수 있으며, 일반 독자에게 있어서는 완전히 다른 의미로 해석될 수 있다는 사실을 망각한다. '증거'라는 단어를 예로 들어 보자. 이 단어의 정의를 둘러싼 혼란은 종종 오해의 소지를 낳곤 한다. 생물통계학자들은 '증거'라는 단어를 통계적 개념으로 사용한다. 또한 생의학 연구자들은 결정적 실험을 증거로 정의한다. 반면 저널리스트를 포함한 일반인 대다수는 일화성의 정보나 개별 사건들을 증거로 받아들이는 것이 보통이다. 그래서 과학자들이 데이터의 수집에 대해 얘기하고 있을 때, 기자들은 독자들의 즉각적인 관심사 — 예를 들어 식료품에 사카린 사용을 금지해야 하는지를 둘러싼 문제 — 를 기사화하는 일이 생기는 것이다.

마지막으로, 과학자와 저널리스트간의 긴장의 원천 중 가장 중요한 것으로 **언론의 적절한 역할은 무엇인가**의 문제가 있다. 과학자들은 종종, 과학을 이해하기 쉬운 형태로 대중에게 전달하는 책임을 맡은 통로 내지 도관으로 언론을 바라본다. 과학자들은 자신들의 특수한 이해관계와 언론의 책임에 관한 일반적인 문제들을 서로 혼동한 나머지, 과학의 한계나 결함을 다룬 기사들을 좀처럼 받아들이지 못한다. 그들은 언론을 과학의 목표를 추진하는 한 가지 수단으로 간주하기 때문에, 자신들이 과학 영역 내에서 하듯 대중에게 전달되는 정보의 흐름 역시 통제할 수 있을 것으로 기대한다. 그래서 자신들이 제시한 관점이 논박될 때 그들은 배신감을 느낀다.

반면 과학기자들 자신은 스스로의 역할에 대해 모호한 태도를 보인다. 과학 저널리즘에서 철저한 조사, 대담한 해석, 비판적 탐구와 같은 것이 차지하는 비중은 아주 작다. 언론이 미술·연극·음악·문학에 대한 비평을 실을 때 비평 대상에서 과학은 제외되는 것이 보통이다. 정치부 기자들은 분석하고 비평하는 것을 목표로 하는 반면, 과학부 기자들은 해명하고 설명하는 것을 추구한다. 정치부 기자들이 보도자료를 넘어 뉴스의 배후에 있는 얘깃거리를 발굴하려 애쓸 때, 과학부 기자들은 그 분야의 전문가들, 기자회견, 전문 학술지 등에 의존해 기사를 작성한다. 그리고 과학부 기자들은 자신들이 의존하는 정보원에 도전하는 것을 꺼린다 — 그 이유는 부분적으로 기자들이 정보원을 잃을까 두려워하기 때문이다. 과학부에서 정치부로 옮긴 《뉴욕 타임스》의 한 기자의 말은 이를 잘 보여 준다. "정치 관련 기사를 쓰니 예전에 과학 기사를 쓰던 때보다 훨씬 더 자유롭게 느껴지더군요……[과학부 기자가] 과학계로부터 거리를 두기란 매우 어렵죠. 지금은 내가 지닌 기자로서의 타고난 감각을 동원해서 대통령에 관해 기사를 쓸 수 있습니다. 과학부에 있을 때는 상상도 할 수 없었던 일이죠."

언론에서 과학은 소수 엘리트의 행위로 그려질 수도 있고 사회생활의 필수적인 일부분으로 그려질 수도 있다. 또한 이는 통제할 수 없는 시도로 그려질 수도, 의식적인 선택의 결과로 그려질 수도 있다. 사회 속에서 과학이 지니는 중요성을 감안할 때, 과학은 주의 깊고 비판적인 조사 작업에 근거한 저널리즘의 대상이 되어야만 한다. 만약 과학자와 저널리스트 양쪽 모두가 과학 저널리즘에서의 비판적 탐구 정신을 장려한다면 대중은 보다 나은 정보를 제공받을 수 있을 것이다. 결국 과학 저널리즘의 목적이란 과학연구를 촉진하는 것이 아니라 식견을 갖춘 시민을 만드는 데 일조하는 것이라는 점을 잊어서는 안된다. 비판적 과학 저널리즘은 과학 활동이 내포하는 사회적·정치적·경제적 함의들, 의사결정을 뒷받침하는 증거의 성격 그리고 인간사에 적용되었을 때 과학이 보여주는 힘뿐만 아니라 그 한계까지를 시민들이 이해할 수 있도록 도와야 할 것이다.

참고문헌

Friedman, S., Dunwoody, S. and Rogers, C. (eds.), (1986), *Scientists and Journalists*, New York: Free Press.

LaFollette, M. (1990), *Making Science Our Own*, Chicago: University of Chicago Press.

Nelkin, Dorothy (1987), *Selling Science: How the Press Covers Science and Technology*, New York: Freeman.

Shinn, T. and Whitley, R. (eds.), (1985), *Expository Science: Forms and Functions of Popularisation*, Dortrecht(The Netherlands): Reidel.

제4부
과학기술의 빛과 그림자

1. 기술의 발전은 여성을 해방시켰는가

2. 현대의학은 인간의 복지를 진정으로 향상시켰는가

3. 과학기술의 발전은 '노동의 인간화'를 수반하는가

4. 생명공학 거품 | 매완 호, 하트무트 메이어, 조 커밍스

1
기술의 발전은 여성을 해방시켰는가

　대다수의 사람들은 기술의 발전이 보편적인 성격을 지닌다고 생각한다. 여기서 말하는 '보편성'이란 두 가지 의미를 담고 있는데, 하나는 기술의 발전 수준을 가늠할 수 있는 어떤 절대적인 기준, 시대와 장소를 가로지르는 기준이 있다는 것이고, 다른 하나는 기술발전의 결과로 나타난 성과들이 모든 사람들에게 균등한 혜택을 제공한다는 것이다. 이런 생각에 따르면, 기술의 발전은 어떤 정해진 경로를 따라서 이루어지는 것이 되고, 그 결과는 전체적으로 보아 불평등을 감소시켜 사회를 더 살기 좋은 곳으로 만드는 것이 된다. 기술의 발전 결과는 특정 계층이나 집단에만 유리하게 작용하는 것이 아니라 그 성과가 모든 사람들에게 공평하게 분배될 수 있을 것이기에, 현재 존재하는 불평등은 기술이 발전함에 따라 점차로 사라질 것으로 많은 사람들이 믿어 왔다.
　사회에서 줄곧 소수자(minority)의 지위를 점하고 있었던 여성이 기술의 발전과 어떠한 관계를 맺는지의 문제 역시 그동안 유사한 맥락에서 이해되었다. 사회학자들은 기술 발전에 힘입은 노동의 기계화·자동화의 결과, 직장에서는 남녀간의 성적 불평등이 줄어들고 가정에서는 여성들이 가사노동 부담으로부터 벗어나 더 많은 자유를 누릴 수 있을 것으로 생각했다. 이들은 종종 역사적으로도 이런 방향의 변화가 실제로 일어났다고 여겼고, 그 변화는 20세기를 통해 줄곧 계속되었다고 믿었다.

그러나 실제로도 그런지는 의심이 간다. 과연 여성은 가사노동으로부터 '해방'되었는가? 직장에서의 남녀불평등, 노동의 성별 분업은 진정으로 줄어들었는가? 이 물음에 대해서 선뜻 긍정하는 답을 내리기는 힘들다. 아마도 그 이유는 실제로 우리 주위에서 쉽게 찾아볼 수 있는 상황들이 간단히 그에 대한 반례를 제공해 주기 때문일 터이다. 만약 그렇다면 여기서 왜 사회학자들의 예측이 빗나갔을까, 그리고 기술 발전에 내포되어 있었던 잠재력 ― 육체적인 노동을 더 쉽게 하고 노동시간을 줄여 줄 수 있는 ― 은 어디로 가버린 것일까, 하고 다시 묻지 않을 수 없다. 그리고 이 물음에 답하기 위해서는 구체적인 역사적 사실을 좀더 꼼꼼히 살펴볼 필요가 있겠다.[1]

변화 없는 변화 1 : 가사기술(household technology)의 도입

먼저 기술 발전으로 인한 가정에서의 변화를 살펴보자. 지난 한 세기 동안 가정에서 사용하는 가사도구들은 엄청난 변화를 겪었다. 전기의 도입으로 조명체계가 석유등 혹은 가스등에서 백열등이나 형광등으로 바뀐 것을 필두로 해서 전기 다리미, 전기 세탁기, 전기 냉장고, 진공 청소기 등 각종의 전기 기기들이 차례로 나타나 광범하게 도입되었고, 보일러를 이용하는 중앙난방 및 온수공급 시스템이 널리 확산되었다. 또한 대부분의 가정에 오늘날과 같은 형태의 욕실이 구비되었고, 주방용 석탄 난로가 가스나 석유, 전기를 이용

---

[1] 이 글에서의 서술은 Cowan(1976; 1979)에 크게 의존하고 있으며, 주로 미국의 역사적 사례에 초점을 맞추고 있다.

하는 조리기구로 바뀌었다. 가사도구는 아니지만 가정에서 이용할 수 있는 식료품의 수나 종류도 변화를 겪었는데, 식품 가공과 저장 기술의 발전에 따라 다양한 통조림, 즉석요리, 인스턴트 식품들이 식탁에 등장했고 일년 내내 신선한 야채와 과일을 구할 수 있게 되었다. 이러한 모든 변화들이 미국에서는 20세기 초의 30년간, 그 중에서도 특히 '기술에 대한 열광'의 시기라고 일컫는 1920년대를 경과하면서 중산층 가정에서 급격하게 일어났다. 그 변화는 가히 "가정에서 일어난 산업혁명"이라고 불러도 좋을 정도의 폭과 깊이를 지닌 것이었다.

그렇다면 가정에 새로운 기술이 광범하게 도입된 결과는 어떤 것이었을까? 오래 전에 사회학자들은 이 물음에 대해 오늘날 하나의 '표준적' 해석이 된 설명을 내놓았다. 이들은 먼저 가사기술의 발전은 가사노동의 기계화·자동화를 수반해 여성들의 노동 부담을 현저하게 줄였다고 전제하고, 그 결과 여성들이 전통적으로 가정 내에서 부여받고 있었던 역할이 위기에 봉착했다고 주장했다. 산업화 이전의 전통 사회에서는 여성들이 자급자족적인 대가족 경제에 속해 있었기 때문에 '할 일'이 많았던 반면, 산업화 이후에는 가족의 규모가 줄어들고 가사노동의 부담이 경감되어 여성들이 할 일이 없어졌고 따라서 이들은 역할의 상실로 인한 '정체성의 위기'에 빠지게 되었다는 것이다. 사회학자들은 20세기 중엽 이후 늘어난 이혼율과 여성들의 노동시장 참가 그리고 1960년대 이후 여성해방 운동의 발흥의 이유를 바로 기술 발전의 결과로 나타난 '정체성의 위기'에서 찾으려 하였다.

사회학자들의 '표준적' 해석은 언뜻 보기에는 설득력이 있는 듯하다. 그리고 이러한 해석은 오늘날까지도 많은 사람들 사이에서 위력을 떨치고 있다("요즘 여자들이 집에서 하는 일이 뭐가 있어?"와 같은, 주위에서 흔히 들을 수 있는 말을 상기하자). 그러나 실제로 20

세기 초반의 역사를 살펴보면 이들의 해석은 역사적 사실과는 그다지 잘 부합하지 않음을 알 수 있다. 가사기술의 도입이 붐을 이루었던 1920년대의 미국 중산층 가정으로 다시 돌아가 보면, 그 속에서 우리는 '가정의 현대화'의 이면에 가려진, 오늘날까지도 유효한 몇 가지 요소들을 찾아볼 수 있다.

먼저, 기술 도입의 결과 몇몇 일거리들이 과거에 비해 훨씬 더 수월해진 것은 분명한 사실이었지만, 이는 종종 작업 성취도에 있어서의 기준의 상승과 작업량의 증가를 수반하였다. 빨래와 다림질이 그 대표적인 예가 될 터이다. 전기 세탁기는 분명 세탁통(laundry tub)에 엎드려 빨래를 일일이 비비고 문지르는 힘든 노동을 덜어 주었고, 전기 다리미는 주방의 스토브에 다리미를 뜨겁게 데워서 들고 움직일 필요를 제거해 주었다. 그러나 이 시기를 거치면서 가정에서의 청결도의 기준이 상승하였고 그 결과 빨래의 양이 엄청나게 증가했기 때문에 가정주부들이 가사노동에 투입하는 시간과 노력은 사실상 줄어들지 않았다. 이와 더불어 가사노동을 분담해서 수행하던 여러 사람 — 집에 얹혀 사는 미혼의 아주머니, 아직 결혼하지 않은 딸들, 육아·빨래·요리 등의 일을 직업적으로 해 주었던 하인이나 서비스 업체 등 — 이 이 시기를 거치면서 점차 사라짐에 따라 이제 모든 가사노동을 주부 한 사람에게 의존하게 되었는데, 이런 변화는 주부에게 부과되는 일거리의 양을 사실상 증가시키는 효과를 가져왔다.

또한 이 시기를 통해 주부들이 담당해야 할 몇몇 일거리가 새롭게 나타났다. 과거에는 존재하지 않았던 이 일거리들은 많은 육체적 노동을 필요로 하는 것은 아니었지만 적어도 많은 시간을 잡아먹었고 신경을 써야만 하는 것이었다. 육아와 쇼핑이 그 대표적인 예인데, 예컨대 1920년대의 미국 주부들은 자기 어머니 세대가 결코 꿈도 꾸어보지 않았을 일들 — 특별한 유아용 이유식을 준비하고, 우윳병을 살균 소독하고, 아이들의 몸무게를 매일 재보고, 아이들의 선생님과 자주 상담하고, 아이들을 차에 태워 댄싱 레슨이나 이브닝 파티 등에 데려다 주는 등 — 을 해야만 했다. 주부들은 이제 아이들을 '제대로' 키우기 위해 영양학·전염병학·아동심리학에 정통해야만 했고, 쇼핑을 '제대로' 하기 위해서도 각종의 쇼핑 가이드와 팜플렛, 여성지를 뒤적거려야 했다.

작업 성취도에서의 기준 상승과 새로운 일거리의 등장은 이와 연결되어 있는 이데올로기의 변화에 의해 뒷받침되었다. 제1차 세계대전기를 전후해서 여성들이 가사노동을 대하는 태도에 있어서 분명한 차이가 나타남을 볼 수 있는데, 강력한 '가족 이데올로기'가 나타난 것이 바로 이 때이다. 당시의 여성지를 보면 이 시기를 지나면서 가정주부가 수행하는 가사노동이 단순히 생존을 위해 해치워야 하는 일거리가 아니라 가족들을 사랑하는 마음의 표현 같은 것으로 미화되는 것을 볼 수 있다. 가사노동에 있어서의 작업성취 수준의 정도는 이제 가족들에 대한 사랑의 척도가 되었으며, 일정한 수준을 성취하지 못한 주부들은 가족에 대한 사랑이 부족한 것으로 죄의식을 느끼도록 몰아세워졌다.

결국 1920년대를 거치면서 전례 없던 정도의 규모로 가정에 노동절약적 기술이 도입되었지만, 여러 가지 사회적·이데올로기적 요인들의 작용으로 말미암아 그것이 가정주부의 가사노동을 사실상 줄여 주지는 못했다고 볼 수 있다. 기술의 도입으로 가사노동이 부분적으로 수월해진 것은 사실이지만, 가사 조력자들의 감소와 작업 성취도의 향상 그리고 새로운 일거리들의 등장은 이런 경향을 상쇄하는 방향으로 작용하였고, 그 결과 '변화 없는 변화'가 초래되었던 것이다. 이런 판단은 1920년대뿐 아니라 이후의 시기에도 계속해서 적용될 수 있을 것으로 생각된다. 예컨대 주부들이 가사노동에 얼마나 많은 시간을 소모하는지를 조사한 여러 연구에 따르면 1920년대에서 1970년대까지에 걸친 기간 동안 직업을 갖지 않은 가정주부들이 가사노동에 쓰는 시간은 시대가 변했음에도 불구하고 거의 일정하게 유지되고 있는 것으로 나타남을 볼 수 있다. 결국 기술의 발전은 가정에서 여성의 해방을 가져오지는 못했던 것이다.[2]

변화 없는 변화 2 : 작업장에서의 새로운 기술 도입

만약 가정에서의 기술도입이 여성의 노동부담을 덜어 주는 데 그다지 기여하지 못했다면, 또 하나의 장소, 즉 직장에서는 어떠했을까? 우리는 18세기 말 산업혁명기 이래로 지금까지 공장, 사무실 등의 작업장에 많은 새로운 기술들이 도입되었으며, 이러한 추세는 20세기에 들어와서 더욱 가속화되었다는 사실을 알고 있다. 새로운 기술의 도입은 여러 가지 결과를 가져왔지만, 그 중에서 두드러진 것은 사람이나 가축의 힘을 이용하던 많은 산업분야에서 동력 기계가 도입되어 과거에 수행하기 힘들었던 노동을 하는 데 더 적은 인간의 에너지를 소모하게 되었다는 점일 것이다. 바로 이 지점에서 몇몇 역사가는 역시 다음과 같은, 오늘날 널리 퍼진 하나의 '표준적' 해석을 내놓았다. 그 해석은 요컨대, 과거에 일을 하는 데 물리적 힘이 필요했기 때문에 여성들이 수행하기 힘들었던 직업들이 기술발전의 결과로 이들에게도 개방됨으로써 여성들이 다양한 직업을 가질 수 있게 되었다는 것이다. 실제로 20세기 들어 여성들의 노동시장 진출이 광범하게 증가하였으며, 심지어 몇몇 직업에서는 여성

---

[2] 미국에서 가사기술의 변천과정과 사회적 영향에 대한 좀더 본격적인 연구로는 Strasser(1982)와 루쓰 S. 코완(1997) 등을 참조할 수 있다. 한국의 1970~80년대를 대상으로 수행된 유사한 연구로는 김성희·이기영(1995; 1997)을 보면 된다.

들이 남성들을 대체하여 노동력의 다수를 차지하게 된 것이 사실이고 보면 앞서의 표준적인 해석은 상당한 설득력을 지닌 것처럼 보인다.

그러나 실제로 역사적인 사례들을 살펴보면, 기술의 발전과 여성들의 노동 시장 진출 사이에는 서로 필연적인 상관관계가 드러나지 않는다. 먼저 기술의 발전 그리고 그에 수반한 육체적 노동의 감소가 거의 없었는데도 여성들의 노동 시장 진입이 대거 일어난 산업 분야들이 있다. 예컨대 여성들은 산업화 이전에도 힘든 육체적 노동을 요구하지 않았던 몇몇 직업에서도 남성들을 대체하여 노동 시장에 진입했다[예컨대, 19세기의 여송연(cigar) 제조업]. 여성들은 심지어 중요한 기술적 변화가 전혀 일어나지 않았던 몇몇 직업에서도 남성들을 대체했다(예컨대, 초·중등학교 교사직). 또한 여성들은 기술 변화가 일어나긴 했지만 육체적 노동의 정도에는 아무런 차이도 가져오지 않은 몇몇 직업에서도 남성들을 대체했다(예컨대, 부기 작업). 이로부터 미루어 볼 때, 여성들이 노동 시장에 새롭게 진입하게 되는 과정에서 핵심적인 역할을 한 것은 기술 발전으로 인한 육체적 노동의 감소가 아닌, 다른 어떤 요인이라는 것을 알 수 있다. 기술의 발전은 중요한 변수가 될 수도 있겠지만, 그것만으로는 노동력의 성별 구조를 결정하지 못한다.

반면, 새로운 기계의 도입으로 힘든 육체적 노동이 제거되었음에도 여성들이 남성들을 대체하여 노동 시장에 진출하지 않은 많은 분야가 있다. 이에 대해서는 조판 작업(typesetting)이 거의 완벽한 예가 될 터이다. 전통적으로 인쇄업 분야에서는 정해진 틀에 활자를 끼워맞추는 작업을 하는 숙련 식자공(植字工)이 거의 남성들이었고 여성들은 거의 없었는데, 그 이유는 여성들이 무거운 활자 케이스를 조판 작업대에서 인쇄기까지 들어 옮기기가 힘들 것으로 사람들이 생각했기 때문이었다. 그러나 19세기 말에 자동 주조 식자기(linotype machine)가 도입된 이후 조판 과정에서 필요한 육체적 노동이 급격히 줄어들었음에도 조판 작업은 사실상 여전히 남성들의 전유물로 남아 있다. 조판 작업에 필요한 인간의 에너지가 타자 작업과 비교해 보더라도 그다지 크지 않은데도 말이다.

그렇다면 지난 100년 동안 여성들의 노동 시장 참여에 가장 큰 영향을 준 요인은 어떤 것이었을까? 기술의 발전보다 더 크게 기여한 요인이 있었다면 그것은 무엇이었을까? 생각해 볼 수 있는 가장 중요한 것은 아무래도 경제적인 요인이다. 역사적으로 볼 때 여성들은 거의 언제나 동일한 일을 하면서도 남성보다 적은 보수를 받았으며, 이러한 사실은 1960년대이래 동일한 노동을 했을 경우에 동일한 임금을 줄 것을 법제화한 동일임금법(Equal Pay Act)이 많은 국가들에서 제정되었음에도 불구하고 그다지 변화하지 않았다. 즉 여성들은 더 적은 물리적 힘만 들여도 일을 할 수 있었기 때문에 남성들을 대체한 것이 아니라 더 적은 임금을 받으며 일했기 때문에 남성들을 대체하게 된 것이었다.

육체적 노동이 줄어들었음에도 불구하고 여성들의 진출이 활발하지 않았던 산업 분야들 역시 같은 식의 해석이 가능하다. 이런 분야들에서는 여러 가지 이유(예컨대, 노조 조직화) 때문에, 여성들을 더 적은 보수를 주면서 이용할 수 있는 가능성이 존재하지 않았기 때문에 여성들의 진입이 봉쇄된 것이었다. 아울러 특정 분야에서 여성들의 노동 시장 진출이 가로막힌 또 다른 중요한 이유로 문화적 요인을 들 수 있겠다. 즉 작업장 내에 완고한 남성중심적 문화가 존재했기 때문에 여성들은, 설사 더 낮은 임금을 받는 것을 감수한다고 하더라도, 거기에 발을 들여놓는 것이 사실상 불가능했을 것이라는 점이다.

따라서 결론적으로 말하자면, 기술 발전으로 인한 육체적 노동의 감소가 여성들에게 더 많은 직업으로의 길을 열어 주었다는 생각은 문자 그대로의 '가능성'에 그쳤다고 해야 할 것이다.3) 20세기 들어 많은 기술 혁신이 나타났고 이와 더불어 여성의 사회 진출이 활발하게 나타난 것은 사실이지만, 그럼에도 불구하고 이 두 가지 사건 사이의 필연적인 연관은 없으며 직업의 성별 분화는 여전히 강하게 남아 있다. 여전히 많은 직업들이 남성중심성을 유지하면서 여성들의 진입을 막고 있는 것이다. 여기서 통계수치를 하나 인용해 보면 이해에 도움이 될 듯하다. 1900년에는 모든 직업 분야에서 여성과 남성의 분포가 임의적으로 이루어진 것처럼 보이기 위해서는 직장을 가진 여성의 66%가 남성 중심의 직업 영역으로 일자리를 옮겨야 했다. 그 후 60년이 지난 1960년에 같은 수치는 68.4%로, 사실상 거의 변화가 없음을 볼 수 있다.

기술 발전이 내포한 가능성 그리고 그 한계

우리는 기술의 발전이 사회의 변화 방향을 지시하고 또 변화를 이끌어 간다고 일반적으로 생각한다. 그래서 우리는 기술의 발전이 제시해 주는 '가능성'을 단순한 가능성으로 받아들이지 않고 그것을 가까운 미래에 곧 실현될 하나의 '현실'로 받아들인다. 또한 우리는 기술을 가치중립적인 것으로 여긴다. 기술의 발전은 모든 이들에게 보편적인 복지를 가져올 것이며, 이에 따라 특히 사회적으로 소외된 소수에게 상대적으로 더 많은 혜택을 안겨줄 것으로 믿는다.

그러나 실은 그렇지 않다. 기술은 사회로부터 떨어져 존재하면서 모든 문제를 해결해 주는 도깨비방망이 같은 것이 아니다. 기술의 발전이 가정과 직장에서의 여성에게 어떤 영향을 주었는지를 살펴

---

3) 작업장에서의 신기술 도입이 한국사회의 여성노동에 미치는 영향에 대한 시론적 분석으로는 신경아·서정혜·김정은(1992)을 참조할 수 있다.

보면, 그것이 사회 속에 뿌리내린 가족 이데올로기나 성차별적인 문화를 넘어서 평등을 확산시키는 데 기여한 것이 아니라 오히려 기존의 사회구조에 순응한 측면이 더 많다는 것을 알 수 있다. 결국 기술 발전과 여성 해방 사이의 관계에서 볼 때, 새로운 기술의 도입은 기껏해야 '가능성'의 제시 정도를 넘어서지 못했던 것이다.

참고문헌

김성희·이기영 (1995), 「과학기술이 가사노동수행양식에 미친 영향 - 가사노동의 기계화를 중심으로」, ≪대한가정학회지≫ 33(1), 71-81.
_____ (1997), 「가사노동의 기계화 : 도입과정과 배경」, ≪한국가정관리학회지≫ 15(3), 73-82.
루쓰 S. 코완 (1997), 『과학기술과 가사노동』, 김성희 외 옮김, 학지사.
신경아·서정혜·김정은 (1992), 「기술혁신과 여성노동에 관한 시론」, ≪여성과 사회≫ 3호, 249-277.
Cowan, Ruth Schwarz (1976), "The 'Industrial Revolution' in the Home: Household Technology and Social Change in the 20th Century," *Technology and Culture* 17, 1-23.
_____ (1979), "From Virginia Dare to Virginia Slims: Women and Technology in American Life," *Technology and Culture* 20, 51-63.
Strasser, Susan (1982), *Never done: A History of American Housework*, New York: Pantheon Books.

2

현대의학은 인간의 복지를
진정으로 향상시켰는가

　만약 지금, 21세기의 첫해에 살고 있는 우리 중 누군가가 의학의 발전이라는 측면을 두고 지난 100년간을 돌아보게 된다면, 아마 그는 지난 한 세기를 '기적의 세기'라고 부르고 싶어질지 모른다. 다른 과학기술 분야에서의 발전도 놀라왔지만, 그 중에서도 특히 오늘날 현대의학의 틀을 만들어낸 지난 한 세기 동안의 의학의 발전상은 실로 괄목할 만한 것이었다.
　우선 지난 한 세기를 거치면서 생리학(生理學)과 분자생물학의 발전으로 생명 현상의 메커니즘이 규명되고 생물체를 구성하고 있는 기본 단위가 밝혀짐으로써 인체에 대한 과학적 이해가 가능하게 되었다. 또한 19세기 말, 파스퇴르(Louis Pasteur)와 코흐(Robert Koch) 등의 세균학자들이 질병의 원인이 되는 병원균을 발견한 이후 근대적 질병관이 점차 확립되었고, 이는 '특정 원인-특정 질병-특정 치료법'을 서로 연관시키는 근대 의학 체계의 성립에도 크게 공헌했다(황상익, 1995). 그리고 가장 두드러진 업적으로, 소위 '기적의 약'이라고 불리어진 항생제가 20세기 들어 최초로 개발되었다. 1928년 알렉

산더 플레밍(Alexander Fleming)이 푸른곰팡이로부터 페니실린을 우연히 발견한 것을 시발점으로 해서 숱한 항생제들이 발견 내지는 합성되어 사용되었고 이에 따라 이전까지 치료가 사실상 불가능했던 많은 감염병들의 치료가 가능하게 되었다.

이러한 놀라운 의학의 발전을 목도하면서, 우리가 100년 전에 비해 더 높아진 생활 수준과 더 길어진 평균수명을 현대의학의 혜택 덕분으로 돌리는 것은 어찌 보면 당연할지 모른다. '기적의 약'인 항생제로 대표되는 현대의학은 100년 전만 해도 발병이 곧 죽음을 의미했던 여러 질병들로부터 인간을 '해방'시키지 않았던가? 질병으로부터의 해방은 곧 인간 삶의 질의 실질적인 향상을 의미하는 것이고, 따라서 우리가 살고 있는 세상은 의학의 발전으로 인해 더 살기 좋은 곳이 되었다고 생각할 수 있다.

그러나 이 생각이 전적으로 잘못된 것은 아님에도 불구하고, 여기에는 함정, 아니 현대의학에 대한 하나의 '신화'가 자리잡고 있다. 우리는 현대의학의 성과를 무조건적으로 긍정하기 전에 다음의 질문들을 던져 보아야 한다. 과연 의학의 발전은 인간에게 긍정적인 측면만을 가져다 주었는가? 우리는 현대의학이 가져다 준 현란한 업적들에 현혹된 나머지 그 속에 내재한 근본적인 한계를 간과하지는 않았는가? 의학의 놀라운 발전에 가려 다른 문제점들이 은폐되지는 않았는가? 이 질문들에 답하는 과정에서 현대의학의 본질에 대한 좀더 깊은 성찰이 가능해질 것이다.

질병은 '정복'되지 않았다

가장 상식적인 점부터 짚고 넘어가 보자. 간단하게 말해, 현대의학의 놀라운 발전에도 불구하고 질병은 결코 '정복'되지 않았다. 여기서 이 문장을 상투적인 진술로 들으면 안된다. 이 말 속에는 지금까지 상당수의 질병들에 대해 완전한 '퇴치'가 이루어졌고 앞으로 의학이 더욱 발전함에 따라 여타의 질병들도 결국에는 정복될 것이라는 소박한 낙관이 담긴 것이 아니기 때문이다. 여기에는 지금껏 우리가 현대의학의 효능(efficacy)을 지나치게 과대평가해 왔으며, 또한 질병이 제거된 것으로 착각해 왔다는 사실에 대한 반성이 포함되어 있다.

"질병은 정복되지 않았다"는 진술은 다시 두 가지로 나누어 생각해 볼 수 있다. 하나는 그동안 우리가 100% 치료 가능한 것으로 알고 있었던 질병이 사실은 그렇지 않다는 것이고, 다른 하나는 질병의 성격이 달라지고 있다는 것이다. 이 중 전자는 그동안 항생제로 치료해 왔던 세균성 감염질환의 경우에 해당한다고 할 수 있다. 앞서 이미 언급한 바와 같이, 20세기에 처음 등장한 항생제는 인체에는 전혀, 혹은 거의 해를 주지 않으면서 질병의 원인이 되는 세균만을 죽임으로써 결핵·세균성 폐렴·패혈증·매독·임질 등의 세균 감염증들을 치료할 수 있는 길을 열었다. 그러나 문제는 그렇게 간단히 끝나지 않았다. 항생제 사용의 결과 그 항생제에 내성(耐性)을 가진 세균들이 광범하게 나타났기 때문이다. 항생제는 세균의 세포벽을 파괴하고 단백질 생산 능력을 억제함으로써 세균을 죽이는데, 항생제에 내성을 가지게 된 세균은 항생제를 중화시키는 효소를 분비하거나 세포벽을 강화함으로써 항생제에 저항한다. 최근들어 점점 더 많은 세균들이 상당수의 항생제에 대해 내성을 가지고 있다는 것이 관찰되었고, 이는 1960년대 이후 사람과 가축류에 대한 항생제의 사용이 급증한 것과 무관하지 않은 것으로 보인다. 그에 따라 이미 정복된 것으로 생각되었던 평범한 세균성 질환에 감염되어 사망하는 환자들의 수도 조금씩 증가하고 있다. 1992년 한 해 동안에만도 미국에서 항생제에 내성이 강한 세균성 질병으로 사망한 사람이

13,000여 명에 이르는 것으로 집계되었다. 결국 항생제는 질병을 일방적으로 정복하고 끝난 것이 아니라 내성을 가지게 된 세균과의 끊임없는 전쟁을 계속해 온 것이라고 보는 것이 보다 정확할 것이고, 최근에는 새로운 항생제의 개발이 정체 상태에 빠짐에 따라서 항생제의 효력에 절대적으로 의존하는 것에 회의가 생겨나고 있다 (샤론 베글리, 1994).

한편, 질병의 성격이 점차 변화하고 있다는 사실 역시 질병이 정복되었고 또 앞으로도 정복될 것이라는 낙관에 찬물을 끼얹는다. 20세기 초까지만 해도 인간의 건강을 위협하는 질병의 대부분은 인플루엔자(독감)나 세균성 폐렴 같은 급성·전염성 질환이었다. 그러나 20세기 후반으로 넘어오면서 질병의 중심은 암이나 순환계 질환·심장병·당뇨병과 같은 만성질환으로 옮겨가고 있다(사라 네틀턴, 1997, 37쪽). 이러한 만성질환들은 즉각적으로 죽음에 이르게 하지는 않지만 세균감염성 질환들과는 달리 약물의 투여에 의해 급격한 증상의 호전을 기대할 수 없으며, 이 중 일부는 수술과 같은 외과적인 조치에 의존하더라도 완치를 할 수 없는 것들이다. 즉 우리는 이제 질병을 완전히 제거하는 것이 아니라 질병과 더불어 살아가는 법을 배워야 하며, 나아가서는 그러한 질병에 걸리지 않도록 이를 예방하는 것에 힘써야 하는 상황에 처하게 된 것이다.

인간 평균수명의 증가는 현대의학의 발전에 힘입은 것이 아니다

그렇다면 이제 이렇게 물어볼 수 있다. 현대의학이 질병을 완전히 제거하지는 못했더라도 질병을 획기적으로 줄이는 것에는 대단히 중요한 역할을 했으며, 따라서 지난 한 세기 동안 인간의 평균수명이 증가한 것은 그래도 역시 현대의학의 발전에 힘입은 것이 아니겠는가, 라고 말이다. 과연 그럴까?

결론부터 말하자면, 그렇게 보기는 힘들다. 19세기와 20세기의 사망률 감소는 의학의 발전에 크게 힘입었다는 의학사가(醫學史家)들의 전통적인 주장은 최근들어 비판의 대상이 되고 있다. 비판자들은 의료의 효능이 과대평가되었다고 주장하면서 의료개입이 과연 어느 정도 효율적인 것인지에 대해 의문을 제기한다. 예컨대 사회의학자인 맥퀀(T. McKeown)은 건강증진을 이해하는 데 결정적인 것은 인간의 생활조건의 향상이라고 주장하였다. 그는 19세기와 20세기의 잉글랜드와 웨일즈 지방을 대상으로 인구학적 분석을 시도하여, 이곳에서의 사망률의 감소는 주로 영양, 출산양태, 위생상태의 개선에 기인하며 예방접종이나 치료 등 의료개입의 영향은 20세기 중엽까지도 극히 미미했다는 결론을 내놓았다. 또한 블레인(D. Blane)과 같은 학자는 19세기 말에서 20세기 초에 걸친 기간 동안의 사망률의 감소는 노동자들의 실질임금의 증가와 노동조건의 개선에 크게 힘입은 것이라고 주장하였다(사라 네틀턴, 1997, 212-3쪽).

결국 비판자들의 의견을 종합해 보면, 인간의 평균수명의 향상은 의료개입의 결과로 나타난 것이 아니라 사회적 생활조건의 향상으로 나타났다고 보는 것이 더욱 적절하다는 것이다. 이러한 의견은 실증적으로도 뒷받침된다. 예컨대 앙드레 고르(Andre Gorz)에 따르면, 프랑스에서 개인당 약품 구매량은 1959년에서 1972년 사이의 13년 동안 2.7배로 늘어났음에도 불구하고 이 시기를 전후하여 사람들의 평균수명은 거의 증가하지 않았다. 그에 따르면 오히려 의료개입의 혜택이 더 커졌을 것임에 분명한 1960년대 이후에 선진산업국가들에서의 사망률은 도리어 증가하고 있다(앙드레 고르, 1992).

만약 비판자들의 주장대로 인간의 평균수명의 증가가 의료개입의 결과와는 그다지 상관이 없으며 그보다는 오히려 다양한 사회적 요인들의 변화에 힘입은 것이라면, 현대의학에 대한 '신화'는 어떻게 생겨난 것일까? 추측컨대, 그것은 몇몇의 사례에서 항생제의 사용이 보여준 극적인 효과 때문일 것이다. 결핵성 뇌막염이나 패혈증 등의 세균감염성 질환으로 인해 거의 죽음을 앞두고 있다가 막 개발된 항생제를 투여하여 죽기 직전에 살아난 사람들이 실제로 존재했고, 이런 소수의 사례가 마치 전체 인구를 대변하는 것인 양 인지되었기에 현대과학과 인간의 평균수명 증가에 얽힌 신화가 생겨났을 것으로 생각된다.

현대의학의 발전은 자율성의 상실과 불평등을 수반한다

지금껏 언급한 바로부터, 현대의학은 그 놀라운 발전에도 불구하고 근본적인 한계를 내포하고 있음을 볼 수 있었다. 그러나 현대의학에 내재한 문제점은 단순히 사회에 더 많은 혜택을 제공하지 못했다는 정도의 소극적인 '한계'에서 그치는 것이 아니다. 현대의학의 발전은 눈부실 정도의 외형적 성장에도 불구하고 이와 함께 상당히 심각한 문제점들을 같이 가져왔다. 비판자들은 그 문제점을 다음의 세 가지 정도로 정리하고 있다(사라 네틀턴, 1997, 29-32쪽; 앙드레 고르, 1992).

먼저 사람들이 과거에 비해 공식적인 의료에 점차로 더 크게 의존하게 됨으로써 생기는 문제가 있다. 예컨대 『병원이 병을 만든다 Limits to Medicine — Medical Nemesis』라는 책의 저자인 이반 일리치(Ivan Illich)는 현대의학에 득보다 실이 더 많다고 역설했다. 그는 사람들이 자가치료 혹은 가족, 친지를 직접 간호하는 것보다 보건의료 전문가에 의해 진료받는 것을 더욱 선호함으로써, 자신의 몸에 대한 권한과 통제권을 잃어버리고 전문가에게 더 많이 의존하게 되는 폐해가 있다고 주장했다. 그는 또한, 의사의 개입이 병을 낫게 하기보다는 오히려 약의 부작용이나 잘못된 수술 후유증과 같은 병원성 질환(iatrogenic effects)을 초래할 가능성이 많다는 점도 지적했다. 요컨대 그의 주장은 현대의학이 전적으로 쓸모가 없다는 것이라기보다는, 의료화(medicalization)가 과도하게 이루어져 그 결과 의료의 개입이 역효과를 불러오는 단계에까지 이르렀다는 것이다(이반 일리치, 1993).

비판자들이 지적하는 현대의학의 두번째 문제점은, 의학이 질병을 전적으로 생물학적인 변화로 파악함으로써 질병과 사회적·환경적 요인간의 역동적 관계를 무시했다는 점이다. 이미 말한 바와 같이, 질병의 원인이 되는 병원균을 알아내고 인체를 구성하는 단위인 기관(organ), 조직(tissue), 세포(cell)에 대한 과학적 이해를 얻어낸 것이야말로 현대의학의 개가 중 하나였다고 할 수 있겠다. 그러나 현대의학의 근간을 이루는 바로 이 점 때문에 질병의 사회적 원인에 대한 고려는 그동안 상대적으로 간과되어 왔다. 의사를 비롯한 의료인들은 인체와 질병에 대한 의학적 지식에 근거해서 몸에 생긴 '고장' 그 자체를 고치려 했을 뿐, 그러한 '고장'이 나타나는 것에 기여한 사회적 요인(예컨대, 열악한 생활조건)이나 환경적 요인(예컨대, 대기 및 수질오염)에는 주의를 기울이지 않았고 이를 개선하는 작업에도 상대적으로 무관심했다. 따라서 현대의학의 발전은 질병의 원인을 오도(誤導)하고 주의를 엉뚱한 곳으로 돌리는 부수적인 효과를 낳았다고 비판자들은 주장한다.

마지막으로 앞의 두 가지와 관련된 것으로, 현대의학은 건강의 사회적 불평등을 조장하거나 이를 방조한다는 문제점을 갖는다. 사람들이 공식적인 의료에 점차로 더 많이 의존하게 됨과 동시에 의료행위가 점차로 더 고가의 장비나 첨단기술을 이용하게 됨에 따라서, 실제로 의료의 혜택은 줄어들고 있는데도 불구하고 의료비용은 급격하게 상승하고 있다. 의료비용의 증가는 곧 계급이나 성, 인종, 지역에 따라서 의료에 대한 접근가능 정도가 차등화되는 것을 의미하며, 이는 건강의 사회적 불평등의 문제로 이어진다.[1] 뿐만 아니라 건강이나 질병의 문제를 해결하기 위한 사회적 자원들이 의료혜택의 평등화보다는 첨단 의료기술의 개발에 집중적으로 투자되기 때문에 불평등은 더욱 강화된다. 현대의학의 발전 그 자체가 곧 불평등을 가져오는 것은 아님에도 불구하고, 현재의 발전이 간접적으로 불평등을 증가시키는 방향을 향해 진행되고 있음은 의심의 여지가 없다고 할 것이다. 결국 의학의 발전이 인간의 복지를 보편적·실질적으로 향상시켰고 또 앞으로도 향상시킬 것이라는 낙관은 여기서도 깨지고 있는 셈이다.

함의

이제 글의 앞부분에서 제기했던 몇 가지 문제들에 대해 잠정적으로나마 답할 수 있게 되었다. 말하자면, 의학의 발전은 인간에게 긍정적인 측면만을 제공해 준 것이 아니며, 그런 의미에서 현대의학의 '신화'는 파기되어야 한다. 의학의 발전은 그 속에 내재적인 한계를 안고 있다. 또한 현대의학의 놀라운 발전 이면에는 현대의학이 미처 주의를 기울이지 못했거나 암암리에 방조하였거나 의식적·무의식적으로 조장한 중요한 사회 문제들이 은폐되어 있다. 새삼스러운 지적인지는 모르겠지만, 결국 의학의 발전이 인간의 건강과 질병에 관련된 '모든' 문제를 해결해 주는 것은 아니다.

그렇다면 현대의학의 패러다임을 넘어서는 길은 어디에 존재하는 것일까? 우선 '현대의학은 건강과 질병 문제에 대한 유일한 접근방

---

[1] 계급, 성, 지역 등에 따른 의료불평등의 다양한 양상에 대한 분석으로는 사라 네틀턴(1997)의 7장을 보면 된다.

법이 아니다'라는 사실이 먼저 인지되어야 한다. 마음과 몸을 이원론적으로 분리하고, 이 중에서 몸을 수리 가능한 기계와 같은 것으로 간주하며, 질병을 (사회적·환경적인 것이 아닌) 생물학적인 것으로 환원시키는 현대의학은 인체를 이해하는 유일한 이론체계가 아니다. 이는 현대의학이 쓸모가 없다고 말하고자 함이 아니다. 단지 현대의학이 특권적인 지위를 지닌 유일한 지식체계가 아니라는 것이고, 이와 다른 인식체계에 기반한 다양한 대안 의료(alternative medicine)들 역시 임상적 효과를 지니는, 유효한 의료체계로 인정되어야 한다는 것이다. 최근 서구에는 동종요법(homeopathy)이나 정골요법(osteopathy), 약초치료 등의 다양한 대안적 의료방식들에 대한 관심이 점차로 증가하고 있으며, 우리나라에는 전통적인 한의학(韓醫學) 체계가 오래 전부터 현대의학과 공존해 왔다(황상익, 1999; 사라 네틀턴, 1997, 264-8쪽). 현대의학은 인체를 이해하는 다양한 이론체계 중 하나일 뿐이며, 그에 기반한 임상적 시술방식 역시 절대적인 것이 아니다.

또한 의학과 의료는 사회로부터 동떨어져 별도로 존재하는 것이 아니라 사회와 밀접한 관계를 맺는 지식체계이자 활동이라는 점이 인지되어야만 할 것이다. 인체에 대한 '객관적인' 이해에 근거한 현대의학은 일종의 '과학'이라는 견해가 그동안 일반적으로 받아들여져 왔는데, 바로 이러한 인식 때문에 의료와 사회와의 연관성이 적극적으로 사고되지 못했다(사라 네틀턴, 1997, 28쪽). 질병의 기원이 되는 다양한 요인들을 알아내고 이를 예방하기 위해 사회적·환경적 조치를 취하기 위해서는 의학과 의료가 결국에는 사회의 일부분일 뿐이라는 인식이 선행되어야만 할 것이다.

참고문헌

사라 네틀턴 (1997), 『건강과 질병의 사회학』, 조효제 옮김, 한울.
샤론 베글리 (1994), 「기적의 항생제가 병균에 손들었다」, ≪뉴스위크 한국판≫ 3월 30일자, 15-20.
앙드레 고르 (1992), 「건강과 사회」, ≪녹색평론≫ 7호, 119-132.
이반 일리치 (1993), 『병원이 병을 만든다』, 박홍규 옮김, 형성사.
황상익 (1995), 「근대 이전 서양 의학의 기능적 질병관과 그 극복 과정」, ≪한국과학사학회지≫ 17(1), 56-70.
_____ (1999), 「'대체의학', 어떻게 볼 것인가」, 『첨단의학시대에는 역사시계가 멈추는가』, 창작과비평사, 141-148쪽.

3
과학기술의 발전은 '노동의 인간화'를 수반하는가

우리는 흔히, 과학기술의 발전으로부터 도출되는 결과가 긍정적인 방향으로 귀결될 것이라고 생각한다. 그리고 이러한 생각에는 숱한 현실적 근거들이 있다. 기술의 발전, 그 중에서도 연관 분야의 과학적 진보로 뒷받침된 첨단기술의 발전이 우리에게 과거에는 상상도 할 수 없었던 여러 가지 물질적 혜택들을 가져왔다는 사실을 부인할 수 없기 때문이다. 이 사실을 굳이 '확인'하고 싶다면, 아마도 컴퓨터를 이용한 정보처리 기술과 통신 기술의 발전이 지난 50여년간 우리의 일상생활에 얼마나 심대한 변화를 가져왔는지를 떠올려 보는 것으로 충분할 것이다.

이제 우리가 이 지점에서, 인간의 필수적인 존재 조건 가운데 하나인 '노동' 역시 과학기술의 발전에 힘입어 긍정적인 방향의 변화를 경험했으리라고 생각하는 것은 그리 어색하지 않다. 역사적으로 살펴본다면, 예컨대 증기 기관과 같은 동력 기계가 도입됨으로써 사람들이 힘든 육체노동의 의무로부터 벗어나게 되었을 뿐 아니라, 그로 인한 생산성 향상의 결과로 인간의 삶의 물질적 조건이 개선되었다고 생각하는 것은 대단히 자연스럽다. 아울러 20세기에 들어와서 발전한 자동화(automation) 기술이 인간을 단순하고 고된 일, 위험한 일로부터 해방시켰으며, 앞으로의 기술 발전은 이런 방향의 변화를 더욱 가속화시킬 것이라는 낙관적인 전망 역시 흔히 들어볼 수 있는 얘기이다. 결국 이 모든 생각들은, 기술의 발전이 지금껏 인간의 노동 행위를 좀더 '인간적인' 어떤 것으로 만드는 데 기여해 왔다는 것으로 요약될 수 있다.

그러나 우리는 앞서의 진술에 상반되는 여러 이론적 저작들과 경험적 증거들을 이미 알고 있다. 많은 학자들이 근대 자본주의 사회의 성립 이후로 노동과정에서의 인간 소외가 가속화되었다는 점을 되풀이해서 지적해 왔다. 19세기 초의 산업혁명기에 영국의 숙련노동자들은 작업장에 도입된 기계를 파괴하려는 움직임(러다이트 운동)을 광범하게 전개한 바 있으며, 20세기의 자동화 기술은 그것이 수반하는 인간노동의 대체 효과 때문에 대규모 실업의 직접적인 원인이 될 수 있다는 끊임없는 우려의 대상이 되어 왔다.

그렇다면 과학기술의 발전이 인간의 노동에 어떤 영향을 미쳐 왔고 또 앞으로 어떻게 미칠 것인지에 대한 상반된 진술을 앞에 두고 우리가 내릴 수 있는 결론은 어떤 것일까? 이 물음에 답하기 위해서는 우선 과학기술의 발전에 대해 우리가 가지고 있는 선입견 내지는 '신화' — 즉 과학기술은 그 자체의 발전 논리를 가지며, 그 발전이 가져오는 결과는 궁극적으로 '선(善)'한 것이라는 — 를 버리고 그것이 실제로 사회에 어떤 결과를 가져왔는지를 구체적으로 살펴볼 필요가 있다. 과학기술의 발전은 인간의 손에서 놓여난 '사회적 진공' 상태에서 이루어지는 것이 아니다. 그것은 과학기술자들을 포함한 여러 사회집단의 이해관계에 영향을 받아 비로소 사회 속에 모습을 드러내는 것이다. 따라서 과학기술의 발전이 인간의 노동에 미친 영향을 평가함에 있어서도 그것을 논리적이고 자명한 것으로 파악할 것이 아니라, 사회적인 요인들이 개입하는 역사적인 일련의 사건들로 파악해야 한다. 그러면 이제 새로운 과학기술의 도입과 노동이 맺어 온 관계의 궤적을 실제로 살펴보면서 앞서의 상반되는 진술에 대한 평가를 시도해 보도록 하자.

산업혁명기와 19세기

먼저 18세기 말에서 19세기 초에 이르는 산업혁명 시기의 영국에서 어떤 일이 일어났는지를 살펴보자. 이 시기의 영국에서는 특히 면(綿)공업을 중심으로 해서 급격한 산업화가 진행되었고, 그 과정에서 근대적인 형태의 '공장'이 나타나고 증기기관과 같은 동력 기계가 도입되었으며 실을 잣는 방적기나 옷감을 만드는 방직기와 같은 여러 가지 기계들이 본격적으로 사용되기 시작했다. 이런 변화를 거치면서 19세기 초의 영국 사회는 급격하게 변모하였다. 그러면 산업혁명 시기의 이러한 기술적인 변화들은 노동에 어떤 영향을 주었고 노동자들은 이에 대해 어떤 반응을 보였을까? 이를 이해하기 위해서는 먼저 산업혁명 이전의 전통적 노동 방식이 어떠한 것이었는지에 대해 간략하게나마 알아볼 필요가 있다.

전통적인 노동 방식을 특징짓는 요소들을 다소 단순화시켜 말하자면 다음과 같이 정리할 수 있겠다. 먼저 산업화 시기 이전에는 어떤 물건을 만들기 위해 어떤 노동을 할 것인지를 구상하는 과정과 실제로 노동을 실행하는 과정이 서로 결합되어 있었다. 즉 많은 경우에 어떤 노동을 할 것인지를 구상하는 사람과 노동을 수행하는 사람은 같은 사람이었다. 이에 따라 노동을 수행하는 사람들의 숙련 정도는 대단히 높았고, 이들은 자신이 수행하는 일에 대해 노동의 도구나 작업 속도를 스스로 결정할 수 있는 높은 자율성을 유지하고 있었다. 이들이 수행하는 다양한 직무들은 대체로 통합되어 있었으며 분업화의 정도는 낮았다. 또한 이들은 크고 복잡한 기계보다는 간단하고 조작하기 쉬운 노동 도구를 이용했으며, 동력 기계의 힘을 빌기보다는 인간이나 가축의 힘, 혹은 수력을 이용했다. 이들은 대체로 대규모의 공장이 아니라 소규모의 작업장에서 일했고, 그곳에서 견습 기간을 거치면서 노동에 필요한 숙련을 획득하여 장인(匠人)의 지위에 오르게 되었다.

전통적 노동 방식은 어떤 정해진 노동 규율에 따르기보다는 상대적으로 자연스러운 생활의 리듬을 좇는 것이었고, 그런 점에서 긍정적인 측면을 내포하고 있었다고 볼 수 있다. 이런 전통적 방식은 산업화, 특히 산업혁명 시기의 일련의 변화들을 거치면서 보다 '근대적인' 형태로 변형된다. 노동자들은 점차로 소규모의 작업장이 아닌, 대규모의 공장에서 일하게 되었다. 공장은 미리 정해진 틀로 잘 짜여진 위계적인 구조로 운영되었기에 과거에 노동자들이 보유했던 재량권은 상당한 정도로 축소되었다. 노동 도구나 작업 속도를 스스로 결정할 수 있었던 자율적인 측면은 19세기 초·중반을 거치면서 공장이 확산됨에 따라 점차 사라졌다. 그리고 분업화의 진행으로 말미암아 생산성은 향상되었으나 단순한 작업의 반복에서 기인하는 여러 가지 문제점들이 나타나게 되었다. 또한 공장에 광범하게 도입된 방적기, 방직기 등의 기계들은 숙련노동을 대체하는 효과를 낳았고, 이에 따라 실업이나 숙련 정도의 저하로 인한 노동자들의 지위 하락 현상이 나타났다.[1]

노동자들은 이러한 현상에 대응하여 숙련을 침식하는 기계의 도입에 반대하는 캠페인을 전개하기도 하였으며 의회 청문회를 통해 기계 도입에 반대하는 자신들의 논리를 전달하기도 하였다(Randall,

---

[1] 산업혁명기의 노동의 변화에 관해서는 프리드리히 클렘(1992), 206-223쪽과 배영수(2000)의 8장 및 10장 등을 참조하여 정리했다.

1986). 그리고 이러한 수단을 동원한 노력이 실패로 돌아갔을 때에는 러다이트 운동에서 잘 볼 수 있듯 기계를 파괴하려는 움직임을 전개하였다. 당시의 숙련노동자들이 보여 준 이러한 반응은 산업화와 그에 수반한 기계의 도입이 노동의 수행방식에 그다지 긍정적인 영향을 끼치지 않았으며 오히려 노동과정에서의 소외를 가중시키는 방향으로 작용하였음을 잘 보여 준다. 그러나 산업화와 기계 도입에 저항하는 이들의 시도는 19세기를 거치면서 조금씩 사그라들었고 전통적 노동방식을 침식하려는 시도는 더욱더 가속화되었다. 이런 시도는 20세기 초에 테일러주의와 포드주의적인 노동 관리 방식이 등장함으로써 정점에 달했다.

테일러주의과 포드주의 그리고 자동화

19세기를 거치면서 많은 산업 분야들에서 공장이 들어서고 기계가 도입되는 과정이 일어났다. 그러나 대규모 공장의 건설과 기계의 도입이 곧 노동자들로부터 모든 숙련이나 자율적인 권한의 박탈을 의미하는 것은 아니었다. 19세기 말까지만 해도 상당수의 산업 분야들에서는 여전히 숙련노동자들이 가지고 있는 기능(skill)이 중요시되었고, 이들에게는 상당한 정도의 권한과 작업상의 자율성이 인정되었다. 당시의 공장은 규모가 커지고 기계류들이 도입되었음에도 불구하고 오늘날의 자동차 공장과 같이 유기적으로 작업과정이 조직되어 있는 정도에 이른 것은 아니었으며, 오히려 반(半)자율적인 작업조들로 구성되어 있는 작은 단위들의 모임에 더 가까운 형태였다. 이러한 상황에 결정적인 변화를 가져온 것은 테일러적인 노동 관리 방식과 이를 기술적으로 한 단계 끌어올린 포드주의적 생산방식의 등장이었다.

테일러주의(Taylorism)는 소위 '과학적 관리'의 주창자였던 프레드릭 테일러(Frederick W. Taylor)가 19세기 말경에 이론적으로 정립한 노동 관리 방식을 말한다. 테일러주의의 핵심은 노동과정에 있어서 그 동안 통합되어 있던 구상과 실행을 분리시킴으로써 노동자들의 숙련을 제거하고, 이 중 구상 기능을 관리자층의 재량 하에 둠으로써 노동과정을 실질적으로 통제하는 것이다. 테일러주의적 노동 관리에서는 이를 위해 노동자들의 직무를 아주 잘게 세분화한 후 이 각각에 대해 정교한 시간 연구를 수행함으로써 노동과정의 모든 요소를 사전에 계획한다. 이런 과정을 거쳐 노동자들 각각에 대한 과업(課業)이 이루어지게 되는데, 그들에게는 노동과정을 계획하는 과정에 참여할 기회가 주어지지 않기 때문에 이제 노동자들은 자신이 행하는 과정을 이해하기 어렵게 되었다. 즉 노동자들은 자신이 무엇을 만드는 지도 모르는 채로 아주 잘게 세분화된 작업들을 수행하는 것으로 그 역할이 제한된 것이다(해리 브레이버맨, 1987).

하나의 노동 관리 방식이었던 테일러주의는 이후 20세기 초에 대규모의 기술체계와 결합하면서 포드주의적 생산 방식으로 이어지게 된다. 포드주의(Fordism)란 테일러주의적인 구상과 실행의 분리 및 직무의 세분화에 덧붙여 부품의 표준화와 컨베이어 벨트를 이용한 이동식 생산 공정을 도입하여 이를 결합한 생산 방식으로, 1910년대의 포드 자동차 공장에서 비로소 보편화된 것이다. 포드주의적 생산 방식이 가능하기 위해서는 생산 공정에서 사용되는 부품들이 서로 완전히 호환가능(interchangeable)할 정도로 정교하게 만들어져야 하며, 공장 전체가 하나의 유기적인 흐름에 따라 운영될 수 있도록 사전에 설계되고 건설되어야 하는데, 이는 정밀기계 공업과 거대 장치 산업에서의 기술적 발전에 크게 힘입었다. 포드주의적 생산 방식은 노동자들이 거대한 공장 속의 어떤 한 자리에 고정되어서 자신에게 끊임없이 운반되어 오는 노동 대상에 대해서 아주 간단한 몇 가지의 조작을 하는 식의, 오늘날의 대표적인 노동 방식을 완성시켰다. 포드주의의 성공은 비약적인 생산성의 향상을 가능하게 하고 대량생산의 '가능성'을 현실로 바꾸어 놓았지만, 노동자들이 자본주의적 노동과정에서 경험하는 소외를 더욱 가중시키는 문제점을 안고 있었고 이는 찰리 채플린의 <모던 타임스> 같은 영화들에서 잘 나타나 있다(Hounshell, 1984).

한편, 테일러주의와 포드주의에 기반한 노동 방식이 전통적인 노동 방식이 가지고 있었던 요소들을 제거하는 데 주력하였다면, 정보기술의 발전에 힘입어 1950년대 이후 점차 확산되고 있는 자동화 기술은 이제 인간 노동 그 자체를 대체하려 하고 있다. 자동화 기술의 핵심은 노동자들이 보유하고 있던 기능을 세분화하여 이들 각각을 분석·정리한 결과를 일련의 프로그램으로 만들어 제품을 생산하는 기계가 이에 따라 자동으로 동작할 수 있도록 하는 것이다. 자동화 기술은 단순하고 육체적으로 힘든 노동, 혹은 인간이 직접 수행하기에 대단히 위험한 노동을 경감시키는 방향으로 사용되기도 하였지만, 역사적으로 볼 때 그보다는 노동과정에서 인간이 가지는 불확실성 — 예컨대 파업이나 태업의 가능성과 같은 — 을 제거하고 과학기술의 발전에 근거한 '합리화'를 추구하려는 목적으로 사용된 경우가 더 많았다.[2] 결국 자동화 기술의 발전은 노동을 좀더 '인간적으로' 만드는 측면보다는 오히려 인간 노동을 기계로 대체함으로써 실업을 야기하고 인간의 노동을 자동화된 기계의 노동과 경쟁하게 하는 비인간적인 측면을 더 많이 안고 있었다고 볼 수 있다.

---

[2] 이와 관련된 잘 알려진 사례연구인 수치제어(N/C) 공작기계에 대해서는 데이비드 F. 노블(1995)를 참조할 수 있으며, 자동화 기술의 도입 이면에 숨은 여러 가지 요인들에 대한 분석으로는 데이비드 F. 노블(1994)를 보면 된다.

노동의 인간화

테일러주의와 포드주의에 입각한 생산 방식 그리고 자동화에 근거한 노동 대체 시도는 많은 한계를 지니고 있음이 역사적으로 밝혀졌다. 구상과 실행의 분리와 극도의 직무 세분화, 고정된 장소에서의 반복작업에 기초한 포드주의적 노동 방식은 노동의 능률을 급격하게 떨어뜨렸고, 이는 직무에 만족하지 못한 노동자들의 높은 결근률과 이직률이라는 현상으로 드러나게 됨으로써 결국 생산성의 향상 그 자체가 위협받게 되었다. 포드주의적 노동 방식에 내재한 이러한 문제점은 포드 공장에서 그 방식이 정초(定礎)된 직후부터 제기되었지만 그것이 심각하게 인지된 것은 전후의 호황기가 끝난 1960~70년대 이후부터이다(이영희, 2000a). 한편 자동화 기술은 불확실성을 제거하고 궁극적으로는 무인 공장의 꿈을 이룰 것이라는 기대와는 달리, 오히려 더 많은 비용을 소모할 뿐 아니라 기계의 보수 및 점검 작업에 있어서는 여전히 숙련노동자들을 필요로 하는 것으로 드러났다.

그렇다면 노동자들을 소외시키고 그들을 거대한 기술체계 속의 하나의 부품처럼 취급하는 이러한 노동 방식에 대해서는 어떤 대안이 존재할까? 포드주의적 노동 방식에 내재한 문제점들이 심각하게 인지되기 시작한 1970년대 이래로 서구 각국에서는 이러한 문제점들을 극복하기 위한 다양한 시도들이 이루어지고 있다. 이 시도들은 노동의 소외를 극복하여 '인간적인 노동'를 다시금 성취하기 위한 실험으로 이해할 수 있을 것이다. 그 중 가장 두드러진 것은 독일과 스웨덴에서 이루어지고 있는 다양한 실험적 프로젝트들이다. 스웨덴의 볼보 자동차 회사에서 도입된 새로운 생산 방식이 그것의 대표적인 예가 될 수 있을 것인데, 특히 이 회사의 완성차 조립 공장 중 하나인 우데발라 공장에서는 1980년대 말 이래로 테일러주의적 원칙으로부터 완전히 벗어난 새로운 생산 방식을 추구해 왔다. 이곳에서는 세분화되었던 직무들을 다시 통합하여 한 사람의 노동자가 상당한 정도의 숙련을 요구하는 다양한 직무들을 수행하게 함으로써 숙련의 상승을 꾀하고 있다. 또한 포드주의적 생산 방식의 상징과도 같이 여겨졌던 컨베이어 벨트를 폐기하고, 컴퓨터에 의해 조종되는 무인반송차에 의해 부품이 수송되는 방식을 채택하였다. 이곳에서는 몇 명의 사람들이 팀을 이루어 자동차 전체를 조립하고 있는데, 포드주의적 생산 방식과는 달리 작업 라인의 속도에 종속되지 않으면서 스스로의 작업 일정을 계획하고 이에 따라 작업 속도를 조절하는 자율성을 발휘할 수 있도록 되어 있다(이영희, 2000a; 인수범, 1997).

다양한 방식으로 새롭게 실험되고 있는 이러한 노동 방식은 과거의 테일러주의·포드주의적 노동 방식이나 자동화에 의한 노동의 대체에서 드러나는 문제점들을 극복할 수 있는 하나의 유력한 대안으로 주목받고 있다.

함의

과학기술의 발전, 특히 새로운 기계의 도입과 노동이 어떤 관계를 맺어 왔는지에 대한 역사적 추이를 살펴봄으로써, 우리는 과학기술의 발전 그 자체가 자동적으로 보다 인간적이고 자아 실현에 근접할 수 있는 노동의 방식을 제공해 주지는 않는다는 사실을 알 수 있었다. 18세기 말의 산업혁명기 이래로 20세기를 거치면서 줄곧, 새로운 기계의 도입은 노동자들로부터 전통적인 숙련을 제거하여 작업을 단순화하거나 인간 노동 그 자체의 필요성을 줄여 실업의 위험을 양산하는 계기로 작용한 경우가 더 많았다. 그러나 그렇다고 해서 과학기술의 발전이 '노동의 인간화'에는 전혀 도움이 되지 않는 무의미한 것이라고 볼 수는 없다. 예컨대 자동화 기술은 대규모의 실업을 가져올 수도 있다는 점에서 인간 노동과 적대하는 측면이 있지만, 앞서 언급한 바와 같이 힘든 노동이나 위험한 노동을 대신 수행할 수 있는 잠재력을 가지고 있는 것도 분명 사실이기 때문이다.

과학기술의 발전이 내포하고 있는 이러한 이중적인 측면은 '노동의 인간화'를 위한 실험이 어떤 점을 고려해야만 하는지를 시사하고 있다. 앞서 언급한 볼보 우데발라 공장 프로젝트가 잘 보여주는 바와 같이, 보다 인간적인 노동은 현재까지의 기술 발전을 바탕으로 해서 이루어질 수 있고 또 이루어져야 한다. 우데발라 공장의 노동 방식은, 예컨대 컴퓨터로 조종되는 무인반송차를 만들어 낸 과학기술의 발전이 없이는 구현될 수 없었을 것이기 때문이다. 결국 오늘날의 시점에서 '노동의 인간화'는 현존하는 생산 기술의 무조건적인 거부를 통해서 성취될 수 있는 것은 아니다. 보다 인간적인 노동은 현재의 생산 기술을 변형하고 그 과정에 참여를 가능하게 만드는 일련의 노력을 통해서 비로소 성취될 수 있을 것이다(이영희, 2000b).

참고문헌

데이비드 F. 노블 (1994), 「자동화의 광기, 혹은 자동화의 비자동적 역사」, 스티븐 골드만 엮음, 윤소영 외 옮김, 『과학, 기술 그리고 사회발전』, 한국과학기술진흥재단, 77-112쪽.
_____ (1995), 「기계 설계에 있어서 사회적 선택」, 송성수 편역, 『우리에게 기술이란 무엇인가』, 녹두, 199-236쪽.
배영수 엮음 (2000), 『서양사강의(증보판)』, 한울.
이영희 (2000a), 「신기술과 작업조직의 변화」, 『과학기술의 사회학』, 한울, 47-80쪽.
_____ (2000b), 「대안적 생산체제의 모색」, 『과학기술의 사회학』, 한울, 352-377쪽.
인수범 (1997), 「스웨덴의 경영합리화와 노조의 대응」, 박준식 외 지음, 『노동의 인간화』, 한국노동사회연구소, 64-102쪽.
프리드리히 클렘 (1992), 『기술의 역사』, 이필렬 옮김, 미래사.
해리 브레이버맨 (1987), 『노동과 독점자본』, 이한주·강남훈 옮김, 까치.
Hounshell, David A. (1984), *From the American System to Mass Production, 1800-1932*, Baltimore: Johns Hopkins University Press.
Randall, Adrian J. (1986), "The Philosophy of Luddism: The Case of the West of England Woolen Workers, ca. 1790-1809," *Technology and Culture* 27, 1-17.

4
생명공학 거품*

매완 호, 하트무트 메이어, 조 커밍스

생명공학의 '위기관리'

생명공학 산업이 커다란 난관에 봉착했음을 보여주는 하나의 신호는, 1997년 여름 생명공학 산업계의 이해관계를 대변하는 비정부조직인 유로파바이오(EuropaBio)가 유럽 소비자들을 사로잡기 위해 수백만 파운드의 예산을 들여 캠페인을 시작했다는 사실이다. 유로파바이오는 이를 위해 세계적으로 손꼽히는 위기관리 컨설턴트 기업(쉽게 말해, 일종의 '해결사')인 버슨 마스텔러(Burson Marsteller) 사의 조력을 얻기로 했다(Penman, 1997). 이전에 이 기업의 손을 거쳐간 '고객'들에는 1979년 미국에서 드리마일 섬 핵발전소 사고[1] 를 일으킨

---

* 출전: Mae-Wan Ho, Hartmut Meyer and Joe Cummins, "The Biotechnology Bubble," *The Ecologist*, Vol. 28, No. 3 (May/June 1998), 146-153.
Reprinted with permission from FULL CITATION. © 1998 by The Ecologist (http://www.theecologist.org).

밥콕 앤 윌콕스(Babcock and Wilcox) 사, 15,000명의 사망자를 냈던 인도 보팔 참사2)에 책임이 있는 유니언 카바이드(Union Carbide) 사 그리고 인도네시아, 아르헨티나, 한국의 독재정권 등이 포함되어 있다. 최근 버슨 마스텔러 사로부터 유출된 한 문서는 유전공학에 대한 대중의 인식을 바꿔놓기 위해 이 회사가 작성한 계획안을 담고 있는데, 이 계획안에서는 생명공학 산업계가 결코 논쟁에서 이길 수가 없으므로 유전자조작 식품의 위험성에 관해서는 입을 다물고, 그 대신 '희망·만족·봉사의 이미지를 주는 상징들'에 집중하라고 조언하고 있다. 아울러 이 계획안에서는, 새로운 상품에 대해 호의적인 반응을 이끌어내는 가장 좋은 방법은 규제기관들과 식품 생산회사들을 이용해서 대중을 안심시키는 것이라고 충고하였다.

---

1) 미국 펜실베니아주에 위치한 드리마일 섬(Three Mile Island)의 핵발전소에서 1979년 3월 28일 새벽 4시부터, 가동 중인 원자로에서 사고가 발생, 수소 폭발에 의해 냉각수가 유출되고 원자로 파괴로 사고 발생 후 5일간 계속해서 방사능이 다량 유출되었다. 사고지점 반경 80km 내의 주민 약 200만 명이 유출된 방사능물질에 노출되었으며, 인근 주민에게는 긴급대피명령이 내려졌다. 이 사고로 방사능 유출의 위험성과 사건 은폐 의혹에 대해 많은 논란이 일었으며, 미국이 핵발전 정책을 전면 재고하는 계기가 되기도 했다 — 옮긴이.
2) 1984년 12월 3일 인도 중부의 마디아 프라데시(Madhya Pradesh) 주, 주도(州都)인 보팔(Bhopal) 시에서 발생한 참사로, 미국의 다국적 화학약품 제조회사인 유니언 카바이드 사에서 농약 제조용 MIC(methyl isocyanate) 40여 톤이 누출되어 엄청난 인명피해를 발생시킨 사고를 말한다. 누출된 MIC는 순식간에 보팔 시 전체로 퍼져나가 시민 대부분이 피해를 입었는데, MIC는 무색 무취의 독성물질로, 호흡기 장애, 중추신경 장애, 면역체계 이상, 실명 등의 치명적인 피해를 일으키는 화학물질이다 — 옮긴이.

규제기관으로 하여금 대중을 안심시키게 하라

규제기관들은 그 상층부에서부터 대단히 협조적이었다. 유엔식량농업기구(Food and Agricultural Organization, FAO)와 세계보건기구(World Health Organization, WHO)는 1996년 10월 로마에서 전문가 자문회의를 개최하고 그 결과로 나온 유전자조작 식품의 안전에 관한 보고서를 공동으로 간행했다. 이 보고서는 WHO 산하의 국제식품규격위원회(Codex Alimentarius Commission, 흔히 'Codex 위원회'로 줄여 부른다)를 따라 국제적인 식품안전 표준을 정했는데, 이 표준은 유전자조작 식품의 안전성뿐만 아니라 세계무역까지도 결정하도록 되어 있었다. 즉 Codex 위원회가 유전자조작 식품을 안전하다고 평가하는 한, 어떤 나라든지 그것의 수입을 금지하려 드는 조치는 불법으로 간주될 것이었다(Ho & Steinbrecher, 1998).

이 보고서에서는 위험성 평가가 "실질적 동등성(substantial equivalance)의 원리"에 의거하여 수행되어야 한다고 주장하고 있다. 실질적으로 동등한 것으로 평가된 생산물은 인간이 섭취하기에 안전하고 적합한 것으로 간주한다는 것이다. 그러나 여기서 실질적 동등성은 [위험성 평가의 구체적 절차보다] 미리 앞서 선언될 수 있게 되어 있고, 이런 경우 뒤이어 행해지는 위험성 평가는 완전히 형식적인 것이 되어버리고 만다. 뿐만 아니라, '실질적 동등성'의 개념은 조작되지 않은 상태의 식물·동물 다양성과 동등한 것임을 의미하는 것이 **아니다**. 유전자조작 식품은 종(species) 내에 존재하는 모든 변종들과 비교의 대상이 될 수 있는데, 유전자조작 식품은 그 모든 변종들의 가장 나쁜 특성들만 골라 가지고서도 여전히 실질적으로 동등한 것으로 간주될 수 있게 되어 있다. 심지어 유전자조작 식품은 아무런 관계가 없는 종이나 종의 군(群)으로부터 나온 산물과 비교될 수도 있는 것이다. 최악의 것은, 어떤 생산물이 실질적 동등성을 입증받기 위해 거쳐야 하는 테스트가 제대로 정의되어 있지 않다는 사실이다. 현재 실시되고 있는 테스트는 너무나 식별력이 떨어지는 것이어서 독소나 알레르기 유발물질과 같은 의도하지 않았던 변화들이 있어도 손쉽게 검사를 통과하고 있는 실정이다. 예를 들면 덩이줄기3)를 기형적으로 크게 만드는 등 형질이 변경된 유전자조작 감자는 여러 문제점에도 불구, 실질적으로 동등한 것으로 간주되어 테스트를 통과하였다.

결국 실질적 동등성에 근거한 위험성 평가란 진지하게 고려할 일고의 가치도 없는 것이다. 그것은 안전성을 거의 고려하지 않고 상품의 승인을 신속히 처리하기 위해 고안된 것에 불과하다. 그것은 '[검사할] 필요가 없으니 들여다보지도 않고 따라서 [위험성이] 보이지 않는 (don't need - don't look - don't see)' 경우에 해당하는 사례로, 생명공학 회사들이 원하는 대로 할 수 있도록 백지 위임장을 전달하는 효과적인 방법임과 동시에, 다른 한편으로 대중의 정당한 공포와 반대를 분산시키고 경감시키는 수단으로 기능한다.

한편, 이런 와중에서 유럽 집행위원회(European Commission)는 생명공학에 대한 대중적 저항의 문제를 다루기 위해, '생명공학의 대중적 인지에 관한 유럽 생명공학특별위원회연합(European Federation of Biotechnology Task Group on Public Perceptions on Biotechnology)'을 구성했다. 산업계의 관점에서 보기에 생명공학에 대한 대중적 저항은 가장 커다란 문제로 대두하고 있었다. 이런 상황 속에서 풍부한 연구자금이 대중의 이해를 뒷받침하는 데, 또 대중의 이해를 증진시키고자 하는 교수들에게 주어졌다. 존 듀란트(John Durant)도 그 중 한 사람이다.

---

3) 괴경(塊莖)이라고도 하며, 땅 속에 있는 줄기 마디에서 기는 줄기가 나와 그 끝이 비대해져 덩이줄기를 형성하는데 우리가 감자라고 부르는 것이 바로 이 덩이줄기다 — 옮긴이.

산업계 편에 서서 발언하는 기업과학자들

존 듀란트는 단순히 대중의 과학이해(public understanding of science) 분야를 맡고 있는 교수가 아니다. 그는 유럽 생명공학특별위원회연합의 의장이며 영국 유전자검사자문위원회(UK Advisory Committee on Genetic Testing)의 위원이자 런던 과학박물관의 부관장이기도 하다. 런던 과학박물관에서는 지금[1998년 초] 생명공학 육성 쪽에 치우친 대규모 전시회를 진행하고 있는데,4) 거기 전시된 물품 중에는 어린이 경진 대회에서 최우수상을 받은 디자인에 따라 복제양 돌리의 양털로 짠 모직 스웨터 같은 것도 있다. 최근 있었던 공개 논쟁5)에서, 듀란트는 자신이 유전공학에 대한 대중의 저항을 극복하기 위한 작업을 하고 있는 것이 아니라고 부인했다. 그러나 그는 청중들에게 이 기술은 전적으로 안전하며, 따라서 유전자조작 생산물을 분리해 표시제를 시행하는 것은 불필요하다고 단언했다. 그는 또한 유전자조작된 유기체들의 환경방출에 대한 모라토리엄 선언에 반대하였는데, 이는 생명공학 개발이 지체되고 유럽의 산업경쟁력이 떨어질 것이라는 이유 때문이었다.

이런 입장을 가진 사람들이 듀란트 교수 혼자뿐인 것이 아니다. 대충 이와 유사한 방식으로 생명공학 산업을 장려하고 방어하려 노력하는 기업과학자(corporate scientist)들 — 이들 모두가 생명공학 거대기업들을 위해 공식적으로 일하는 것은 아니지만 — 은 상당히 많다. 그들은 위험이 아예 존재하지 않거나 무시할 만한 정도라며

---

4) 런던 과학박물관의 1998년 생명공학 관련 전시회에 대한 비판적인 지적과 이에 대한 답변으로는 Levidow(1998)와 Durant(1998)를 참조할 수 있다 — 옮긴이.
5) 매완 호의 새 책 *Genetic Engineering, Dream or Nightmare?* (Ho, 1998) 의 출간에 즈음하여 런던 벌링턴 하우스(Burlington House)의 린네 학회(Linnaean Society)에서 열렸던 토론을 가리킨다.

모든 위험의 가능성을 일축하는 대신, 굶주리는 제3세계의 수십억 인구를 먹여살리고, 농업을 보다 환경친화적으로 만들고, 환경을 정화하고, 암이나 여타의 질병들에 대한 기적의 치료법들을 개발하고, 유전자 치료를 제공하는 등 박애 정신에 가득찬 약속들을 내놓는다. 우리들 중 몇몇은 거의 30년 가까이 그런 약속의 말들을 들어 왔지만, 지금껏 그들이 산출해 내는 데 성공한 것은 [1998년 현재] 유전자조작된 인슐린 한 가지에 불과하다. 지난 시간들은 끝없는 과대선전과 아직 결실을 맺지 못한 약속들의 연속이었다.

생명공학 거품

모든 사람들이 생명공학에 뛰어든 것은 돈을 바라고 한 것임에 분명하다. 그 과정에 내재하는 위험요소들은 잠재적 이익에 호소함으로써 대수롭지 않은 것으로 간주될 수 있었고, 이익이 당장 생겨나지 않을 때에도 약속들은 꺼지지 않은 채로 계속 유지되어야만 했다. 결국 생명공학은 밀레니엄의 끝무렵에 나타난 남태평양의 거품 같은 존재인 셈이다(Ho, 1995). 이미 수십억 달러가 생명공학 분야에 투자되었고, 회사들은 생명공학 산업 전체가 붕괴하기 이전에 손실분을 벌충하려고 안간힘을 쓰고 있는 중이다.

생명공학이라는 거품 현상은 이제 조만간 터져버릴지도 모른다. "투자자들은 이 분야에서의 의학적 진보를 보면서 놀라기보다는, 자신들의 투자에 대한 이익이 돌아오지 않는다는 사실에 더 놀라면서 경악을 감추지 못하고 있다".6) ≪인베스터즈 비지니스 데일리 *Invester's Business Daily*≫에 나타난 투자우선순위에 따르면 생명공학 분야는 일 년 이상 중간순위에 멈춰서 있다. 올해[1998년] 3월의 한 주 동안

---

6) SAN FRANCISCO - (BUSINESS WIRE) - March 10, 1998.

생명공학 기업들의 주식 순위는 197개 산업분류군 중 77위에서 95위로 추락했다. 독일의 경제학자 울리히 돌라타(Ulrich Dolata)에 따르면,7) 2000년에는 1,000억 달러에 이를 것으로 예상되었던 유전자조작 생산물의 세계시장 규모의 애초 추정치는 480억 달러로 하향조정되었으며, 그나마 그 중에서 식량과 농업이 차지하는 비율은 1%에 불과할 것으로 전망되었다. 그는 또한 생명공학 분야와 관련되어 독일에서 새로 창출될 것으로 보이는 일자리 수가 모든 일이 잘 풀려 나간다고 가정했을 때에도 4만 명을 넘지 못할 것으로 보았는데, 이는 유전자 기술의 도입에 의해 사라지거나 대체되는 일자리 수는 고려에 넣지 않은 수치이다. 그러나 그는 낙관적인 언급으로 글을 끝맺으면서 이 분야가 가까운 미래에 보다 '역동적으로' 발전할 것이라고 주장했다.

우리는 과연 그렇게 될 지 심히 의심스럽다. 왜냐하면 현재의 접근은 유기체를 바라보는 데 있어 조악하고 낡은 환원주의적 관점을 견지함으로써 완전히 오도되고 있으며, 거기 사용되는 기술은 위험할 뿐만 아니라 결과를 예측할 수 없이 무작정 해보는 식(hit or miss)이기 때문이다.

환원주의적 과학과 무작정 해보는 식의 기술

지금껏 대중은 다음과 같은 말을 들어 왔다.

"과학자들은 이제 원하는 특성의 발현을 좌우하는 개별 유전자를 정확하게 동정(同定, identification)8)할 수 있어서 특정 유전자를 추

---

7) Genie Genetique, Conference Organized by Green MEPs, European Parliament, Brussels, March 5–6, 1998.
8) 생물학에서 생물을 식별하고 근연도(近緣度)에 따라서 생물분류체계를 세

출한 후 이를 복제해 다른 유기체에 복제된 유전자를 삽입할 수도 있다. 그러면 그 유기체(및 그 자손들)는 바로 그 원하는 특성을 갖게 될 것이다……"(Food and Drink Federation, 1995, p. 5). 이런 묘사는 '대중의 이해 증진'을 내세우는 문헌들에서 전형적으로 찾아볼 수 있는 것으로, 유전자결정론(genetic determinism)이라는 그릇된 과학의 특징을 일목요연하게 보여주고 있다.

위와 같은 묘사는 다음과 같은 내용을 암시함으로써 실제 사용되는 기술에 대해 극히 잘못된 인상을 줄 수 있다.

- 유전자는 선형적인 인과적 연쇄로 특성들을 결정지으며, 하나의 유전자는 하나의 특성을 발현시킨다.
- 유전자는 외부 환경으로부터 영향받지 않는다.
- 유전자는 안정적이며 고정불변이다.
- 유전자는 유기체 내에서만 존재하며 그것이 삽입된 바로 그곳에 머무른다.

이는 대략 1930년대부터 유전공학이 시작된 1970년대까지 생물학계에 풍미했던 고전 유전학의 가장 극단적인 형태이다. 이는 너무나 극단적이기 때문에 오늘날 어떤 생물학자도 실제로 이를 받아들인다고 **시인할** 수는 없을 것이다. 그러나 만약 그렇다면, 유전자를 조작함으로써 사실상 세상의 모든 문제들이 해결될 수 있을 것이라고 그들이 주장하는 것은 어찌된 영문일까?

유전자결정론은 특히 지난 20년 동안 축적되어 온 모든 과학적

우는 생물분류(학)에서 사용하는 용어로, 새로 만든 생물의 표본이나 새로 발견된 종, 문제가 되는 생물을 기존의 자료와 비교·검토하여 분류군 중에 해당하는 위치를 잡는 것을 말한다. 생명(유전)공학에서 유전자와 관련된 내용은 각각의 유전자 기능을 파악, 구분짓는 일련의 과정을 의미한다 — 옮긴이.

증거들 — 현재 우리에게 새로운 유전학을 가져다 준 — 에 반하는 것이다. 그렇다면 오늘날의 새로운 유전학이 보여주는 **진짜** 모습은 어떤 것일까?

- 어떤 유전자도 고립되어 작동하지 않으며, 극히 복잡한 유전자 네트워크 속에서 작동한다. 각각의 유전자의 기능은 게놈(genome, 한 생물이 지닌 유전자들의 총집합) 속에 있는 다른 모든 유전자들과의 유기적 관계에 의존한다. 따라서 같은 유전자도 개체에 따라서 대단히 다른 결과를 낳을 수 있으며, 이는 게놈 속의 다른 유전자들이 개체에 따라 서로 다르기 때문이다. 인간 개체군 속에는 너무나 많은 유전적 다양성이 있기 때문에 각각의 개체들은 유전적으로 유일하다. 그리고 특히 유전자가 다른 종에게로 전이되었을 경우, 그것은 새롭고 예측할 수 없는 결과를 가져올 가능성이 크다.
- 한편, 유전자 네트워크는 유기체의 생리 기능과 외부환경과의 관계 속에서 작동되는 여러 층위의 되먹임 조절(feedback regulation)에 의해 지배를 받는다.
- 이런 여러 층위의 되먹임 조절은 유전자의 기능을 바꿀 뿐만 아니라 유전자를 재배열하거나, 여러 개로 증식시키거나, 변이도 일으키며, 여기저기 돌아다니게끔 할 수도 있다.
- 그리고 유전자는 심지어 원래의 유기체 바깥으로 떠돌아다니면서 다른 유기체를 감염시킬 수 있다 — 이 현상을 수평적 유전자 전이(horizontal gene transfer)라고 부른다.

유전자에 대한 새로운 모습은 과거의 정적이며 환원주의적인 관점과는 정반대에 위치한다. 유전자는 게놈, 유기체의 생리 기능 그리고 외부환경이라는 3가지 층위가 서로 연결되어 구성하는 대단히 복잡한 생태를 갖고 있다(Ho, 1998; Ho et al.,1998). 어떤 유기체 안에 새로운 유전자를 집어넣는 것은 이런 질서에 교란을 일으킬 것이고, 이는 다시 외부환경으로 퍼져나갈 수 있다. 역으로 환경의 변화가 일어난다면 그것은 유기체 안으로 전달될 것이고 유전자 그 자체를 바꿀지도 모른다.

유전공학은 모든 층위에서 유전자의 생태를 심대하게 교란시키며, 이것이야말로 문제와 위험이 생겨나는 지점이다.

유전공학은 조악하고 부정확한 기술이다

무엇보다도 우리는 유기체에 대한 유전자조작이 정확하게 이루어진다는 신화부터 몰아내 버려야 한다. 실은 그렇지 않기 때문이다. 외래 유전자를 숙주 세포의 게놈 속에 삽입하는 것은 유전공학자의 통제를 벗어난 무작위적인 과정이다. 이 과정은 수평적 유전자 전이를 일으키기 위해 인위적인 벡터(vector)[9]를 사용하여 이루어진다(Ho & Steinbrecher, 1998; Ho, 1998; Ho et al., 1998; Walden, Hayashi & Schell, 1991). (상자글 1 참고)

이에 따라 이 과정은 유전자에 대해 그 결과를 예측할 수 없는 무작위적인 영향을 미치게 되는데, 여기에는 암도 포함된다(Kendrew, 1995). 뿐만 아니라 중요한 것은, 외래 유전자가 대부분 바이러스로부터 나오는 매우 강력한 신호들 — 프로모터(promoter) 혹은 인핸서(enhancer)라고 불리는 — 과 함께 삽입된다는 사실이다. 이 신호들은 외래 유전자를 숙주 세포가 원래 갖고 있던 유전자보다 10배에서 100배 정도 더 강력하게 발현시키도록 만든다. 바꿔 말하자면,

---

[9] 생명공학에서 유전자를 숙주 세포에 도입시키기 위한 운반자를 가리키며 바이러스가 많이 사용된다 — 옮긴이.

유전공학적 과정은 고의적이건 그렇지 않건 간에 유전자의 생태 중 처음 두 층위 — 게놈과 생리 기능 — 을 완전히 뒤집어 놓으며 이는 끔찍한 결과를 초래할 수 있다는 것이다.

[상자글 1]

유전공학은 서로 교배하지 않는 종들간에 유전자를 수평적으로 전이시키는 과정을 포함한다. 자연적으로 일어나는 수평적 유전자 전이는 바이러스나 그와 유사한 요소들과 같은 감염성 매개자(agent)들이 세포에서 세포로, 유기체에서 유기체로 옮겨다님으로써 나타나며, 이 중 많은 수는 암을 포함한 질병들을 야기하고 약물저항성 혹은 항생제저항성 유전자들을 퍼뜨린다.

자연 상태에서 존재하는 매개자들은 종간의 장벽에 가로막혀 제한을 받는다. 그리고 모든 세포들은 외래 유전자를 제압하거나 비활성화시키는 메커니즘을 갖고 있다. 그러나 유전공학자들은 종(species) 간의 모든 장벽을 넘어서기 위해 가장 공격적인 매개자들의 일부분들을 서로 결합시켜 유전자전이를 위한 인위적인 벡터(vector)를 만들어 낸다. 여기서 질병을 일으키는 대부분의 유전자는 제거되지만 항생제저항성 유전자는 남겨 두는데, 이는 나중에 그 벡터를 갖고 있는 세포들을 항생제를 써서 골라낼 수 있도록 하기 위해서이다.[10]

---

10) 유전공학은 유전자를 복제하고 전이시키기 위해 인위적으로 만들어진 벡터를 사용한다. 전이되어야 할 유전자(전이유전자)는 하나 혹은 그 이상의 항생제저항성 표지유전자를 포함하고 있는 벡터에 삽입되는데, 여기서 항생제저항성 유전자는 전이유전자를 갖고 있는 벡터를 받아들인 세포들을 선택할 수 있도록 한다. 전이유전자와 표지유전자(들)를 가진 벡터는 세포 속에서 여러 차례 복제될 수도 있고, 게놈 속에 통합될 수도 있다. 이러한 통합의 과정은 무작위로 이루어지며 유전공학자가 통제할 수 있는 것이 아니다.

인위적으로 만들어진 벡터와 이들이 갖고 있는 유전자는 넓은 범위의 종들에 수평적으로 퍼져 자신의 유전자를 재결합시킴으로써 새로운 바이러스나 박테리아 병원체들을 만들어낼 잠재력을 갖고 있다. 1975년의 아실로마 성명서(Asilomar Declaration)에서 분자 유전학자들이 유전공학 연구의 유예를 선언하도록 만들었던 것도 바로 이러한 위험 때문이었다(Berg et al., 1974). 그러나 상업적인 압력이 곧 개입하였다. 규제지침이 만들어졌고 상업적 생산이 시작되었다. 그러한 규제지침들은 최근의 과학적 성과, 특히 유전공학 기술과 최근 나타나고 있는 전염성 질병들의 부활과의 연관성을 암시한 새 보고서에서 여덟 명의 과학자들이 주장한 내용(Ho et al., 1998)에 비추어 볼 때 결코 적절한 것이 못된다.

지속불가능하며 건강에 해로운 유전공학의 산물

유전공학으로 만들어진 유기체에서 야기되는 문제점을 보여 주는 많은 흔적이 있다. 개발에 성공해 실제로 상업화된 생산품 하나하나에 대해 적어도 20회 이상의 실패 사례들이 존재한다. 이는 특히 동물들의 삶에 비참한 결과를 가져오고 있다.

- 인간 성장 호르몬 유전자로 조작된 '슈퍼 돼지'는 관절염과 궤양 증세를 보였고 앞을 보지 못했으며 교미를 할 수 없는 것으로 나타났다.[11]

---

11) "And the Cow Jumped over the Moon," *GenEthics News* Issue 3, 1994, 6-7.

- 다른 물고기의 유전자로 조작하여 최대한 빠르게 성장하도록 만든 '슈퍼 연어' 역시, 크고 괴물같은 머리를 가지고 나타났으며, 제대로 보지도, 숨쉬지도, 먹지도 못해 죽어버렸다(Delvin et al., 1995a; Delvin et al., 1995b).
- 형질전환된 복제양 돌리를 최근 다시 복제해서 태어난 새끼양들은 비정상적이었고 정상적인 새끼양에 비해 사산하는 비율이 여덟 배나 높았다.[12]

심지어는 상업화된 생산품들조차도 실패를 경험하고 있다. 여기에는 이미 광범한 지역에 파종된 작물들도 포함된다.

- 유전자조작에 의해 껍질이 무르지 않게 함으로써 보존성을 높인 Flavr Savr 토마토는 상업적으로 완전히 실패하여 시장에서 사라졌다(Parr, 1997).
- 토양 박테리아인 바실러스 써린지엔시스(*Bacillus thuringiensis*)가 분비하는 살충 성분[13]을 갖도록 유전자조작된 몬산토(Monsanto) 사의 Bt-면화는 1996년 미국과 오스트레일리아에서 실제로 재배되었을 때 제 기능을 발휘하지 못했으며, Bt에 저항성을 가진 해충들에 의해 심각한 손상을 입었다(Fox, 1997).
- 몬산토 사의 제초제인 라운드업(Roundup)에 저항성을 갖도록 조작되어 1997년에 출시된 면화 역시 마찬가지였다. 라운드업

---

[12] "Alarm as Cloned Sheep Develop Abnormalities," *The Independent*, Jan. 19, 1998.

[13] 보통 Bt독소라고 부르는 독소 단백질을 말하는데 미생물살충제로 농약에 많이 이용되고 있다. 1920년대 이후 유럽조명나방과 같은 나비목의 해충을 방제하고자 연구되었으며 반드시 곤충이 먹어야 한다는 단점이 있으나, 곤충의 체내에 흡수되면 분해되어 그 독소만으로 곤충을 죽게 하거나 장의 내피세포에 손상을 주어 먹지 못하게 함으로써 굶어죽게 한다 ― 옮긴이.

을 뿌리자 면화 송이들이 떨어져 내렸으며, 미국 7개 주의 농부들은 현재 자신들이 입은 손실에 대해 보상을 요구하고 있다.14)
- 제초제를 견디도록 형질전환된 캐놀라(canola)15) 품종인 '이노베이터(Innovator)'는 캐나다에서 제 기능을 지속적으로 발휘하지 못했다. 그 결과 서스캐처원 캐놀라 재배자 연합(Saskatchewan Canola Growers Association)은 종자 생장력 테스트를 공식적으로 해달라고 요청했다.16)
- 바이러스 유전자로 조작된 많은 수의 서로 다른 바이러스저항성 형질전환 작물들은, 재조합에 의해 새롭고 종종 감염성이 증가된 슈퍼 바이러스들을 만들어내는 경향을 점차로 보이고 있다(Vaden & Melcher, 1990; Lommel & Xiong, 1991; Greene & Allison, 1994; Wintermantel & Schoelz, 1996).
- 형질전환 계통(transgenic line)에서 유전적 불안정성이 광범하게 나타나고 있다. 형질전환 작물들은 일반적으로 번식을 제대로 하지 못한다(Ho & Steinbrecher, 1998; Ho, 1998; Steinbrecher, 1996).

최근 열린 '유전공학 기술에 관한 유럽의회회의(Conference in European Parliament on genetic engineering biotechnology)'에 출석한 미국 가족농 대표 빌 크리스티슨(Bill Christison)의 말에 따르면,17) 형질

---

14) "Seeds of Discontent: Cotton Growers Say Strain Cuts Yields," *The New York Times*, November 19, 1997.
15) 전통적 육종 기술에 의해 캐나다에서 개발된 유채 품종의 하나로 포화지방의 양이 적다는 것이 특징이다 — 옮긴이.
16) "Meeting Set to Pinpoint Problems, Find Answers," *Western Producer*, November 10, 1997.
17) Genie Genetique, Conference Organized by Green MEPs, European Parliament,

전환 작물의 재배 과정에서 나타나는 실패 사례들은 제대로 보도가 되고 있지 않다. 이러한 실패 사례들에 더해, 형질전환 작물에 관한 계약을 맺을 때 생명공학 회사들에 의해 강제되는 제약 — 농부들이 다음 해 다시 심으려고 종자를 채취, 보관해 두는 것을 불법으로 간주하는 — 때문에 1998년에는 형질전환 작물의 파종이 현저히 줄어들었다. 가령 형질전환 대두의 경우에는 면화와는 달리 별다른 문제가 없는 것으로 알려져 왔고, 1998년에는 파종되는 전체 대두 중 유전자조작된 것이 30% 가량을 차지할 것으로 예상되었다. 이 예상은 지금 기껏해야 25% 정도에 그칠 것이라고 하향 조정되었다. 이런 결과가 나타난 이유 중 하나는, 미주리 주에서 유전자조작된 작물이 그렇지 않은 것에 비해 에이커당 5부셸 가량 수확이 덜 나온다는 사실이 밝혀졌기 때문이다.

이러한 실패들이 단지 '초기에 으레 겪는 문제'가 아님을 인지하는 것이 중요하다. 이것들은 바로 환원주의적 과학과 무작정 해보는 식의 기술이 가져온 결과이다. 지금껏 만들어진 유전자조작 식품들은 건강에 해로운 것인데, 그 이유는 이들이 유기체의 발달과 대사 시스템에 스트레스를 가해 균형을 잃게 만들기 때문이다. 유전자조작 식품들은 독소나 알레르기 유발물질을 포함한 의도하지 않은 결과들을 가져올 수밖에 없고, 현재의 위험성 평가는 이 문제를 드러내기보다는 오히려 감추기 위한 의도로 수행되고 있다(Ho & Steinbrecher, 1998). 가장 주요한 문제는 형질전환 계통의 불안정성인 것이다.

Brussels, March 5-6, 1998.

형질전환의 불안정성을 경계하라

전통적 육종(育種) 방법들은 근연(近緣) 관계에 있는 변종들이나 종들 — 같은 유전자를 서로 다른 형태로 보유하고 있는 — 을 서로 교배하는 과정을 포함하고 있었다. 선택 과정은 야외 조건 하에서 여러 세대에 걸쳐 이루어졌는데, 이는 원하는 특성과 그 특성에 영향을 주는 유전자들이 **적절한 환경 하에서** 일련의 서로 다른 유전적 바탕(genetic background)에 대해 안정적으로 발현할 수 있도록 테스트하고 조합하는 것을 가능하게 했다. 물론 다른 환경이 주어진다면 유전자 조합들은 다른 기능을 나타내게 될 것이다. 유전자형(genotype, 생물이 가지고 있는 유전적 구성)과 환경간의 이러한 상호작용은 전통적 육종에서 이미 잘 알려져 있는 사실이었으며, 따라서 새로운 품종이 기존에 테스트해 보지 않았던 환경에서 어떻게 생장할지를 예측하는 것은 불가능했다. 많은 경우에 있어 새로운 품종들은 후대에 가면 그것이 지녔던 특성을 잃어버렸는데, 이는 유전자가 자연적으로 서로 뒤섞이고 재조합되어 나타난 결과이거나 품종들이 환경 변화에 적응한 결과였다.

이러한 문제는 유전공학에 와서 엄청나게 악화되었다. 우선 첫째로, 유전공학에서는 [예컨대 물고기의 유전자를 토마토에 옮기는 식으로] 완전히 다른 외래 유전자가 유기체 속에 종종 도입된다. 둘째로, 유전자를 인위적으로 전이시켜 형질전환 유기체를 만드는 절차는 필연적으로 유전적 불안정성을 증가시킨다. 식물의 경우에 있어 유전자는 종종 조직 배양기 안에 있는 세포 속으로 도입되고, 형질전환 작물은 배양기 속에서 선별된 세포들로부터 발생시켜 만들어지게 된다.

- 조직 배양 기술 그 자체가 높은 빈도로 새로운 유전적 변이들

을 만들어내는데, 이는 **체세포 변이**(somaclonal variation)[18]라는 이름으로 알려져 있다(Cooking, 1989). 이것이 나타나는 이유는 세포들이 식물 내부의 생리적 환경으로부터 분리되어 존재하게 되었기 때문이다. 식물 내부의 생리적 환경은 그 외부의 생태적 환경과 함께, 유전자의 발현과 유전자들 그리고 게놈 구조를 각각의 세포들과 유기체 전체 속에서 안정되게 유지시켜 주는 역할을 한다. 수년 전 유니레버(Unilever) 사는 조직 배양 기술을 이용해 기름야자나무로부터 떼어낸 세포를 배양시켜 말레이지아에 심으려고 시도했다. 이 계획은 현재 포기되었는데, 그 이유는 야외 실험에서 많은 식물들이 제대로 자라지 않거나 꽃을 피우지 못했기 때문이었다(Perlas, 1995).

- 유전자 삽입의 과정은 무작위적이며, 앞서 언급한 바와 같이 예측하지 못한 많은 유전적 결과들이 나타날 수 있다.
- 형질전환 유기체의 게놈 속에 통합되어 추가적으로 덧붙여진 DNA는 게놈의 염색체 구조를 혼란시키며, 그 자체로 염색체의 재배열을 초래할 수 있다(Wahl, de Saint Vincent & DeRose, 1984). 이는 유전자의 기능에 추가적인 영향을 미치게 된다.
- 전이유전자(들)와 표지유전자(들)를 포함한 벡터는 일단 통합된 이후에도 다시 바깥으로 나가거나 그 후 다른 장소로 재삽입될 잠재적 가능성을 지니고 있다. 이 또한 한층 더한 유전적 교란을 야기한다(Ho & Steinbrecher, 1998; Ho, 1998; Ho *et al.*, 1998).
- 대부분의 벡터 구성물(construct)은 여러 가지 요소를 고도로 짜맞추어 만들어졌기 때문에 구조적으로 불안정하며 자체적으

---

[18] 식물 분자생물학에서 사용하는 용어로, 한 식물체에서 단일세포를 떼어내 재배양하면 이때 얻은 식물체가 원래의 식물체와 유전적으로 동일하지 않음을 의미한다 ― 옮긴이.

로 재조합되는 과정을 거치기 쉽다(Ho et al., 1998). 바이러스 저항성 형질전환 작물들이 형질전환되지 않은 작물에 비해 재조합 바이러스를 보다 손쉽게 만들어내는 이유는 아마 여기에서 찾을 수 있을 것이다.

- 전이유전자의 발현이 잘 되도록 하기 위해 공격적인 프로모터 (promoter)나 인핸서(enhancer)를 사용하는 것은 앞에서 언급했던 바와 같이 생리적 시스템에 스트레스와 불균형을 야기하고 불안정성을 증가시킨다.
- 모든 세포들은 외래 유전자의 발현을 억제하는 메커니즘을 갖고 있다(Finnegan & McELory, 1994). 공통적으로 찾아볼 수 있는 하나의 메커니즘은 메틸화(methylation) — DNA 속에 있는 아데닌 염기나 시토신 염기에 메틸기를 추가하는 화학반응 (DNA 속에는 아데닌, 시토신, 구아닌, 티민의 네 가지 염기가 있다) — 인데, 그 결과로 외래 유전자가 더 이상 발현되지 않게 된다.

전이유전자의 불안정성은 가축(Colman, 1996)과 농작물(Lee et al., 1995) 양자 모두에서 나타난다. 인간의 몸 속에서 생성되는 단백질인 알파-안티트립신(alpha-antitrypsin)을 젖에서 짙은 농도로 분비하도록 형질전환된 양인 트레이시(Tracy)는 같은 형질을 보유한 새끼 암양을 단 한 마리도 낳지 못했다. 돌리를 탄생시킨 복제 기술이 시도된 것은 바로 이런 이유에서였다. 농작물에서의 불안정성에 대해서는 더 많은 사례들이 알려져 있다. 담배의 경우, 형질전환 작물 1세대의 64%에서 92%에 달하는 수가 불안정하게 되었다. 애러비돕시스(Arabidopsis)[19]의 경우에 전이유전자가 상실되는 빈도는 50%

---

19) 학명은 Arabidopsis thaliana로 유채과 식물 종 가운데 하나이다. 한 세대가 짧고 많은 자손을 남길 뿐 아니라 게놈의 길이가 짧은 특징 때문에 식

에서 90% 사이였다. 불안정성은 생식 세포가 만들어질 때나 식물 생장기간 중 세포가 분열할 때 증가한다. 불안정성은 [핵]이식이나 약한 교란요인에 의해서도 촉발될 수 있다(Fox, 1997).

이로부터 형질전환 계통은 종종 제대로 번식하지 못한다는 사실을 알 수 있다. 그 전형적인 사례 중 하나(Meyer, 1998)가 일본에서 개발된 알레르기를 일으키지 않도록 만들어진 쌀이었는데(Tada et al., 1996), 이는 효과가 없을 뿐 아니라 유전적으로 불안정함이 드러났다. 2세대와 3세대의 형질전환 작물은 알레르기 유발물질이 겨우 20~30% 정도 감소했을 뿐이었다. 그 결과 이 프로젝트는 이후 포기되었다.[20][21] 형질전환 계통의 불안정성은 품질 관리와 추적가능성(traceability)의 측면에서 어려움을 가져온다. 또한 그것은 식품 안전에 있어 심각한 우려를 제기하고 있다. 특정한 유전자를 삽입하여 형질전환시킨 변종은 설사 처음에 안전한 것으로 평가되더라도, 삽입된 유전자가 나중에 게놈 속의 다른 위치로 옮겨가게 되면 그 특성이 완전히 바뀔 수 있기 때문이다.

1997년 5월에 몬트리올에서 열린 생물안전성 회의(Biosafety Meeting) 기간 중에 생명공학 산업계에서 일하는 과학자들이 주관한 세미나가 열렸는데, 그곳에서 서아프리카 대표가 다음과 같은 질문을 던졌다. "지금까지 만들어진 형질전환 계통 중 가장 오래 형질이 유지된 기록은 어느 정도입니까?" 거기 출석한 과학자들 중 어느 누구도 이 질문에 답하지 못했다. 사실 유전자 발현의 측면에서 형질전환 계통이 어느 정도로 안정적인지, 또 게놈 속에 삽입된 유전자의 구조나 위치가 얼마나 오래 유지되는지를 기록해 둔 데이터는 존재하지 않는다. 그러한 데이터는 **이후 세대 각각에 대해** 유전자 발현의 수준뿐만 아니

물 유전학 연구에서 많이 사용되고 있다 — 옮긴이.
20) Matsuda, T., E-mail to H. Meyer, Nov. 12, 1997.
21) Tada, Y., Letter to H. Meyer, August 13, 1997.

라 삽입된 유전자와 숙주의 게놈에서 그것이 삽입된 장소 모두에 대한 유전자 지도와 DNA 염기서열에 대한 정보를 포함하고 있어야만 한다. 그러한 데이터는 지금껏 한 번도 생명공학 산업계로부터 제출된 바가 없으며, 규제기관들이 요구한 적도 없다.

형질전환 계통의 불안정성 때문에 생명공학에 대한 투자는 실패할 수밖에 없을 것이라는 점은 대단한 선견지명이 없이도 누구나 손쉽게 알아차릴 수 있는 사실이다. 이에 더해 제기되는 문제는, 생명공학이 우리의 농업과 식량 생산을 망쳐놓으리라는 것이다.

농업 유전공학은 생물다양성을 파괴한다

농업 유전공학은 생태적 관계를 무시하기 때문에 생물다양성을 파괴한다.

- 글루포시네이트(Cox, 1996) — 노바티스(Novartis) 사의 바스타(Basta) — 나 글리포세이트(Cox, 1995) — 몬산토 사의 라운드업 — 와 같이 모든 식물에 작용하는 제초제를 제초제저항성 형질전환 작물과 함께 사용하는 경우, 식물 생태계를 무차별적으로 파괴하여 야생 생물의 서식지를 없애는 결과를 초래한다. 이 제초제들은 동물과 인간에게도 독성을 갖는다. 글루포시네이트는 기형아 출산을 야기할 수 있으며, 글리포세이트는 돌연변이를 유발한다(Kale *et al.*, 1995). 그럼에도 불구하고 유럽 집행위원회는 이러한 유독성 제초제에 저항성을 지닌 네 종류의 형질전환 작물들을 승인하였다.[22]
- 제초제저항성 형질전환 작물들은 그 자체로 잡초가 되어 버리거

---

22) "Anger over GE Crop Approval," *Splice*, March/April 1998, p. 1.

나, 근연 관계에 있는 야생종과 교차 수분(受粉)하여 제초제저항성 잡초를 만들어낼 수 있다(Mikkelson, Anderson & Jorgensen, 1996).
- 식량 작물들은 현재 산업용 화학물질이나 약품들을 생산하도록 유전자조작되고 있다. 이 작물들은 교차 수분 과정을 거쳐 앞으로 수년 이내에 우리의 식량 공급원을 오염시킬 것이다 (Ho & Steinbrecher, 1998).
- 살충 유전자를 갖고 있는 형질전환 작물들은 인간에게 이로운 종들에 대해 직접 해를 끼칠 뿐 아니라, 먹이사슬을 따라 올라가서 형질전환 작물을 먹고 사는 곤충을 포식하는 풀잠자리나 무당벌레 등에도 간접적으로 해를 끼친다(Birch et al., 1997; Hilbeck et al., 1997). 태국에서 있었던 Bt-면화의 야외 시험재배에서는 재배지 근방에 서식하던 벌의 30%가 죽었다.[23]
- 살충 유전자나 제초제저항성 유전자를 가진 형질전환 작물들은 그에 대한 저항성이 생겨나기 좋은 여건을 만들어낸다(Ho, 1998). 다시 말해, 형질전환 작물들은 그것이 해결하도록 되어 있었던 문제들을 오히려 악화시킨다.

집약 농업(intensive agriculture)에서 지속적으로 제기되어 온 주요한 문제 중 하나인 살충제저항성은, 드물게 일어나는 무작위적 돌연변이를 증가시키는 자연선택의 힘을 보여주는 사례로 그동안 교과서에 인용되어 왔다. 이는 잘못된 통념이다. 실제로는, 살충제저항성은 새로운 유전학에서 유전자의 생태에 나타나는 되먹임 조절의 고전적인 사례로 받아들여져 왔다. 살충제저항성이 나타나는 것은 거의 치사량에 가까운 살충제 노출에 대응해 해충의 개체군 속에

---

[23] "Cotton Used in Medicine Poses Threat: Genetically-altered Cotton May Not Be Safe," *Bangkok Post*, November 17, 1997.

있는 대부분의 개체들 — 모든 개체들은 아니겠지만 — 에게 유전자 변화가 일어나기 때문이다. 그들은 드물게 일어나는 무작위적 돌연변이를 굳이 기다릴 필요가 없다. 이 사실은 적어도 10여 년 전부터 알려져 있었다. 유전자 변화는 독성물질에 노출된 **모든** 세포들에 공통적으로 나타나는 생리적 메커니즘의 중요한 일부분이며, 여기에는 항암제에 노출된 포유류 세포나 항생제에 노출된 박테리아의 경우 등이 모두 포함된다(Ho, 1998; Ho et al., 1998). 이와 유사하게, 제초제에 노출된 식물들에서는 제초제저항성이 이내 생겨난다(Hyrien & Buttin, 1986). 그 결과, 제초제저항성 형질전환 작물과 함께 제초제를 사용하는 것은 잡초들 사이에서 제초제저항성이 광범하게 나타나는 과정을 촉진시키며, 이는 **심지어 교차 수분이 일어나지 않는 경우에도** 그러하다.

이러한 모든 이유들 때문에, 농업 생명공학은 해충과 잡초밖에 남지 않을 때까지 야생 생물들을 절멸시키는 결과를 초래할 최악의 투자가 된다. 생명공학이 식량과 농업에 대해 가져올 것으로 흔히 기대되곤 하는 혜택들이란 바로 이런 것들이다. 그러면 인간 유전학과 의학의 경우에는 어떨까?

인간 유전자에 대한 열광

좀더 심각한 주장으로 넘어가기 전에 먼저, 그동안 깊숙이 침투해 있었던 가장 터무니없는 신화들 중 몇몇을 폭로하는 것이 좋을 듯하다(Ho, 1998). 가장 거대한 신화는 인간게놈프로젝트(human genome project)가 인간을 만드는 유전적 청사진을 밝혀낼 것이고, 이에 따라 우리는 DNA 서열로부터 온전한 인간을 다시 만들어낼 수 있으리라는 것이다. 그러나 실상, 고립된 DNA는 혼자서는 아무것도 할 수 없다. 뿐만 아니라 우리는 DNA 서열로부터 인간에 관한 그 어떤 것도 알아낼 수 없다. 인간의 게놈에는 적어도 10,000개 이상[24]의 유전자가 있는데, 이들 각각은 수백 가지에 이르는 다양한 변이들을 갖고 있다. 가능한 유전자 조합의 수는 각각의 유전자에 대해 10개씩의 변이만이 존재한다고 가정하더라도 $10^{10,000}$개에 이른다. 이를 우주 안에 있는 모든 입자의 수가 10^{30}개라는 사실과 비교해 보자. 앞서 언급한 바와 같이 각각의 개인들이 유전적으로 유일하다는 점에는 의문의 여지가 없으므로 게놈의 DNA 서열로부터 개인의 삶을 예측한다는 것은, 설사 유전자가 우리의 운명을 결정한다는 믿음을 갖고 있다고 할지라도, 전적으로 불가능하다. 뿐만 아니라, 게놈 속에 있는 DNA의 95%는 소위 '무의미한(junk)' DNA다. 왜냐하면 어느 누구도 그것이 무슨 일을 하는지를 모르기 때문이다.

같은 이유 때문에, 특정한 개인의 DNA와 부합하는 완벽한 '맞춤의료(personalized medicine)'가 가능해질 것이라는 주장은 터무니없는 것이다. 머리없는 인간 배아를 복제해서 주문형 이식을 위한 기관과 세포를 공급하겠다는 전적으로 부도덕한 제안 역시 극히 비현실적이다(Butler, 1998). 돌리를 만들었던 기술은 핵을 제거한 난자에 성체의 [체]세포로부터 끄집어낸 핵을 집어넣은 후 그 난자가 배아로 발생하도록 만드는 과정을 포함한다. 이 과정의 성공률은 1%도 채 안되기 때문에, '핵을 제거한(empty)' 난자를 공급하기 위해서

---

[24] 2001년 2월 12일 인간게놈연구 국제컨소시엄(미국과 영국 등 6개국 공동연구)인 인간게놈프로젝트(HGP)와 미국 생명공학벤처 셀레라 제노믹스는 인간게놈지도 완성을 공식 발표하고 연구결과를 공개했는데 그에 따르면, HGP는 인간 유전자를 3만~4만 개로, 셀레라 제노믹스는 2만6천~3만9천개로 각각 추정했다. 한편, HGP의 프랑스 연구팀 베아트리체 르노 박사는 "인간 유전자는 3만~4만 개인 것으로 밝혀졌다"며 "이는 우리가 생각했던 것보다는 훨씬 적은 수지만 각 유전자가 생각보다 훨씬 복잡하다는 것을 의미하는 것"이라고 밝힌 바 있다(≪한겨레≫, 2001. 2. 13.) — 옮긴이.

는 일군의 난자 기증 여성들이 줄지어 대기하고 있어야만 할 것이다. 또한 과연 돌리가 정말 성체 세포의 핵으로부터 복제된 것인지에 대해서도 현재 많은 의문이 제기되고 있다(Hodgson, 1995). 성체 세포들은 DNA 속에 체계적·비체계적 변화들을 축적하기 때문에, 일반적인 발생 과정을 지속시키는 역할을 수행하도록 만드는 것은 거의 가망이 없기 때문이다(Ho, 1998).

유전자 치료(gene therapy)는 형질전환 유기체를 만들 때 나타나는 문제들을 고스란히 떠안고 있다. 게놈 속에 유전자를 삽입하는 기술은 여전히 결과를 예측할 수 없이 무작정 해보는 식(hit or miss)이다. 아직까지 유전자 치료에서 단 한 건의 성공사례도 보고되어 있지 않다(Connor & Cadbury, 1997). 반면, 거의 치명적인 수준의 심각한 면역 반응이 적어도 하나 이상의 유전자치료 벡터에 대해 나타났고(Coghlan, 1996), 유전자치료 벡터로부터 바이러스가 생겨날 위험 역시 쉽게 간과할 것이 못된다(Ho, 1998). 순수한(naked) 바이러스 DNA는 바이러스 그 자체보다 훨씬 더 큰 감염성을 갖는다(Ho et al., 1998). 그리고 모든 게놈 속에는 휴면(休眠) 상태인 많은 바이러스 서열들이 존재하는데, 유전자치료 벡터들 — 모두 바이러스에서 추출해 낸 것들인 — 은 이것과 재조합되어 새로운 바이러스를 만들어낼 수 있다.

이른바 단일유전자 질환(single gene disease)을 알아내기 위한 대규모 유전자검사 프로그램은 어떠한가? 겸상적혈구 빈혈증(sickle cell anaemia)은 흑인들에게서 나타나는 열성 유전병인데, 이 병에 걸리기 위해서는 돌연변이 유전자를 두 개 가져야만 한다. 그러나 이 질환에 대한 유전자 검사 프로그램은 병의 증상을 나타내지 않고 하나의 돌연변이 유전자만을 보유한 개인들을 고용이나 건강 보험에서 차별하는 결과를 이미 가져오고 있다(Hubbard & Wald, 1993). 이는 사회적으로 받아들일 수 없는 것일 뿐 아니라 경제적으로도 불합리하며, 어떠한 과학적 근거도 갖추지 못한 것이다. 왜냐하면 여타의 유전자들이 다를 때 단지 하나의 단일한 유전자로부터 한 사람의 건강을 예측한다는 것은 불가능하기 때문이다.

유전자결정론적 사고의 오류를 예시하기 위해 두 가지 사례를 추가로 설명하겠다(Ho, 1998). 그 첫번째는 낭포성 섬유증(cystic fibrosis)의 경우인데, 이 역시 겸상적혈구 빈혈증과 마찬가지로 열성 유전병이며 발현되기 위해서는 두 개의 돌연변이 유전자가 있어야 한다. 이 병의 증상은 가벼운 것에서 대단히 심각한 것까지 극히 다양하게 나타난다. 뿐만 아니라, 지금까지 파악된 바에 따르면 이 유전자는 적어도 400개 이상의 변이를 갖는데, 그것이 어떤 영향을 미치는지에 대해서는 거의 알려져 있지 않다. 이 유전자는 대단히 길고 앞으로도 더 많은 변이들이 분리될 가능성이 있다. 이 중에서 흔히 볼 수 있는 변이가 북유럽 사람들에게 낭포성 섬유증으로 나타나는 반면, 같은 변이가 예멘 사람들에겐 이 병과 전혀 연관이 없는 것으로 나타났다. 예멘 사람들의 경우에는 낭포성 섬유증으로 진단된 임상적 질환이 완전히 다른 유전자와 연관되어 있었다. 마찬가지 얘기를 소위 발암 유전자인 *BRCA1*에 대해서도 할 수 있다. 이 유전자에서 나타나는 특정한 돌연변이는 가족 중에 암에 걸린 사람이 있는 여성에게 발생하는 유방암 — 이는 여성에서 발생하는 모든 유방암의 5%에 불과하다 — 의 40%와 연관되어 있지만, 같은 조건 하에서 남성에게 나타나는 유방암과는 아무런 연관도 없다.

유전자 검사는 대부분의 경우 가족 중에 이미 병력(病歷)을 가지고 있는 가족 성원들에게 제한된다. 그러나 어떤 부부들은 그들의 희망과는 관계없이 특정 유전자를 가지고 있는 태아를 낙태시키라는 압력을 받아 왔다. 현재 모든 생각 가능한 인간의 상태 — 동성애, 수줍음, 범죄성, 지능, 알콜중독 등등 — 에 연관이 있는 유전자를 찾기 위해 어마어마한 노력이 기울여지고 있는데, 여기까지 오면 특정한 상태와 개별 유전자와의 연관은 점차로 멀어지고 의문스러워진다. 이로부터 의식하지 못하는 사이에 무엇이 유해한 혹은 바람직하지 못한 유전자를 구성하는가의 문제로 슬쩍 넘어가고, 그것에 근거해 '치료 목적의' 낙태를 수행하게 되는 것은 너무나 손쉬운 일이다.

우리는 유전자결정론에 입각한 과학이 계속해서 우리의 사회 정책과 보건 정책을 지배하도록 방관할 것인가? 유전자 차별과 우생학의 위험들은 실제로 존재한다. 1930년대부터 1970년대까지, 그리고 몇몇 사례에 있어서는 바로 1990년대에 이르기까지 미국, 캐나다, 오스트레일리아, 스웨덴, 덴마크, 핀란드, 이태리, 스위스, 일본, 노르웨이, 프랑스, 독일, 오스트리아에서 수만 명의 사람들 — 그 중 대부분이 여성이었는데 — 이 '바람직하지 않은' 인종적 특성이나 여타의 다른 '열등한' 특성들(여기에는 나쁜 시력과 '정신적 지체'도 포함되었다)을 가졌다는 이유로 강제적인 불임 시술을 당했다(Bryce, 1998).

유전자조작으로 만들어진 인슐린은 어떠한가? 그것이 인슐린 부족으로 인한 당뇨병으로 고통받는 이들에게 생명 유지의 수단을 제공했음은 분명한 사실이다. 그러나 그것은 식이 요법으로 조절가능한 절대다수의 당뇨병 환자들에게는 도움을 주지 못했고 인슐린과 무관한 당뇨병 환자들에게도 마찬가지였다.

보다 일반적인 논점은, 단일 유전자상의 돌연변이에서 기인하는 퇴행성 유전 질환들은 인간의 모든 질병 가운데 2%에도 채 못미친다는 사실이다(Strohman, 1994). 이런 사실이 어떻게 현재 유전자 의학(genetic medicine) 쪽으로 엄청나게 편향되어 있는 투자를 정당화할 수 있겠는가? ≪에콜로지스트 *The Ecologist*≫ 지난 호(Vol. 28, No. 2, March/April 1998)에서는 의문투성이인 암 연구 관련 기록에 대해 다룬 바 있다. 수십억 달러가 발암 유전자의 규명과 암의 유전학적 연구에 투자되었지만, 여전히 대부분의 암의 발병률은 해마다 증가 추세를 보이고 있다. 암 환자들을 진단하고 치료하기 위해 수백억 달러가 '보건의료 시장(healthcare market)'에 쓰였지만 별다른 효과가 없었다. 반면, 환경적인 발암물질이나 돌연변이 유발요인(mutagen)들의 영향은 암 연구기관들에 의해 계속해서 간과되었다. 모든 유전 질환 중에서 대략 1% 정도가 새로운 돌연변이에서 기인하는 것이라고 추측되고 있다(Ho, 1998). 이러한 돌연변이들은 환경적인 돌연변이 유발요인들이 작용한 결과는 아닐까?

유전자 의학에 대한 투자는 어떤 측면에서 보더라도 잘못된 것이다. 그것은 공공적 재원들을 잡아먹으면서 생명공학 거대기업들에게 엄청난 이익을 제공한다. 동시에 점점 줄어들고 있는 공적 재원들은 공공 보건을 악화시키는 진정한 원인들로부터 멀어져 그릇된 방향으로 쓰이고 있다. 사회적 관점에서 보았을 때 그것은 유전자 차별과 우생학을 촉진시킨다는 점에서 하나의 재앙에 가깝다.

[상자글 2]

브리티쉬 바이오테크 사, 주식 폭락
약품 과대 선전을 폭로한 수석 과학자 파면

브리티쉬 바이오테크(British Biotech) 사의 주식이 올[1998년] 4월에 이르기까지의 지난 1년 동안 270포인트에서 59포인트로 곤두박질쳤다. 이 회사에서 항암제와 췌장염 치료제의 시험을 담당하고 있던 널리 존경받는 임상연구 책임자인 앤드류 밀러 박사(Dr. Andrew Millar)를 회사에서 해고하기 직전에 벌어진 일이다. 《더 타임스 The Times》 4월 20일과 23일자 기사들은 브리티쉬 바이오테크 사가 미 안보통상위원회(US Securities and Exchange Commission,

SEC)의 조사를 받고 있으며, 모두 합쳐서 20% 가량의 주식을 보유하고 있는 두 영국 투자기관 퍼페추얼(Perpetual)과 머큐리 애셋 매니지먼트(Mercury Asset Management)가 이에 대한 완전한 해명을 요구하고 나섰다고 보도했다.

아울러 이 투자기관들은 1995년 2월 당시까지 브리티쉬 바이오테크 사의 주력 항암제 품목이었던 바티매스타트(batimastat)에 관한 좋지 않은 소식이 터지기 수 주 전에 이 회사의 중역들이 주식을 매각하여 논란을 불러일으켰던 사건에 대해 보고서를 제출하도록 법률회사 측에 요구했다. 당시 거래에서 회사의 수석 간부였던 케이트 맥컬러(Keith McCullagh)와 브리티쉬 바이오테크 사의 공동 창립자이자 전 회장인 브라이언 리처즈(Brian Richards)는 120만 파운드를 벌어들였다. 회사의 대변인은 증권거래소 측이 이미 주식 매각에 대해 조사했으며 아무 문제가 없음을 확인했다고 말했다.

새로 개발한 항암제 매리매스타트(marimastat)의 판매 전망에 대해 브리티쉬 바이오테크 사가 내놓은 낙관적인 평가로 인해 1995년 말에는 이 회사의 주가가 폭등세를 기록했다. SEC는 1997년 7월에 이에 대한 조사에 착수하여, 1995년과 1996년에 브리티쉬 바이오테크 사가 작성했던 언론 보도자료 중 일부가 미국 보안법(US securities law)을 위반했는지의 여부를 조사했다. 미국 식품의약국(US Food and Drug Administration, FDA) 역시 이 회사가 1996년 9월에 이미 매리매스타트의 성공에 대해 발표했다는 사실에 우려를 표명했다.

밀러 박사 자신은 브리티쉬 바이오테크 사의 단기적인 성공 전망에 대해 심대한 의문을 품고 있었고, 그래서 그는 1997년 6월에 있었던 시(市) 차원의 브리핑 장소에 참가하는 것을 거부했다. 그는 또한 자신의 우려를 퍼페추얼 측과 상의하였는데, 이 사실 때문에 그는 정직을 당했고 결국 파면되었다. 퍼페추얼 측의 우려는 올해 2월, 투자은행인 골드만 삭스(Goldman Sachs) 사의 분석가인 제인 헨더슨(Jane Henderson)이 옥스포드에 있는 브리티쉬 바이오테크 본사를 방문하였을 때 밀러 박사와 얘기를 나누지 못하도록 조치되었다는 사실이 알려진 후에 더욱 증폭되었다.

퍼페추얼의 대변인은 밀러 박사가 무책임하게 행동했다는 브리티쉬 바이오테크 사의 주장을 일축했다. 밀러 박사에게 접근한 것은 오히려 퍼페추얼 쪽이었다. 퍼페추얼과 나중에 결합한 머큐리 측은 브리티쉬 바이오테크 사의 내부 정책에 관여할 수 있도록 동의를 얻어냈고, 그럼으로써 그들은 가격과 관련된 정보에 접근할 수 있게 되었다.

퍼페추얼의 수석 펀드 매니저인 닐 우드포드(Neil Woodford)는 "우리는 앤디 밀러 박사와 만난 자리에서 대단히 놀라운 사실을 알게 되었다"고 말했다. "밀러 박사의 우려는 진행중인 의약품 시험 일정과 회사가 내세운 전반적인 전략이 서로 전혀 들어맞지 않는다는 점에 있었다."

브리티쉬 바이오테크 사는 거의 수입이 없는 상황이었고, 회사가 내놓은 약품들이 수많은 장애요인들에 의해 어려움을 겪는 와중에서도 매년 5,000만 파운드 이상을 지출하고 있었다.

밀러 박사는 매리매스타트에 대해서뿐만 아니라 브리티쉬 바이오테크 사가 내놓은 췌장염 치료제인 재쿠텍스(Zacutex)에 대해서도 그 시험 결과로 나온 데이터를 임시로 분석할 필요가 있을 것이라

고 미국 FDA에 말했다. 그러나 브리티쉬 바이오테크 사의 대변인
은 현재 진행중인 재쿠텍스 연구에 대해 임시 분석을 수행할 의사
가 없다고 밝혔다.

거품이 터져버리기 전에…

거품이 터져버리기 전에, 우리는 생명공학 산업계가 다음을 이행
하도록 제안한다.

- 좋은 돈을 나쁜 쪽에 사용하는 것을 그만두어라. 현재 진행중
  인 프로젝트들을 평가하여 막다른 골목으로 접어들고 있는 징
  후를 보이는 프로젝트들을 중단시켜라. 여기에는 유기체를 유
  전자조작하는 대부분의 프로젝트들이 포함될 것이다.
- 생명공학에 대한 대중적 인식을 바꿔놓기 위해 비용이 많이
  드는 캠페인을 하는 데 돈을 낭비하지 말라.
- 과학자들을 타락시키는 것을 그만두고 연구자들이 좋은 연구
  를 할 수 있도록 지원하라.
- 유전공학 기술을 이용하는 적절하고 안전한 길을 찾아낼 수
  있도록 기초연구에 투자하라.
- 그 동안에, 진정 환경 친화적이고 지속가능한 다른 기술들에
  대안적으로 투자하는 방법을 찾는 일을 소홀히 하지 말라.

생명공학 회사들이 대중들과 최선의 관계를 성취하면서 동시에 자
신들의 이해관계도 충족시키는 것은 [유전자조작된 유기체들의] 환
경방출에 대한 5년간의 모라토리엄을 지지함으로써 가능해질 것이다.

이 5년이라는 기간은 생명공학의 현황을 파악하고 정직한 과학자들이 필요한 연구를 수행할 수 있도록 숨을 돌릴 시간을 제공할 수 있을 것이다.

참고문헌

Berg, P. et al. (1974), "Potential Biohazards of Recombinant DNA Molecules," *Science* 185, 303.
Birch, A. N. E., Geoghegan, I. I., Majerus, M. E. N., Hackett, C. and Allen, J. (1997, Oct.), "Interaction between Plant Resistance Genes, Pest Aphid-population and Beneficial Aphid Predators," *Soft Fruit and Pernial Crops*, pp. 68-79.
Bryce, S. (1998), "Governments vs the People Crimes against Humanity," *Nexus* 5, 31-36.
Butler, D. (1998), "Dolly Researcher Plans Further Experiments after Challenges," *Nature* 391, 825.
Coghlan, A. (1996), "Gene Shuttle Virus Could Damage the Brain," *New Scientist*, May. 11, p. 6.
Colman, A. (1996), "Production of Proteins in the Milk of Transgenic Livestock: Problems, Solutions and Successes," *American Journal of Clinical Nutrition* 63, 639S-645S.
Connor, S. and Cadbury, D. (1997), "Headless Frog Opens Way for Human Organ Factory," *The Sunday Times*, October 19.
Cooking, E. C. (1989), "Plant Cell and Tissue Culture," J. L. Marx (ed.), *A Revolution in Biotechnology*, New York, Cambridge: Cambridge University Press, pp. 119-129.
Cox, C. (1995), "Glyphosate, Part 2: Human Exposure and Ecological Effects," *Journal of Pesticide Reform* 15(4).
―――― (1996), "Herbicide Factsheet: Glufosinate," *Journal of Pesticide Reform* 16, 15-19.
Devlen, R. H., Yesaki, T. Y., Donaldson, E. M., Du, S. J. and Hew, C. L. (1995a), "Production of Germline Transgenic Pacific Salmonids with Dramatically Increased Growth-performance," *Canad. J. Fishery and Aquatic Science* 52, 1376-84.
Devlen, R. H., Yesaki, T. Y., Donaldson, E. M., and Hew, C. L. (1995b), "Transmission

and Phenotypic Effects of an Antifreeze GH Gene Construct in Coho Salmon (Oncorhynchus-Kisutch)," *Aquaculture* 137, 161-169.

Finnegan H. and McELory (1994), "Transgene Inactivation Plants Fight Back!" *Bio/Technology* 12, 883-888.

Food and Drink Federation (1995), *Food for Our Future, Food and Biotechnology*, London, 5.

Fox, J. L. (1997), "EPA Seeks Refuge from Bt-resistance," *Nature Biotechnology* 15, 209.

Greene, A. E. and Allison, R. F. (1994), "Recombination between Viral RNA and Transgenic Plant Transcripts," *Science* 263, 1423-5.

Hilbeck, A., Baumgartner, M., Fried, P. M. and Bigler, F. (1997), "Effects of Transgenic *Bacillus thuringiensis*-corn-fed Prey on Mortality and Development Time of Immature Chrysoperla Carnea (Neuroptera: Chrysopidae)," *Environmental Entomology* (in press).

Ho, M. W. (1995), "Gene Technology: Hope or Hoax?," *Third World Resurgence* 53/54, 28-29.

_____ (1998), *Genetic Engineering, Dream or Nightmare? The Brave New World of Bad Science and Big Business*, Bath(U.K): Gateway Books and Penang(Malaysia): Third World Network.

Ho, M. W. and Steinbrecher, R. (1998), *Fatal Flaws in Food Safety Assessment: Critique of The Joint FAO/WHO Biotechnology and Food Safety Report*, Penang(Malaysia): Third World Network.

Ho, M. W., Traavik, T., Olsvik, R., Midtvedt, T., Tappeser, B., Howard, V., von Weizsacker, C. and McGavin, G. (1998), *Gene Technology and Gene Ecology of Infectious Diseases*, Penang(Malaysia): Third World Network and London(U.K.): *The Ecologist*.

Hodgson, J. (1995), "There Is a Whole Lot of Nothing Going on," *Bio/Technology* 13, 714.

Hubbard, R. and Wald, E. (1993), *Exploding the Gene Myth*, Boston: Beacon Press.

Hyrien, O. and Buttin, G. (1986), "Gene Amplification in Pesticide-resistant Insects," *Trends in Genetics* 2, 275-276.

Kale, P. G., Petty, B. T. Jr., Walker, S., Ford, J. B., Dehkordi, N., Tarasia, S., Tasie, B. O., Kale, R. and Sohni, Y. R. (1995), "Mutagenicity Testing of Nine Herbicides and Pesticides Currently Used in Agriculture," *Environ Mol Mutagen* 25, 148-153.

Kendrew, J. (ed.), (1995), *The Encyclopedia of Molecular Biology*, Oxford: Blackwell Science.

Lee, H. S., Kim, S. W., Lee, K. W., Ericksson, T. and Liu, J. R. (1995), "Agrobacterium-mediated Transformation of Ginseng (Panax-ginseng) and Mitotic Stability of the Inserted Beta-glucuronidase Gene in Regenerants from Isolated Protoplasts," *Plant Cell Reports* 14, 545-549.

Lommel, S. A. and Xiong, Z. (1991), "Recombination of a Functional Red Clover Necrotic Mosaic Virus by Recombination Rescue of the Cell-to-cell Movement Gene Expressed in a Transgenic Plant," *J. Cell Biochem*, 15A, 151.

Meyer, H. (1998, Feb.), In Search for the Benefit. Third World Network Briefing Paper, Biosafety Conference, Montreal.

Mikkelson, T. R., Anderson, B. and Jorgensen, R. B. (1996), "The Risk of Crop Transgene Spread," *Nature* 380, 31.

Parr, D. (1997), *Genetic Engineering: Too Good to go Wrong?*, London: Greenpeace.

Penman, D. (1997), "Stay Quiet on Risks of Gene-altered Food, Industry Told," *The Guardian*, August 6.

Perlas, N. (1995), "Dangerous Trends in Agricultural Biotechnology," *Third World Resurgence* 38, 15-16.

Steinbrecher, R. (1996), "From Green to Gene Revolution. The Environmental Risks of Genetically Engineered Crops," *The Ecologist* 26, 273-281.

Strohman, R. (1994), "Epigenesis: The Missing Beat in Biotechnology?," *Bio/Technology* 12, 156-164.

Tada, Y., Nakase, M., Adachi, T., Nakamura, R., Shimasda, H., Takahashi, M., Fujimura, T. and Matsuda, T. (1996), "Reduction of 14-16 kDa Allergenic Proteins in Transgenic Rice Plants by Antisense Gene," *FEBS Letters*

391, 341-5.

Vaden, V. S. and Melcher, U. (1990), "Recombination Sites in Cauliflower Mosaic Virus DNAs: Implications for Mechanisms of Recombination," *Virology* 177, 717-26.

Wahl, G. M., de Saint Vincent, B. R. and DeRose, M. L. (1984), "Effect of Chromosomal Position on Amplification of Transfected Genes in Animal cells," *Nature* 307, 516-520.

Walden, R., Hayashi, H. and Schell, J. (1991), "T-DNA as a Gene Tag," *The Plant Journal* 1, 281-288.

Wintermantel, W. M. and Schoelz, J. E. (1996), "Isolation of Recombinant Viruses between Cauliflower Mosaic Virus and a Viral Gene in Transgenic Plants under Conditions of Moderate Selection Pressure," *Virology* 223, 156-164.

옮긴이 참고문헌

Durant, John (1998), "A Reply to Les Levidow," *EASST review* 17(2). [http:// www.chem.uva.nl/easst/easst982_2.html]

Levidow, Les (1998), "Domesting Biotechnology: How London's Science Museum Has Framed Controversy," *EASST review* 17(1). [http://www.chem.uva.nl/ easst/easst981.html]

제5부
인간을 위한 과학기술, 대안을 찾아서

1. 생명공학과 대중 - 역사·이론·대안

2. '과학기술 민주화'의 개념정립을 위한 시론

1

생명공학과 대중
― 역사 · 이론 · 대안 ―

문제제기

오늘날 생명공학(biotechnology)은 흔히 정보통신기술, 나노기술 등과 함께 21세기를 이끌어갈 핵심기술로 간주된다. 생명공학은 그 기술을 선도하는 이들에게 막대한 이익을 가져다줄 '황금알을 낳는 거위'이자, 인간사회와 생태계에 다양한 혜택을 제공하여 인류 전체의 미래를 밝혀줄 '마법의 탄환(magic bullet)'으로 널리 선전되고 있다. 예컨대 식품의 보존성을 높이거나 작물 재배상의 편이를 도모하거나 영양을 강화하기 위한 목적으로 유전공학(genetic engineering)을 이용해 개발한 유전자조작(genetically modified, GM)식품은 인류의 식량난을 해결해 줄 수 있는 유일한 돌파구이며, 인간 유전자의 염기서열 전체를 분석해 그 기능을 규명하는 것을 목표로 삼고 있는 인간게놈프로젝트(HGP)는 질병에 대한 이해를 비약적으로 향상시킬 뿐 아니라 개개인에 대한 맞춤의료까지도 가능케 할 것으로 생각되고 있다. 또한 인간배아 및 간(幹)세포 연구는 개체발생에 얽힌 신비를 밝혀내어 장기이식을 비롯한 의료의 제반 영역을 획기적으로 바

펴놓을 수 있을 것으로 기대되고 있으며, 유전자치료(gene therapy)는 부모로부터 유전돼 여러 불치병들을 야기하는 해당 유전자를 '바꿔끼움'으로써 유전병의 완치를 약속하고 있다.

그러나 위에서 제시한 바와 같은 생명공학의 '장밋빛 미래'는 그에 맞먹는 수준의 비관적 전망과 이를 둘러싼 사회적·윤리적 논란에 직면해 있다. 농업 생명공학은 마치 실패한 과거 '녹색혁명(green revolution)'의 경우처럼, 식량부족 사태를 해소해 주기는커녕 오히려 제3세계 농촌의 빈부격차를 더욱 키우고 식량난을 악화시킬 것이며, 예측할 수 없는 방식으로 사람들의 건강을 위협함은 물론, GM 작물로부터의 '유전자 오염' 때문에 생태계의 파괴가 초래될 것이라는 우려까지 나타나고 있다. 인간게놈프로젝트의 성과는 개개인의 유전정보의 오·남용으로 이어져 교육이나 고용, 보험에서의 차별로 이어질 수 있고 심지어 SF영화에서 봄직한 '유전자 감시사회'를 낳을지도 모르며, 인간유전자에 대한 특허 허용으로 말미암아 생명의 상품화 — 'human body shop' — 가 가속화될 것이라는 예측도 나오고 있다. 인간배아연구의 유력한 수단으로 간주되고 있는 인간'배아'복제는 인간개체복제로 이어질 수 있는 '미끄러운 경사길(slippery slope)'로서, 시험관아기의 탄생 이후 생겨난 윤리적 딜레마를 더욱 증폭시킬 것으로 생각되고 있다. 그리고 이 모든 예측들은 생명공학의 전 영역에 걸치는 격렬한 대중적 차원의 논쟁으로 귀결되고 있다.[1]

이러한 논쟁 속에서 생명공학의 옹호자들, 특히 생명공학자들은 논쟁이 벌어지는 이유를 크게 두 가지 측면에서 파악하는 경향을 보인다. 먼저 그들은 1960년대 이후 서구에서 과학기술의 부정적 측면 — 핵발전소의 위험성, 합성화학물질로 인한 환경오염, 공장자동화로 인한 실업 등 — 이 부각되면서 서구 지식인들 사이에 반(反)과학적 성향이 널리 퍼졌고, 이런 점이 1970년대 이후 생명공학에

---

[1] 생명공학의 제반 영역을 둘러싼 여러 쟁점에 관해서는 제레미 리프킨(1999), 김훈기(2000) 등을 보면 좋다.

대한 반대로 옮겨졌다고 대체로 생각하고 있다. 즉 생명공학의 미래에 대한 우려는 과학기술 일반에 대한 거부감의 한 부분으로, 비교적 최근에서야 비롯된 현상이라는 것이다. 그리고 이와 연관된 두번째 측면으로, 그들은 생명공학에 대한 반대가 언론매체와 대중의 '무지' 탓이라고 생각하는 경향이 있다. 쉽게 말해, 생명공학의 발전에 대한 대중과 시민사회단체의 반대는 '뭘 잘 몰라서 하는 반대'에 불과하다는 것이다. 이에 따르면 GM식품에 대한 대중의 거부감은 '재래식 육종 방식과 크게 다를 바 없는' GM 작물에 대한 과학적 이해의 미비에서 비롯된 것이며, 인간배아복제에 대한 반대는 배아복제와 개체복제를 제대로 구분하지 못한 탓이고, 인간유전정보의 오용에 대한 우려는 신원확인을 위한 유전정보의 추출과정과 DNA 은행에 보관되는 정보의 성격을 이해하지 못한 소치이다. 따라서 생명공학 옹호자들은 생명공학의 중요 쟁점들을 둘러싼 논쟁에서도 반대측 견해를 대등한 것으로 받아들이기보다는 이를 반과학적 태도로 몰아붙이면서 무시하거나 '계몽'하려는 듯한 태도를 보이는 경우가 많으며, 생명공학의 기초적인 지식에 대해 대중적으로 널리 알리는 것, 즉 생명공학의 '대중화'를 통해 생명공학을 둘러싼 사회적·윤리적 논쟁을 피해갈 수 있을 것으로 보고 있다.

그러나 이런 견해는 과연 지지될 수 있는 것일까? 결론부터 말하자면, 필자는 위의 두 가지 측면에 모두 동의하지 않는다. 생명공학에 대한 우려는 막연한 반과학적 태도의 일환으로 파악할 수 없는 기나긴 역사적 연원을 지니고 있다. 그리고 생명공학에 대한 긍정적 혹은 부정적 태도가 단순히 지식의 많고 적음에서 기인한다고 보는 관점 역시 문제가 많다. 따라서 생명공학의 대중화를 통해 '과학적 소양(scientific literacy)'을 갖춘 대중이 생겨날 것이고 이를 통해 불필요한 논쟁이 줄어들 것이라는 생명공학 옹호자들의 견해는 순진할 뿐 아니라 심지어 위험하기조차 한 것이다. 뒤에 가서 밝히겠지만, 생명공학의 제반 쟁점들을 둘러싼 사회적·윤리적 논쟁은 일방적 계몽이 아닌, 전문가와 일반대중 사이의 대화와 토론 그리고 이를 통한 신뢰의 생성이 뒷받침될 때 비로소 그 해결의 실마리를 찾아나갈 수 있는 것이다.

이상의 내용을 전제로, 필자는 이 글을 다음과 같은 순서로 풀어 나가 보려 한다. 먼저 1절에서는 19세기 초로 거슬러올라가, 당시부터 현재에 이르기까지의 기간 동안 생명과학·공학에 대한 대중의 태도가 어떤 계기들을 거치면서 형성되어 왔는지를 간략히 살펴볼 것이다. 이어 2절에서는 '대중의 과학이해(public understanding of science, PUS)'와 관련된 일반적인 논점을 검토하면서, 대중의 '인지적 결핍(cognitive deficit)'이 생명공학에 대한 부정적 태도의 원인이라는 통념을 반박할 것이다. 마지막으로 3절에서는 1, 2절에서의 논의를 바탕으로 해서 생명공학과 대중의 관계에 대한 한 가지 대안, 즉 '과학기술 민주화'의 개념을 소개하고 그 함의에 대해 생각해 보려 한다.

1. 생명과학에 대한 대중의 태도 : 역사적 흐름

잘 알려진 바와 같이, 오늘날 생명공학의 기초가 되는 이론적, 실험적 토대가 확립된 것은 비교적 근래의 일이다. 디옥시리보핵산, 즉 DNA가 유전에 관여하는 물질이라는 이론이 제시된 것은 1940년대였으며, 왓슨과 크릭에 의해 DNA의 이중나선 구조가 규명된 것은 1950년대 초였다(임경순, 1995, 189-202쪽). 그리고 현재 유전공학의 기초로 자리잡은 DNA의 분리 및 접합 기술, 즉 DNA 재조합(recombinant DNA) 기술은 1970년대 초가 되어서야 등장했다(Krimsky, 1992). 이러한 사실로부터 미루어, 생명공학자를 비롯한 많은 사람들은 생명공학에 대한 대중의 태도 역시 비교적 최근에 형성된 것이라는 생각을 하는 것이 보통일 것이다.

그러나 현재와 같은 형태의 생명공학을 반드시 전제하지 않고 이를 생명 현상에 대한 연구와 개입, 특히 생물을 일종의 기계와 같은 것으로 파악해 그 구조와 기능을 연구하고 이에 대한 조작을 시도했던 전통으로 확장해서 생각한다면, 이러한 생명'과학'에 대한 대중의 우려는 상당히 오랜 역사를 지니며, 이는 오늘날의 생명공학을 바라보는 시각에도 커다란 영향을 미치고 있다고 볼 수 있다. 돌이켜보면, 인체 해부학이나 생리학과 같은 학문 분야들은 멀리 고대에까지 그 연원을 찾아올라갈 수 있는 분야들로, 르네상스기와 16~17세기 과학혁명기를 거치면서 개념과 기법상의 변화를 겪었고 당대의 교양있는 대중과도 연관을 갖게 되었다(김영식·임경순, 1999, 98-107쪽).

그러나 이러한 분야들이 대중의 뇌리 속에 하나의 강력한 이미지로 구축되기 시작한 것은 19세기 초의 일로, 여기에는 메리 셸리가 1818년에 발표한 소설『프랑켄슈타인』이 결정적으로 중요한 영향을 미쳤다.[2] 시체 조각을 모아서 인간과 같은 형태의 새로운 생명체를 창조하고 그에 의해 파멸해 가는 한 과학자의 얘기인『프랑켄슈타인』은, 당시 교양있는 대중들 사이에 화제가 되었던 생명에 대한 여러 생각과 실험생물학의 연구관행을 소재로 차용해 이에 신화적 요소를 덧붙임으로써 놀라운 성공을 거두었다. 최근의 과학사 연구에 따르면, 셸리는 "언젠가 인간이 생명을 창조할 것"이라고 믿었던 에라스무스 다윈(찰스 다윈의 조부)의 이론에 대해 토론하기도 했고, 화학자 험프리 데이비 — 과학자 빅터 프랑켄슈타인의 모델이었다는 설이 제기되기도 한 — 의『화학철학원리』도 읽었으며, 시체에 전기자극을 가해 '운동'을 하게끔 만드는 당시 유행했던 '실험'들에 대해서도, 의학교육을 위해 교수형에 처해진 죄수의 시체를 해부하는 관행과 묘지에서 간혹 시체가 도둑맞기도 한다는 소문에 대해서도 잘 알고 있었다고 한다. 결국『프랑켄슈타인』은 놀라운 '작가적 상상력'의 결과이기도 했지만, 그에 못지않게 당대의 생명과학 지식

---

[2] 이하 1절에서 제시된 논의 틀은 Turney(1998)의 논지를 대체로 따르고 있다.

및 실행과 이를 둘러싼 사회적 우려들이 작가적 상상력과 상호 작용한 결과물이기도 했던 것이다.

'생명에 대한 조작과 과학자의 오만이 가져올 수 있는 파멸적 결과에 대한 경고'라는 『프랑켄슈타인』의 메시지는 이 작품이 1820년대 이후 여러 차례에 걸쳐 연극으로 상연되고 좀더 대중적인 형태의 소설로 각색되어 널리 읽힘으로써 일반대중에게도 친숙한 것이 되었다. 그리고 이러한 우려는 19세기와 20세기 초를 거치면서 생명에 대한 기계적·환원론적 이해가 점차 깊어지고 생물체에 대한 실험과 조작이 일상적인 과학 실행의 일부로 자리잡음에 따라 더욱 뿌리깊은 것이 되어 갔다. 20세기 초 생물학의 발전에 고무된 몇몇 과학자는 머지 않은 미래에 실험실에서 생명체를 창조해 낼 수 있을 것이라는 신념을 피력하기도 했는데, 이런 주장은 당시 상당한 대중적 센세이션을 불러일으켰고, 웰즈의 『모로 박사의 섬』(1896), 헉슬리의 『멋진 신세계』(1931)와 같이 오늘날 고전으로 자리잡은 문학작품들 속에 투영되었다. 1930년대 이후 '미친 과학자(mad scientist)'를 소재로 하는 호러 영화의 유행은 프랑켄슈타인이라는 소재가 대중문화의 중요한 구성요소 중 하나에 머물러 있도록 하는 데 중요한 역할을 했다(Tudor, 1989).

이러한 맥락 속에서 1970년대 초, 과학자들이 먼저 문제를 제기함으로써 촉발된 DNA 재조합 논쟁은 유전자재조합된 생물체의 환경 방출 가능성이라는 기술적 위험 차원을 넘어 그동안 대중문화 속에서 익숙해진 프랑켄슈타인의 문제틀 속에서 받아들여졌다. 1980년대 이후 생명공학을 둘러싸고 나타난 제반 논쟁들 역시 프랑켄슈타인의 그림자를 끊임없이 불러내는 방식으로 진행되어 왔다. GM식품에 대해 '프랑켄슈타인 식품(Frankenfood)'이라는 딱지를 붙인 최근의 GM식품 반대운동이 잘 알려진 하나의 예가 될 수 있겠다.

결국 이상의 논의로부터 생명공학을 둘러싼 최근의 논쟁들은 근래에 부상한 '반과학적' 태도의 귀결로 단순하게 파악할 수 있는 성질의 것이 아님을 알 수 있다. 서구의 경우 이는 적어도 200여 년을 거슬러올라가야 하는 문화적 태도에서 그 연원을 찾을 수 있는 것으로, 이 시기를 전후해 일어난 전문과학자와 일반대중의 점차적인 분리, 특정한 생물학 연구 기법의 발전, 대중매체의 확산 등이 중요한 배경으로 작용했다.

2. 생명공학과 대중의 현재적 관계 : 결핍 모형을 넘어서

그러면 두번째 측면의 문제로 넘어가자. 여기서 1절에서의 논의를 접한 생명공학 옹호자들은 오히려 이렇게 말할지 모르겠다. "프랑켄슈타인과 같이 강력한 대중문화 영역에서의 표상이 존재하기 때문에 일반대중이 현재의 생명공학을 '있는 그대로' 받아들이지 않고 '왜곡된' 방식으로 받아들이게 된다"고 말이다. 즉 대중문화 텍스트 속의 이미지는 대중이 생명공학에 관한 '사실'을 이해하고 수용하는 것을 '방해'하며, 따라서 '뭘 잘 모르는 상태에서' 생명공학에 대해 막연한 반대를 하게 한다는 것이다. 이런 주장 속에 일말의 진실이 없는 것이 아님에도 불구하고, 이는 생명공학과 대중의 상호관계에서 핵심적인 지점을 놓치고 있다. 왜냐하면 이런 주장 속에는 과학적 '사실'에 대한 '이해'가 곧 생명공학에 대한 '긍정적' 태도로 이어질 것이라는, 근거가 분명치 않은 가정이 내포되어 있기 때문이다.

최근 부상하고 있는 과학기술학의 한 분야인 '대중의 과학이해'에서는 과학대중화를 바라보는 앞서와 같은 관점을 '결핍 모형(deficit model)'이라고 부른다.3) 이 모형에서는 '대중', '과학', '이해'라는 용어 각각을 특정한 방식으로 규정한다. 즉 '대중'은 과학이 결핍된 존재, (과학이 채워져야 할) 일종의 빈 그릇 같은 대상으로 파악되고,

---

3) '대중의 과학이해' 분야가 부상하게 된 배경과 최근의 이론적 흐름 그리고 '결핍 모형'에 대한 좀더 세밀한 비판은 이 책의 제1부에 실린 「대중의 과학이해 - 이론적 흐름과 실천적 함의」와 김동광(1999) 등에서 볼 수 있다.

'과학'은 (보편적인 의미에서의) 과학'지식'으로 한정되며, '이해'란 (과학자들이 일러준 바대로의) 개별적인 사실 하나하나를 얼마만큼 숙지하고 있는가와 관련된 양적인 척도로 정의된다. 따라서 이 모형에 따르면, 과학'지식'을 그것이 '부족'한 대중에게 부어넣음으로써 이해를 '증진'시킬 수 있고, 이해의 '부족'에서 기인하는 불필요한 논쟁을 줄일 수 있다는 것이다.

그러나 이러한 결핍 모형에 대해 1980년대 후반 이후 다양한 비판이 가해졌다. 여기서 주된 비판의 목소리는 과학을 바라보는 새로운 관점인 사회구성주의(social constructivism)적 입장을 견지한 과학학자들로부터 나왔다. 여기서는 먼저, 과학에 대한 이해를 과학지식을 얼마만큼 숙지하고 있는가로 협소하게 정의해서는 안된다는 점이 지적되었다. 과학은 교과서에 나오는 잘 정의된 일군의 지식들로 환원될 수 있는 것이 아니다. 실제 실행중인 과학은 다양한 불확실한 요소를 그 속에 포괄하는 활동이며, 그 활동의 결과는 과학자 사회를 포함하는 일련의 사회적 과정을 거침으로써 비로소 안정된다.[4] 또한 오늘날 과학은 대단히 강력한 사회제도 중 하나로서, 정치·경제·사회·문화 전반에 걸친 여타의 사회제도들과 상호영향을 주고받는다는 점 역시 고려해야 한다. 따라서 과학에 대한 이해는 과학지식에 대한 이해뿐만 아니라 앞서의 모든 요소들, 즉 과학활동이 실제로 행해지는 과정과 그 속에 내재한 불확실성에 대한 이해, 사회제도로서의 과학과 그것이 다른 사회제도들과 맺는 관계에 대한 이해 등을 그 속에 포함해야만 한다.

1999년 이후 유럽을 중심으로 급격히 커진 GM식품에 대한 대중의 거부감과 반대 운동을 한 가지 예로 들어 생각해 보자. 시판되는 GM 곡물은 대개 수년에 걸친 식품안전성 검사와 야외 포장검사 절차를 거쳐 출시된다. 따라서 농업 생명공학 회사와 생명공학 규제기

---

[4] 이 점을 잘 보여주는 흥미로운 사례연구들을 Collins & Pinch(1998a; 1998b)에서 찾아볼 수 있다.

구들은 GM 작물이 '과학적으로' 그 안전성과 환경친화성이 '입증'되었으므로 대중의 불신은 과학적 근거가 빈약한 것이라고 주장한다. 그러나 이런 주장에는 두 가지 측면의 고려가 빠져 있는데, 우선 GM 작물의 과학적 시험 절차가 이미 특정한 가정에 입각해 행해지고 있다는 사실이 간과되고 있다. 예를 들자면, 현재 GM식품의 식품안전성 검사는 이 식품의 생화학적 성분이 원래 식품의 그것과 차이를 보이지 않으면 이 둘을 동등한 것으로 간주한다는 이른바 '실질적 동등성(substantial equivalence)'의 원칙에 입각해 이뤄지고 있다. 그러나 몇몇 과학자는 이 원칙이 식품안전성에 대한 검사를 위해 충분한 것이 아니라고 주장하는데, 왜냐하면 이 원칙에 따른 검사는 유전자조작 과정 그 자체에서 나타날 수도 있는 유전자 네트워크의 교란과 그로 인한 불확실성은 감지해 낼 수 없다고 보기 때문이다. 농업 생명공학 회사나 생명공학 규제기구들이 말하는 '입증된 안전성'의 개념 속에는 이런 불확실성이 아예 포함되어 있지 않은 것이다.5)

둘째로, 농업 생명공학 회사들과 생명공학 규제기구들은 GM식품에 대한 과학적 '보증'을 제시하고 있는 자기 자신, 즉 농업 생명공학을 감싸고 있는 사회제도적 측면에 대한 대중의 태도가 중요하다는 점을 제대로 고려하지 않고 있다. 예컨대 제초제 라운드업(Roundup)과 제초제저항성 작물인 라운드업 레디 대두(Roundup-ready soybean)를 함께 생산하는 미국의 화학회사 몬산토(Monsanto)는 1950년대에는 DDT, 1960년대에는 베트남전에서 뿌려진 고엽제 '에이전트 오렌지'를 생산해 막대한 부를 축적한 회사로, 대규모 환경파괴에 직·간접적으로 엄청난 기여(?)를 해온 다국적 거대기업이다. 따라서 그 전력으로 인해 이미 많은 환경운동가나 일반대중의 눈총을 받아온 이 기업이

---

5) '실질적 동등성' 개념에 대한 비판으로는 Millstone, Brunner & Mayer(1999)를 참조할 수 있다. 그리고 이들의 견해에 대해 다시 가해진 재비판은 *Nature* 401 (14 October 1999), 640-641쪽에 실린 여러 과학자들의 논평을 보면 된다.

자사의 유전자조작 작물을 환경친화적인 것이라고 주장했을 때 신뢰를 얻지 못하는 것은 어찌보면 당연하다고 볼 수 있다(*The Ecologist*, 1998). 영국에서 GM식품의 안전성이 크게 의심받고 있는 것 역시 이와 유사한 맥락에서 이해할 수 있다. 영국에서는 이미 1996년의 광우병 파동 때 쇠고기의 안전성을 계속해서 '보증'해 왔던 보건당국에 대한 대중의 신뢰가 거의 바닥까지 추락했다. 따라서 바로 그 보건당국과 과학자들이 GM식품의 안전성을 아무리 '과학적으로' 설득력있게 주장한다고 해도 그 주장이 선뜻 받아들여지지 않고 의심의 눈초리를 받게 되는 것이다(Jasanoff, 1997; ESRC, 1999).

방금 살펴본 GM식품의 사례로부터 결핍 모형이 비판받고 있는 두번째 지점을 도출해낼 수 있다. 그것은 대중의 과학이해에서 중요한 것이 '지식'의 측면이 아니라 '신뢰'의 측면이라는 사실이다. 이는 곧, 생명공학에 관한 지식의 양이 생명공학에 대한 대중의 태도를 결정짓는 것이 아님을 말해 준다. 생명공학과 이를 둘러싼 사회제도들에 대해 대중의 신뢰를 궁극적으로 얻어내지 못하는 이상, 대중화를 통해 아무리 많은 지식을 전달한다고 해도 생명공학에 대한 대중의 반대와 거부감은 수그러들지 않는다. 최근 한국에서 진행중인 논쟁의 사례를 들어 설명하자면, 신원확인을 위한 유전정보은행의 설립 주체에 과거부터 줄곧 정치적 중립성을 의심받아 온 검찰이라는 권력기구가 끼어 있는 상황에서는 아무리 관련된 과학'지식'을 전달한다고 해도 그 설립 시도의 배경에 깔린 저의를 의심받을 뿐이라는 것이다.[6]

그렇다면 이제 지금까지 파악한 문제 상황에 대한 대안의 모색으로 넘어갈 때가 되었다.

---

[6] 최근 한국에서 진행중인 인간유전정보 관련 논쟁에 관해서는 참여연대 시민과학센터가 운영하는 인간유전정보 보호 시민행동 홈페이지(http://bioact.net)를 참조할 수 있다.

3. 대안을 찾아서 : '과학기술 민주화'의 개념과 함의

이제까지의 논의를 통해 얻어진 바를 정리하면 다음과 같다. 생명공학에 대한 대중의 (소극적인) 거부감 혹은 (적극적인) 반대와 이로 인해 빚어진 다양한 차원의 논쟁은 19세기까지 거슬러올라갈 수 있는 오랜 연원을 지닌 것으로, 대중이 생명공학과 연관된 '사실' 차원에 무지하기 때문에 빚어진 것이 아니다. 이는 생명공학(을 비롯한 현대 과학기술의 넓은 영역)의 연구와 실행, 응용에 내재한 불확실성 및 위험과 연관된 것이며, 또한 바로 그러한 불확실성과 위험을 다루는 사회제도들 — 과학계, 생명공학 기업, 정부산하 규제기구 등 — 에 대한 신뢰의 문제와 직결되어 있다. 그렇다면 결핍 모형에 입각한 과학대중화에 대한 대안은 그런 불확실성과 위험의 문제에 어떻게 더 잘 대처할 수 있을 것인지, 또 생명공학과 관련된 여러 행위자들 사이에 어떻게 신뢰를 다시 세울 것인지에 대해 답할 수 있어야 할 것이다.

여기서 제시하는 대안은 '과학기술 민주화'이다. 언뜻 듣기에 이 말은 상당한 오해와 혼란을 가져올지도 모르겠다. 정치의 민주화, 경제의 민주화는 익히 들은 개념일 테지만, '과학기술의 민주화'란 대체 무엇인가? 간단히 말하자면, 과학기술 민주화란 과학기술과 관련된 중요한 사회적·정책적 의사결정 과정에 다양한 관련집단뿐 아니라 일반대중의 참여까지를 포함하는 것을 말한다(김환석, 1999). 지난 세기, 그 중에서도 특히 제2차 세계대전 이후를 돌이켜 보면, 전지구적으로 민주주의의 물결이 확산되는 한편으로 기존의 대의제 민주주의의 한계가 지적되면서 참여민주주의에 대한 이해가 깊어져 온 반면, 유독 과학기술 영역만큼은 그런 경향에서 예외로 남아 주요한 의사결정을 엘리트 과학자들과 과학정책 관료들 — '정책 엘리트'들 — 이 독점해 왔다. 그간 정책 엘리트들은 이런 상황에 대한 정당화 근거로 과학(자)이 갖는 객관성·가치중립성을 들면서, 바로 그런 특별한 성격을 갖는 과학지식에 대한 이해가 제대로 된 의사결정을 위해 핵심적이라는 점을 들어 왔다.

그러나 앞서의 논의를 통해 과학지식, 특히 오늘날의 정책결정과 연관된 '규제과학(regulatory science)' 영역의 과학지식은 내재적 불확실성을 포함하고 있음이 드러나게 되었고, 정책결정 과정에서 흔히 찾아볼 수 있는 전문가들간의 논쟁은 과학 그 자체만으로는 (과학이 야기한) 사회적 문제에 대해 확실한 답을 제공할 수 없음을 보여주고 있다. 또한 거대과학(Big Science)의 시대가 도래한 이후 과학기술 연구개발의 규모가 엄청나게 커지면서 과학기술 활동은 일반대중이 낸 세금에 기반한 공공자금에 크게 의존하게 되었고, 이는 과학의 사회적 책무(social accountability)와 함께 대중참여의 당위성을 제기하고 있다. 이에 더해 앞서 언급한 바와 같이, 1960년대 이후 과학과 과학자들의 권위와 이에 대한 대중의 신뢰가 지속적으로 감소해 온 것 역시 과학 전문가와 일반대중간의 상호작용을 통한 신뢰 회복의 필요성을 제기하고 있다고 하겠다(홍성욱, 1999).

물론 여기서 의문이 제기될 수 있다. 과학기술 민주화, 즉 과학기술정책에서의 의사결정에 대한 의미있는 대중참여는 과연 가능한가, 그리고 대중참여를 통해 내린 결정은 정책 엘리트들이 내린 결정보다 과연 더 '나을' 것인가, 하는 회의적 시각이 그것이다. 이 중 먼저 첫번째 의문은 과연 일반대중이 과학기술관련 정책결정의 근간을 이루는 과학적 사실을 제대로 이해하고 판단을 내릴 수 있겠는가라는 과학자들의 의심에 근거를 두고 있다. 그러나 앞서 이미 언급했듯, 과학에 대한 이해는 단순히 과학적 사실에 대한 이해만을 의미하는 것이 아니라 이를 둘러싼 사회적·제도적 측면에 대한 이해를 의미할 수 있으며, 설사 일반대중이 극히 세부적인 과학적 사실을 잘 알지 못한다 하더라도 후자에 대해서는 오히려 전문과학자들보다 더욱 잘 이해하고 있을 수 있다. 우리나라에서 1998년과 1999년에 유전자조작식품과 생명복제를 주제로 각각 열렸던 두 차례의 합의회의(consensus conference)는, 해당 과학분야에 대한 전문지식이 없는 일반시민이라고 할지라도 기회가 주어지기만 하면 기본적인 과학적 사실은 물론 이를 둘러싼 제반 쟁점들을 훌륭하게 이해할 수 있으며 이와 같은 이해를 바탕으로 숙의(deliberation)에 기반한 정책결정을 내릴 수 있음을 보여 준 바 있다.7)

이어 두번째 의문으로 넘어가자. 과연 대중참여를 통해 내린 결정이 정책 엘리트들이 내린 결정보다 문제 해결을 위해 더 나을 것인가? 이 물음에 간단히 답하기는 어렵다. 왜냐하면 대중참여에 기반한 의사결정 역시 심대한 불확실성과 무지에 직면한 상태에서 내려질 수밖에 없다는 점에서는 예외가 아니기 때문이다. 따라서 대중참여에 기반한 의사결정 역시 불완전할 것이며, 참여 과정에 대한 이해가 부족한 초기 단계에는 특히 그럴 수 있다. 그러나 이런 문제점에도 불구하고, 의사결정 과정 속에 더 많은 관점과 조언들이 포함되는 것은 기존 의사결정 방식 속에 숨어 있던 암묵적 가정들을 드러내고 서로 경합하는 여러 가정들을 서로 비교해 볼 수 있게 한다는 점에서 기존의 비성찰적 방식에 비해 의사결정의 질이 향상되는 방향으로 나아갈 가능성이 크다고 볼 수 있다(ESRC, 1999).

이와 같은 점들을 정책적으로 인식하고 대안적인 움직임을 지원하고 있는 서구의 여러 국가들에 비해 우리나라의 경우에는 아직 '과학기술 민주화'라는 용어 자체부터가 생소하게 여겨지고 있는 형편이다. 그러나 우리나라에서도 1997년부터 참여연대 시민과학센터 (구 참여연대 과학기술 민주화를 위한 모임)를 중심으로 이런 문제의식이 조금씩 확산되면서 지지를 얻어 가고 있으며, 합의회의를 비롯해 시민배심원(citizens' jury), 집중 그룹토론(focus group), 숙의투표(deliberative poll) 등과 같이 일반시민이 주도하는 정책참여 방

---

7) 국내에서 2차례에 걸쳐 개최된 합의회의에 관한 평가는 2000년 3월 24일~25일 양일간에 걸쳐 서울대 호암생활관에서 개최된 '과학기술과 시민참여 - 합의회의 국내 도입을 위한 워크샵'에서 행해졌다. 워크샵 자료집은 참여연대 시민과학센터 홈페이지(http://cdst.jinbo.net)의 '과학기술 일반 자료실'에서 제공받을 수 있다.

식에 대한 연구, 소개, 도입도 부분적으로 이루어지고 있다.[8] 생명공학과 대중의 관계를 지금까지와는 다른 단계로 가져가기 위한 움직임이 시작되고 있는 것이다.

---

[8] 참여연대 시민과학센터가 펼쳐 온 지난 3년여의 활동에 관해서는 참여연대 과학기술민주화를위한모임 편(1999), 김환석(2001), 한재각(2001) 등을 참조할 수 있다. 참여연대 시민과학센터가 매달 발간하는 소식지 ≪시민과학≫의 과월호를 찾아보는 것도 도움이 된다.

참고문헌

김동광 (1999), 「과학대중화의 새로운 시각」, 『진보의 패러독스』, 당대, 42-61쪽.
김영식·임경순 (1999), 『과학사신론』, 다산출판사.
김환석 (1999), 「과학기술의 민주화란 무엇인가」, 『진보의 패러독스』, 당대, 13-41쪽.
_____ (2001), 「참여연대 시민과학센터와 과학기술민주화운동」, 《다른과학》 10호, 19-25.
김훈기 (2000), 『유전자가 세상을 바꾼다』, 궁리.
제레미 리프킨 (1999), 『바이오테크 시대』, 전영택·전병기 옮김, 민음사. [Rifkin, Jeremy, *The Biotech Century: Harnessing the Gene and Remaking the World* (New York: Jeremy P. Tarcher/Putnam., 1998).]
임경순 (1995), 『20세기 과학의 쟁점』, 민음사.
참여연대 과학기술민주화를위한모임 편 (1999), 『진보의 패러독스』, 당대.
한재각 (2001), 「한 계단 위, 그곳에서 꾸는 꿈과 도전 - 2001년 시민과학센터 운동」, 《다른과학》 10호, 36-42.
홍성욱 (1999), 「20세기 과학의 패러독스 - 과학의 힘과 권위에 대한 공중(public) 의식의 변화를 중심으로」, 《과학과 철학》 10집, 93-123.
Collins, Harry and Pinch, Trevor (1998a), *The Golem: What You Should Know about Science* (2nd ed.), Cambridge: Cambridge University Press.
_____ (1998b), *The Golem at Large: What You Should Know about Technology*, Cambridge: Cambridge University Press.
ESRC Global Environmental Change Programme (1999, October), "The Politics of GM Food: Risk, Science and Public Trust," Special Briefing No. 5., University of Sussex. [국역: 「GM 식품의 정치학」, 《시민과학》 14호 (6-19쪽), 15호 (7-17쪽)]
Jasanoff, Sheila (1997), "Civilization and Madness: the Great BSE Scare of 1996," *Public Understanding of Science* 6, 221-232.
Krimsky, Sheldon (1992), "Regulating Recombinant DNA Research and Its Applications," Dorothy Nelkin (ed.), *Controversy: Politics of Technical Decisions* (3rd ed.), London: Sage, pp. 219-248. [국역: 「DNA 재조합 연구와 그 응용에 대한 규제」, 《시민과학》 12호 (26-34쪽), 13호 (5-11쪽), 14호 (28-38쪽)]
Millstone, E., Brunner, E. and Mayer, S. (1999), "Beyond 'Substantial Equivalence',"

Nature 401 (7 October), 525-526.
The Ecologist (1998, September/October), Special Issue: The Monsanto Files - Can We Survive Genetic Engineering?
Tudor, Andrew (1989), "Seeing the Worst Side of Science," *Nature* 340 (24 August), 589-592.
Turney, Jon (1998), *Frankenstein's Footsteps: Science, Genetics and Popular Culture*, New Haven: Yale University Press.

2

'과학기술 민주화'의 개념정립을 위한 시론

    현대사회에서 과학기술의 산물들은 다양한 측면에서 일반대중의 일상생활에 심대한 영향을 끼치고 있다. 그러나 과학기술 지식과 실행 그리고 그것의 연구개발과 규제를 둘러싼 정책결정은 대중의 즉각적인 이해(理解)와 영향력의 범위를 넘어서는 데 위치하고 있는 것이 지금의 현실이다. 대중에게 영향을 미치는 과학기술은 과학자·정책전문가·기업 고위층 등을 포함하는 이른바 '정책엘리트'들이 내린 결정에 따라 전문 과학기술자들이 연구개발을 수행하는 것이 지배적인 상황이며, 대중은 그 속에서 별다른 목소리를 내지 못한 채 수동적인 수용자로서의 역할을 부여받고 있을 뿐이다.

    대중과 과학기술간의 이와 같은 '괴리'에 심각한 문제가 내포되어 있다는 인식이 생겨난 것은 비교적 최근의 일이다. 그런 인식의 등장에는 몇 가지 배경이 존재하는데, 먼저 1960년대 이후 과학기술의 부정적 측면들이 사회적 논쟁을 통해 점차 부각됨에 따라 과학기술의 진보가 자동적으로 인간의 복지를 보편적으로 증진시킨다는 식의 낙관이 깨졌고, 이것이 직접적 이해당사자인 대중의 각성과 개입을 불러왔다는 점이 중요했다. 또한 1960년대 이후 본격화된 참여민주주의 논의는 개개인이 자신의 삶의 기본적인 환경을 형성하는 데 직접 영향을 미칠 수 있어야 함을 강조함으로써 과학기술 영역 또한 민주주의의 적용대상에서 예외가 될 수 없음을 분명히 했다.1) 이런 배경 하에서 '시민참여를 통한 과학기술의 민주적 재구성', 즉 '과학기술 민주화'를 주장하는 목소리가 등장하게 되었다(김환석, 1999a).

서구의 경우에는 대략 1970년대 말경을 기점으로 과학기술 영역에서의 민주주의 논의가 활성화되고 여러 제도적 실험이 시작되었던 데 반해, 한국에서의 과학기술 민주화 논의 및 실천은 이제 맹아(萌芽) 단계라고 볼 수 있다. 지난 2~3년 동안 과학기술 민주화, 혹은 '시민과학론'의 이론적·실천적 근거와 실제 적용 사례들을 제시한 여러 글들이 국내에서 출간되었으며(김환석, 1999a; 이영희, 2000; 리처드 E. 스클로브, 1999), 이와 맞물려 참여연대 시민과학센터(구 과학기술민주화를위한모임)를 중심으로 그런 문제의식에 입각한 실천활동도 조금씩 전개되기 시작하고 있다. 그러나 일천한 역사 탓인지, 과학기술 민주화 논의는 국내에서 아직 대중적으로 썩 널리 알려진 편이 못될 뿐더러, 설사 그 개념을 들어본 적이 있는 사람이라고 할지라도 이를 제각각 다른 방식으로 이해해 혼란이 빚어지고 있는 형편이다. 이런 상황은 과학기술 민주화의 개념 자체가 갖는 포괄성과 다의성 때문이기도 하겠지만, 그에 못지않게 그 개념에 대한 충분한 검토와 논의가 이루어지지 않았기 때문이기도 한 것으로 생각된다.

그래서 이 글에서는 과학기술 민주화의 개념을 좀더 분명하게 하기 위한 시론적 접근을 시도해 보고자 한다. 이를 위해 필자는, 과학기술 민주화를 다양한 방식으로 직접 정의내리기보다는, 필자가 그간 시민과학센터 활동을 하면서 직·간접적으로 들어보았던 과학기술 민주화에 대한 다양한 생각들을 몇 가지로 정식화해 이를 비

---

1) 참여민주주의 일반에 대한 논의는 김대환(1997), 강정인(1997) 등을 참조할 수 있다.

판하고 또 반추해 보는 식으로 글을 전개해 나갈 생각이다. 이런 '간접적인' 방식을 택한 이유는, 과학기술 민주화의 개념과 제도들을 잘 소개한 글들이 이미 존재하기 때문이기도 하지만, "과학기술 민주화는……이 아니다"라는 식의 서술을 통해 오히려 과학기술 민주화의 의미와 외연(外延)이 분명해질 수 있다고 필자가 믿고 있기 때문이기도 하다. 필자가 비판하고자 하는 명제는 크게 다음의 4가지로 압축할 수 있다.

1. "과학기술은 민주화의 대상이 아니다" 혹은 "과학기술 민주화는 위험한 발상이다"

과학기술 민주화는 과학기술의 산물로부터 직·간접적으로 영향 받는 일반대중이 과학기술과 관련된 사회적·정책적 의사결정에 참여하는 것을 기본 전제로 하는 개념이다. 한마디로 말해 '시민참여'가 가장 기본인 것이다. 그러나 과학자들과 정책전문가들은 시민참여의 대의가 무엇인가 — 즉 시민참여가 어떠한 근거에서 정당하며 또 필요한가 — 와 무관하게, 과학기술 영역에 대한 '의미있는' 시민참여는 애초부터 가능하지 않다고 보는 경우가 태반이다. 그 이유는 과학기술관련 쟁점들에 내포된 과학 이론이나 기술적 세부사항들을 이해할 수 있는 능력과 정책결정에 수반되어야 하는 장기적 안목을 일반대중이 결여하고 있다고 보기 때문이다. 이런 인식은, 과학기술과 관련된 의사결정을 일반대중에게 맡기면 교실에서는 진화론이 아닌 창조과학만을 가르치게 될 것이고, 영구기관(永久機關) 개발에 엄청난 자금이 투입될 것이며, 검증되지 않은 '돌팔이' 의료행위들이 창궐하게 될 것이라는 식으로 다분히 협박조인 과학자들의 인식에서 단적으로 드러나고 있다.

그러나 이는 역사적 뿌리가 깊은, 다분히 편견섞인 사고방식이다. 과학기술 민주화는 우선 과학기술 전문가들의 완전한 배제를 전제로 하는 것이 아니다. 전문가들이 가진 전문지식(expertise)과 그에 입각한 견해는 여전히 의사결정 과정의 중요한 한 요소가 된다. 다만 과거와 같이 전문가들의 견해가 바로 사회 전체가 취해야 할 방향으로 귀결되는 것이 아니라, 종종 나타날 수 있는 다양한 견해차이 — 전문가들간의 견해차이일 수도 있고, 전문가와 일반대중간의 견해차이일 수도 있는데 — 를 '민주적'으로 조정하는 과정이 반드시 필요하다는 것이다. 그런 점에서 보면 과학기술 민주화는 전문가와 일반대중, 어느 한쪽의 배제가 아니라 이들간의 상호작용에 기반하는 것이라고 볼 수 있다.

이와 더불어 중요한 것은, 과학기술 민주화가 전제하는 참여의 주체로서의 '시민'은 통상적인 설문조사 등을 통해 얻을 수 있는 피상적인 여론의 담지자가 아니라 '충분한 정보와 균형잡힌 견해를 제공받은(informed)' 상태에서 판단을 내리는 주체로 상정되어 있다는 점이다(김환석, 1999b). 흔히 '정보의 홍수'로 표현되는 현대사회를 살아가는 평범한 시민의 경우, 설사 나름대로 상당한 노력을 기울인다고 하더라도 특정한 쟁점에 대해 다양한 정보와 견해를 충분히 접해보지 못한 경우가 종종 있을 수 있다(그 이유로는 편향된 과학보도, 과학기술 쟁점의 '난해함', 무관심 등 여러 가지가 가능하다). 과학기술 민주화는 균형잡힌 정보와 견해에 근거한 일반시민의 참여 및 의사결정을 추구함으로써 이런 한계를 넘어서고자 하는 것이다.[2] 특정 과학기술 분야에 대한 전문지식이 없는 일반시민이라고

---

[2] 여기서 주의해야 할 것은, 일반시민에게 추가적인 정보를 제공한다고 했을 때 그 정보가 반드시 (과학자들이 생각하는 바와 같이) '더 많은' 과학지식을 의미하는 것은 아니라는 점이다. 물론 정책결정을 위해서는 어느 정도의 과학지식에 대한 숙지는 필요하겠지만, 그보다 더 중요한 것은 과학이 사회 속에 자리잡은 형태나 과학 연구가 실제로 수행되는 방식에 대한 이

할지라도 적절한 기회가 주어지면 복잡한 쟁점을 이해하고 숙의를 통해 자신의 의견을 도출해 낼 수 있음은 여러 차례의 합의회의 등에서 잘 드러난 바 있으며, 이는 앞 장의 말미에서 이미 언급한 바와 같다.

2. "과학기술 민주화는 반과학적이다"

이 역시 과학기술 민주화를 비난하는 전형적인 수사(修辭)에 속한다. 과학기술 민주화를 위한 실천은 종종, 충분한 숙고와 사회적 합의 과정 없이 과학계나 정책전문가의 판단에 따라 일방적으로 진행되어 사회 전반에 위험 혹은 불평등을 야기할 수 있을 것으로 판단되는 특정 과학기술 연구개발을 반대하는 형태로 나타날 수 있으며, 지난 수년간 참여연대 시민과학센터가 수행해 온 생명공학 관련 활동은 이를 잘 보여주고 있다. 이에 대해 과학기술 전문가들은 과학기술 연구개발의 중단은 곧 경쟁력의 상실이자 진보의 중단을 의미한다고 맞서면서, 이는 (심층생태주의 혹은 종교적 근본주의 일각에서 찾아볼 수 있는) 극단적인 반과학적(anti-science) 성향의 표출이라고 비난하고 있다. 간혹 이런 주장은 서구에서 지난 수년간 진행되어 온 '과학전쟁(Science Wars)'[3]의 대립구도와 겹쳐지면서, 과학

해일 수 있다. 바꿔 말해, '충분한 정보에 근거한 결정(informed decision)'을 위해 현재 진행되고 있는 것 같은 형태의 과학대중화가 반드시 전제되어야 하는 것은 아니라는 말이다.

3) '과학전쟁'이란 전통적 과학관을 고수하는 과학자들과 사회구성주의적 과학관에 동조하는 과학사·과학철학·과학사회학자들간의 충돌을 의미하는 것으로, 특히 1996년 '소칼의 날조(Sokal's hoax)' 사건을 계기로 크게 달아오른 바 있다. '과학전쟁'의 진행과정과 그 속에 내포된 쟁점들에 대한 분석으로는 홍성욱(1999)을 참조할 수 있다. 최근(2001년 4월 27일~28일)

학 연구에서의 특정 입장을 비난하는 것과 맞물려 나타나기도 한다.

그러나 다른 글에서 이미 잘 지적되었듯이(이영희, 2001), 특정 과학기술을 반대하거나 비판한다고 해서 바로 반과학주의라고 몰아붙이는 것은 모든 과학기술을 찬성하거나 모든 과학기술을 반대하는 단 두 가지의 선택만이 존재한다는 식의 흑백논리에 지나지 않는다. 이는 과학기술이 근본적으로 선하다(혹은 불가피하다)거나 근본적으로 악한 것이라는 식의 본질주의적·운명론적 사고의 귀결인 셈인데, 그런 점에서 볼 때 과학기술 민주화는 과학기술에 대한 본질주의적 사고와는 아무런 연관도 없다. 오히려 과학기술 민주화는 과학기술의 민주적·생태적 '재구성'이 가능하다고 믿고, 시민지식의 투입이 이 재구성 과정에서 중요한 역할을 할 수 있다고 생각한다는 점에서 본질주의적 사고와는 정확히 대척점에 서 있다고 하겠다.

과학기술에 대한 입장은 찬·반으로 갈릴 수 있는 것이 아니라 다양한 스펙트럼이 존재할 수 있으며, 따라서 특정 과학기술에 대한 문제제기를 원시시대로 돌아가자는 식의 문명 거부와 동일시하는 것은 문제 해결에 아무런 도움도 주지 않는다. 또한 염두에 두어야 할 것은, '모든' 과학기술이 아닌 '특정' 과학기술에 대한 문제제기는 많은 경우 과학자들 자신으로부터 유래하며, 이는 종종 과학계 내부의 논쟁으로 비화하기도 한다는 사실이다.

3. "기술의 민주화지, 과학의 민주화는 아니다"

이제 이 명제부터는 상당한 주의를 요하는, 다소 미묘한 쟁점들을 포함하고 있어 차분하게 살펴볼 필요가 있다. 과학기술 민주화 논의

한림대에서 열렸던 '과학전쟁' 대토론회에서 발표된 여러 글들을 구해보는 것도 도움이 된다.

에서 상당히 자주 나타나는 대응 중 하나는, 과학과 기술을 분리해 이 중 기술의 민주화는 말이 되지만 과학의 민주화는 가능하지도 않으며 용인될 수도 없다고 보는 것이다. 즉 과학은 기본적으로 "사실에 대한 설명"인 반면 기술은 "인간 생활에 유용"할 것을 목적으로 "지식을 응용"하는 것으로 서로 엄격하게 구분되는 개념이며, 이 둘을 섞어 '과학기술'이라고 부르면서 '과학기술 민주화'를 주장하는 것은 개념상의 혼동에 기반한 잘못된 것이라는 주장이다(이문웅, 1998; 이덕환, 2001). 이런 주장을 하는 사람들은 대체로 "과학은 민주주의가 아니"며, "과학 이론을 결정하는 것을 국민투표를 통해 할 수는 없"으므로 과학의 민주화는 말이 되지 않는다고 주장한다(Levitt & Gross, 1994).

이 입장은 과학기술 민주화를 일방적으로 매도하는 입장으로부터는 다소 거리를 두고 있으며, 이와 동시에 일반대중의 일상에 영향을 미치는 '기술적' 결정에 대한 시민참여의 의의를 대체로 인정한다는 점에서 적어도 앞의 1이나 2의 입장보다는 진일보한 것이라고 하겠다. 그러나 이 입장은 20세기 들어 과학활동에 일어난 일련의 중요한 변화들을 과소평가하고 있다. 여기서의 논점과 관련해 필자는 세 가지를 지적하고 싶다.

우선 제2차 세계대전 이후 현재까지의 과학은 그 이전과 같이 개별 연구자들이 주머니돈을 털어서, 혹은 '독지가'의 후원에 힘입어 소규모의 연구를 수행하는 식으로 이루어지는 것이 아니라, 위계적으로 조직된 연구자집단이 값비싼 기자재를 이용해 대규모의 연구를 수행하는 거대과학화 경향을 보여 왔다(임경순, 1995). 이는 필연적으로 국민의 세금에 기반한 공공자금의 이용을 전제로 하는데, 바로 이 지점에서 시민참여의 정당한 근거가 생긴다고 볼 수 있다(입자가속기, 허블 우주망원경, 슈퍼컴퓨터 등을 이용하는 거대연구를 들먹일 필요도 없이 보통의 이공계대학 실험실의 예만 들더라도 과학 연구에 얼마나 많은 자금이 소요되는지는 쉽게 알 수 있다). 또한 거대과학 연구의 경우에는 관련 분야의 과학자들이 거의 대부분 참여하는 것이 보통이기 때문에 통상적인 동료심사(peer review) 과정이 무의미하게 되고 연구방향 설정이나 연구비의 지원 여부가 정치적 상황과 로비에 의해 크게 좌우되는 현상이 나타나는데, 만약 제도권 정치기구들 — 국회는 말할 것도 없고 군부나 다국적 거대기업에 이르기까지 — 이 과학에 영향을 미칠 수 있고 실제로도 미쳐 왔다면 시민이 과학 연구개발의 우선순위 결정에 참여해서는 안 될 이유가 무엇이 있겠는가?(Kleinman, 1995)

이어 둘째로, 이책의 제1부에서도 얘기했듯 과학과 기술을 여전히 서로 구분되는 활동으로 봐야 하는 것은 분명하지만, 20세기 들어 적어도 몇몇 분야에서는 이 둘간의 거리가 현저하게 좁혀져 왔으며, 시간이 지남에 따라 거리가 좁아지는 분야들이 점점 늘어가고 있다는 점에 주목할 필요가 있다. 그 가장 극적인 예로는 제2차 세계대전기의 원자탄 개발과 전후 양심적 물리학자들이 주축이 되어 진행된 반핵군축 활동을 들 수 있다. 원자탄 개발에 물리학자들이 책임을 져야 하는가라는 질문에 대해 텔러(Edward Teller) 같은 물리학자는 그럴 필요가 없다고 답하면서 수소폭탄 연구를 계속 진행한 반면, 질라드(Leo Szilard)나 아인슈타인(Albert Einstein)을 비롯한 상당수의 물리학자들은 책임을 느끼면서 무기 연구에서 손을 뗐다. 과학자의 사회적 책임을 둘러싼 이런 논란이 존재한다는 사실 자체가 과학연구와 기술개발 사이의 좁아진 간극을 다소간 반영한다고도 볼 수 있다(송성수, 1999). 뿐만 아니라 1970년대 이후의 생명공학처럼 연구와 개발 사이의 간격이 거의 없어지다시피 한 — 단적인 예로 과학연구의 결과가 바로 특허출원의 대상이 되는 — 분야가 등장했다는 점은 주목할 만하다. 특히 1970년대의 DNA 재조합 논쟁은 과학연구의 결과물이 인근 지역사회에 직접 위험을 미칠 수 있는 가능성을 제기했다는 점에서 중요한 전례가 되었다(Krimsky, 1992). 따라서 과학과 기술을 엄격하게 구분하는 것이, 과학의 민주화가 불합리함을 보여주는 반대 증거로는 충분치 못함을 이로부터 알 수 있다.

그리고 마지막으로 들고 싶은 것은, 시간이 지남에 따라 '정책수립을 위한 수단'으로써의 과학의 역할이 커지고 있다는 점이다. 이와 관련해 주목해야 할 것은, '규제과학(regulatory science)' 혹은 '정책을 위한 과학(science for policy)'을 과학 '그 자체'와 구분해, 이 중 전자를 훨씬 더 큰 불확실성이 지배하는 영역으로 파악하는 일련의 시도들이다(Schneider, 2000). '정책을 위한 과학'은 앞으로 일어날 수 있는 결과에 대한 추정치를 얻고자 하는 정책수립자들의 필요에 부응하기 위한 것으로, 종종 불완전한 데이터, 아직 알려져 있지 않은 요인들의 존재, 시간적 제약 등에 의해 제한을 받는, 다분히 주관적인 성격이 강한 영역이다. 예컨대, 이른바 '온실가스'가 과연 지구온난화 현상의 원인인지, 만약 그렇다면 지구 평균기온 상승 중 얼마만큼이 온실가스 탓이고 앞으로 기온은 얼마나 더 상승할 것인지, 그리고 어느 정도의 온실가스 감축 규제조처가 필요한지와 같은 문제를 생각해 보자. 이 문제를 다루기 위해서는 지구의 기후-생태시스템이라는 극히 복잡한 계(界)를 취급해야 하는데, 여기에는 고도의 불확실성이 개입하며 어떤 모델링 기법을 채택하고 얼마나 많은 변수를 고려할 것인가에 따라 전문가들마다 조금씩 — 때로는 상당히 — 다른 견해를 보이는 것이 보통이다. 따라서 이런 상황에서는 전문가들의 견해가 판단의 절대적인 기준이 되기는 힘들고, 특히 어떤 조처를 취할 것인가에 관해서는 정치적 고려가 개입할 수밖에 없게 된다. 바로 여기서 과학 연구와 관련된 쟁점에 관한 시민참여의 가능성이 열린다고 하겠다. 불확실성을 이유로 온실가스 감축을 꺼리는 다국적기업 혹은 이들을 비호하는 정부에 대해,

미래에 닥칠 위험을 상대적으로 경감시키는 방향의 정책수립을 시민집단이 요구할 수 있는 것이다.

4. "과학기술의 민주화가 아니라 과학기술'정책'의 민주화가 맞는 표현이다"

지금까지 필자가 정리한 과학기술 민주화의 의의와 문제의식에 동의하는 사람이라고 할지라도 여전히 문제를 제기할 여지는 남아 있다. 예컨대 누군가 필자에게 이렇게 충고했다고 생각해 보자. "당신이 말한 내용에 대체로 동의한다. 하지만 당신이 말하는 '과학기술 민주화'의 내용을 따져보면 그것은 사실 '과학기술정책의 민주화'가 아닌가. 그것을 '과학기술 민주화'라고 이름붙이는 것은 과학자들로부터 불필요한 공격 — 앞서 인용했던, "과학 이론의 결정을 국민투표로 할 수는 없다"는 식의 — 을 초래할 수 있다. 전문가집단이 지녀야 할 더 큰 책임성을 요구하고, 과학기술 연구개발 우선순위의 결정에 참여하는 등의 활동을 하자는 것이지, 과학기술 연구개발 그 자체에 직접 참여하겠다는 것은 아니니 '과학기술정책의 민주화'라고 하는 것이 온당할 것 같다."4)

이 충고에는 귀담아 들을 대목이 분명히 있고, 필자도 상당부분 그 내용에 공감을 하는 편이다. 글의 서두에서도 이미 말했듯 과학기술 민주화라는 개념은 그간 상당히 혼란스럽게 사용되어 왔고, 적어도 필자가 아는 한 과학기술 민주화 주장을 하는 그 어떤 사람도 일반시민이 입자가속기를 이용하는 소립자물리학 연구를 할 수 있다거나 과학 이론의 진위를 다수결로 결정하자는 식의 터무니없는

---

4) 이와 유사한 입장을 홍성욱(2000)에서 찾아볼 수 있다.

주장을 한 적이 없음에도 마치 이런 주장이 과학기술 민주화의 핵심인 양 받아들여져 온 데는 개념상의 모호함도 한몫 했으리라고 생각된다. 그러나 이런 어려움에도 불구하고 '과학기술 민주화'라는 개념을 쉽게 포기할 수 없는 것은, 그 말이 '과학기술정책의 민주화'라는 말로 포괄할 수 없는 뭔가를 내포하고 있기 때문이다. 그 '뭔가'는 두 가지 정도로 정리해볼 수 있을 것 같다.

우선 '과학기술정책의 민주화'라는 말 속에는 대니얼 클레인맨(Daniel Lee Kleinman)이 언급했던 '지식생산의 민주화'라는 차원을 포괄하기 어렵다. 클레인맨은 과학기술의 민주화를 과학정책의 민주화와 지식생산의 민주화라는 두 차원으로 나누면서, 이 중 후자가 과학자의 자율통치(scientist self-governance)로부터 가장 멀리 떨어진, 과학기술 민주화의 보다 진전된 단계라고 파악하고 있다. 그는 후자의 예로 미국 매사추세츠주 워번(Woburn)의 주민들이 그 지역에 빈발하는 백혈병의 원인을 찾아내기 위해 스스로 수행했던 대중 역학(popular epidemiology) 연구와 1980년대 후반 AIDS 환자들의 입장을 대변하고 그에 기반해 AIDS 치료법의 조기 발견을 위해 분투했던 AIDS 치료 활동가들(AIDS treatment activists)의 노력, 두 가지를 제시한다(Kleinman, 2000). 이 두 가지 사례에서는 흔히 과학자들의 독점적인 영역으로 여겨졌던 연구방법론의 선택, 데이터의 수집, 임상실험의 실시 등을 이에 대해 전문적인 교육을 받지 않은 일반시민들이 전문가들과 다른 관점에 기반해 직접 해냈고, 그 결과는 매우 성공적으로 나타났다.

물론 이와 같은 사례들은 아직 그 수가 많지 않고 환경, 보건 등과 관련된 몇몇 분야들에 국한되어 있다는 한계가 있다. 그러나 과학기술 민주화가 단지 '정책'의 문제에만 국한되는 것이 아니며 일반인 지식(lay knowledge)이 과학지식의 생산에 기여할 수 있는 바가 있다는 점을 보여주는 충분한 사례가 아닌가 생각된다. 이와는 조금 궤

(軌)가 다르지만, 과학상점(science shop)이나 참여설계(participatory design)에서 볼 수 있는 전문가와 일반시민의 만남과 상호작용 역시 과학연구의 의제설정, 방법론 선정 등에 영향을 줄 수 있다는 점에서 주목할 필요가 있다.

둘째로 지적할 것은, 과학기술 민주화의 중요한 과제 중 하나로 '과학자사회의 민주화'가 빠질 수 없다는 점이다. 과학자사회의 민주화는 여러 측면에서 추진될 필요가 있겠지만, 그 중 두드러진 것 몇 가지만 들어 본다면, ●여성과학자에 대한 진입장벽과 처우상의 차별 철폐 ●불리한 조건에 처한 집단(장애인, 저소득층 등)이 과학기술 교육을 평등하게 받을 수 있는 권리 보장 ●대학원생, 박사후 연구원 등 청년·소장과학자들의 발언권 보장 ●내부고발자(whistle-blower)에 대한 보호 등을 생각해 볼 수 있겠다. 이런 내용들은 2,000여명의 전세계 과학자, 정책수립자 등이 참여해 1999년 헝가리 부다페스트에서 열린 세계과학회의에서 채택된 두 개의 문서에도 중요한 과제로 언급되고 있다(과학기술부·유네스코한국위원회, 1999).

혹자는 '과학자사회의 민주화'를 추진하는 것이 전적으로 과학자들의 몫이며, 시민단체와 같은 '외부'로부터의 간섭은 부당한 것이라고 항변할지도 모르겠다. 그러나 '과학자사회의 민주화'는 필자가 지금까지 언급한 과학기술 민주화 일반과 중요한 연관을 갖는 사안이다. 이는 전문직업으로서의 과학자집단이 사회에 더 큰 책임을 지도록 일반시민이 요구할 수 있다는 점에서 그러하며, 또 앞에서도 언급했듯, 과학기술 민주화를 위해서는 과학자와 일반시민의 적극적인 협력이 요구되는데 과학자사회의 비민주성 — 예컨대 사회 문제에 관심을 가지고 시민단체와 협력하는 과학자를 집단으로부터 '왕따' 시키는 등의 — 이 이를 가로막을 수 있다는 점에서도 그렇다. 따라서 '과학자사회의 민주화'를 위해서는 과학자들 자신의 노력이 필수적이지만, 그에 못지않게 외부로부터의 요구가 중요한 역할을 할 수도 있는 것이다.

*　　　*　　　*

　지금까지 과학기술 민주화에 대한 몇 가지 '오해'들을 짚어 보았고, 이를 통해 왜 '기술의 민주화'만도, '과학의 민주화'만도, '과학기술정책의 민주화'만도 아닌 '과학기술의 민주화'여야 하는지에 대해 나름대로 답변을 제시하고자 했다. 결국 과학기술 민주화는 위험하고 반과학적인 발상의 산물이 아니며, '과학기술정책의 민주화', '지식생산의 민주화', '과학자사회의 민주화' 등에 걸친 다양한 차원의 실천들을 그 속에 포괄하는 개념이라는 사실이 이로부터 분명해졌으리라 믿는다.
　우리 자신의 상황을 돌아보면, 한국에서의 과학기술 민주화 운동은 2차례에 걸친 합의회의의 개최, 생명공학감시운동의 활발한 전개, '과학기술기본법' 제정에 대한 대응, 공익연구운동의 제기 등 의미있는 성과들을 내놓고 있음에도 불구하고 아직 이런 다양한 차원을 포괄하는 단계에까지 나아가지는 못하고 있다고 판단된다(김환석, 2001). 이는 앞으로의 운동 방향에 대해 시사해 주는 바가 크다. 이제 한국의 과학기술 민주화 운동은 현재 충분치 못한 실천역량을 키우기 위해 노력하는 한편으로, 그동안 상대적으로 주의를 기울이지 못했던 '지식생산의 민주화', '과학자사회의 민주화'를 위해서도 더 많은 노력을 경주해야 할 것이다. 이는 과학기술 민주화의 이론과 실천에 관심가진 모든 이들이 나누어 져야 할 몫일 터이다.

참고문헌

강정인 (1997), 「대안민주주의」, 참여사회연구소 편, 『참여민주주의와 한국 사회』, 창작과비평사, 49-75쪽.
과학기술부·유네스코한국위원회 (1999), 「과학과 과학적 지식의 이용에 관한 선언/과학의제-행동강령」.
김대환 (1997), 「참여의 철학과 참여민주주의」, 참여사회연구소 편, 『참여민주주의와 한국 사회』, 창작과비평사, 15-48쪽.
김환석 (1999a) 「과학기술의 민주화란 무엇인가」, 참여연대 과학기술민주화를위한모임 편, 『진보의 패러독스』, 당대, 13-41쪽.
_____ (1999b), 「시민참여를 실험하다 – "유전자조작식품 합의회의" 체험기」, 참여연대 과학기술민주화를위한모임 편, 『진보의 패러독스』, 당대, 289-321쪽.
_____ (2001), 「참여연대 시민과학센터와 과학기술민주화운동」, ≪다른과학≫ 10호, 19-25.
리처드 E. 스클로브 (1999), 「민주주의가 진정으로 중시되는 기술정치」, 참여연대 과학기술민주화를위한모임 편, 『진보의 패러독스』, 당대, 86-123쪽.
송성수 (1999), 「현대 산업사회에서 과학기술자의 윤리」, 서울대 자연과학대학 소식지 ≪자연과학≫ 7호, 57-63.
이덕환 (2001), 「현대 과학 – 기술에 대한 우리 사회의 인식」, 대토론회 "과학전쟁" 발표논문집, 8-21쪽.
이문웅 (1998), 「과학기술의 본질에 대한 논쟁이 던져주는 교훈 – 이데올로기로서의 '과학기술의 민주화'를 경계한다」, ≪자연과학≫ 5호, 73-83.
이영희 (2000), 「과학기술과 시민참여」, 『과학기술의 사회학』, 한울, 257-287쪽.
_____ (2001), 「"과학전쟁"과 사회적 구성주의 : 비판적 검토」, 대토론회 "과학전쟁" 발표논문집, 22-33쪽.
임경순 (1995), 『20세기 과학의 쟁점』, 민음사.
홍성욱 (1999), 「누가 과학을 두려워하는가 – '과학 전쟁'의 배경과 그 논쟁점」, 『생산력과 문화로서의 과학기술』, 문학과지성사, 68-126쪽.
_____ (2000), 「과학기술의 민주화에 대한 이론적·실천적 성찰」, ≪경제와사회≫ 46호, 315-322.
Kleinman, Daniel Lee (1995), "Why Science and Scientists Are under Fire — and How the Profession Needs to Respond," *The Chronicle of Higher Education* (September 29), B1-B2.
_____ (2000), "Democratizations of Science and Technology," D. L. Kleinman (ed.),

    Science, Technology, and Democracy, Albany, NY: State University of New York Press, pp. 139-165.
Krimsky, Sheldon (1992), "Regulating Recombinant DNA Research and Its Applications," D. Nelkin (ed.), *Controversy* (3rd ed.), London: Sage, pp. 219-248. [국역: 「DNA 재조합 연구와 그 응용에 대한 규제」, ≪시민과학≫ 12호 (26-34쪽), 13호 (5-11쪽), 14호 (28-38쪽)]
Levitt, Norman and Gross, Paul (1994), "The Perils of Democratizing Science," *The Chronicle of Higher Education* (October 5), B1-B2.
Schneider, Stephen H. (2000), "Is the 'Citizen-Scientist' an Oxymoron?" D. L. Kleinman (ed.), *Science, Technology, and Democracy*, Albany, NY: State University of New York Press, pp. 103-120.